国家出版基金项目
NATIONAL PUBLICATION FOUNDATION

"十四五"国家重点出版物出版规划项目

长江上游珍稀特有鱼类研究保护系列丛书

赤水河鱼类生物学研究

刘焕章　刘　飞　陈永柏　等　著

中国三峡出版传媒

中国三峡出版社

图书在版编目（CIP）数据

赤水河鱼类生物学研究 / 刘焕章等著．—北京：中国三峡出版社，2023.7

ISBN 978-7-5206-0189-4

Ⅰ．①赤⋯　Ⅱ．①刘⋯　Ⅲ．①长江流域–淡水鱼类–水生生物学–研究
Ⅳ．①Q959.4　②S922.5

中国版本图书馆 CIP 数据核字（2021）第 007032 号

策划编辑：王德鸿　赵磊磊
责任编辑：彭新岸

中国三峡出版社出版发行
（北京市通州区新华北街156号　101100）
电话：（010）57082645 57082577
http://media.ctg.com.cn

北京华联印刷有限公司印刷　新华书店经销
2023 年 7 月第 1 版　2023 年 7 月第 1 次印刷
开本：787 毫米 ×1092 毫米　1/16　印张：16.75
字数：386千字
ISBN 978-7-5206-0189-4　定价：136.00元

序

　　长江上游珍稀特有鱼类多数仅分布于长江上游干支流，甚至有些种类仅在部分支流中局限分布，生境需求异于长江其他常见鱼类，对于长江上游独特的河道地形、水文情势和气候等在进化过程中已产生适应性特化，部分种类具有洄游特征，是长江水生生物多样性的重要组成部分。

　　为了保护长江上游珍稀特有鱼类，国家规划建立了长江上游珍稀特有鱼类自然保护区，自1996年起，经6次规划调整，"长江上游珍稀特有鱼类国家级自然保护区"功能区划得以划定（环函〔2013〕161号）。该保护区是国内最大的河流型自然保护区，几经调整的保护区保护了白鲟、长江鲟（达氏鲟）、胭脂鱼等70种长江上游珍稀特有鱼类及其赖以生存的栖息地，保护对象包括国家一级重点保护野生动物2种，国家二级重点保护野生动物11种，列入《世界自然保护联盟濒危物种红色名录》（IUCN红色名录）（1996年版）鱼类3种，列入《濒危野生动植物种国际贸易公约》（CITES）附录Ⅱ鱼类2种，列入《中国濒危动物红皮书》（1998年版）鱼类9种，列入保护区相关省市保护名录鱼类15种。

　　2006年以来，在农业部（现农业农村部）《长江上游珍稀特有鱼类国家级自然保护区总体规划》指导下，中国长江三峡集团有限公司资助组建了长江上游珍稀特有鱼类国家级自然保护区水生生态环境监测网络，中国水产科学研究院长江水产研究所总负责，中国科学院水生生物研究所、水利部中国科学院水工程生态研究所和沿江基层渔政站共同参与，开展了持续十余年的保护区水生生态环境监测与主要保护鱼类种群动态研究工作，获取了大量第一手基础资料，这些资料涵盖了金沙江一期工程建设前后的生态环境动态变化和二十余种长江上游特有鱼类基础生物学数据，具有重要的科学指导意义。

　　"长江上游珍稀特有鱼类研究保护系列丛书"围绕长江上游珍稀特有鱼类国家级自然保护区水生生态环境长期监测成果，主要介绍了二十余种长江上游特有鱼类生物学、种群动态及遗传结构的相关基础研究成果，同时也对金沙江、长江上游干流和赤水河流域的概况与进一步保护工作进行了简要总结。本套丛书共四本，分别是《长江上游珍稀特有鱼类国家级自然保护区水生生物资源与保护》《长江上游干流鱼类生物学研究》《赤水河鱼类生物学研究》《金沙江下游鱼类生物学研究》。

　　丛书反映了长江上游主要特有鱼类和其他优势鱼类的研究现状，丰富了科学知识，促进了知识文化的传播，为科研工作者提供了大量参考资料，为广大读者提供了关于保护区水域的科普知识，同时也为管理部门提供了决策依据。相信这套丛书的出版，将有助于长江上游水域珍稀特有鱼类资源的保护和保护区的科学管理。

　　丛书成果丰富，但也需要注意到，由于研究力量有限，仍未能完全涵盖长江上游全部保护对象，同时长江上游生态环境仍处于持续演变中，"长江十年禁渔"对物种资源的恢复作用仍需持续监测评估。因此，有必要针对研究资料仍较薄弱的种类开展抢救性补充研究，同时，持续开展水生生态环境监测，科学评估长江上游鱼类资源现状与动态变化，为物种保护和栖息地修复提供更为详尽的科学资料。

中国科学院院士

前　言

　　长江上游地域辽阔，横跨我国地势的一级和二级阶梯，是我国西部内陆的腹心区域，自然景观极为丰富，水系发达，水量充沛，跨越了高原、北亚热带和中亚热带三大季风气候区。其独特而多样的自然环境条件，孕育了丰富的野生动植物，其中鱼类多样性尤为丰富。据统计，长江上游分布有鱼类286种，其中局限分布于该地区的特有鱼类多达124种，特有鱼类比例之高远超国内其他地区或水系。这些特有鱼类极大地丰富了长江上游的水生生物多样性，为我国淡水渔业可持续发展提供了物种基础，同时也是长江上游水域生态系统的重要组成部分，具有重要的生态价值和科研价值。部分特有鱼类曾是产区的重要经济鱼类，如圆口铜鱼、圆筒吻鮈、岩原鲤和青石爬鮡等。

　　长江上游分布的这些特有鱼类在长期的生态适应过程中，形成了一系列与长江上游水域生态环境高度适应的形态特征、行为特征和生活史特征。这些鱼类绝大部分偏好流水环境，以黏附在石头上的底栖动物和着生藻类为食，在急流滩上产漂流性卵或者在砾石河滩上产沉黏性卵。但是，随着长江上游水域生态环境的变化，生活在此区域的珍稀特有鱼类将受到不同程度的不利影响。

　　为了保护长江上游珍稀特有鱼类，2005年4月国务院办公厅批准成立了"长江上游珍稀特有鱼类国家级自然保护区"。在保护区范围内，赤水河是一个与保护区其他部分既紧密联系，而又相对独立的系统。目前，赤水河干流尚未修建任何大坝，仍然保持着自然的河流特征，并且流程长、流量大、水质良好、河流栖息环境复杂多样、人类活动相对较少、着生藻类和底栖无脊椎动物等饵料生物丰富，是鱼类理想的栖息地和繁殖场所。调查表明，赤水河流域分布有鱼类167种，其中包括2种国家一级重点保护鱼类（白鲟和长江鲟）、9种国家二级重点保护鱼类（圆口铜鱼、长鳍吻鮈、鲈鲤、四川白甲鱼、岩原鲤、胭脂鱼、长薄鳅、红唇薄鳅和青石爬鮡）以及45种长江上游特有鱼类，占整个保护区珍稀特有鱼类物种数量的2/3左右。

　　在中国长江三峡集团有限公司"岩原鲤等二十一种长江上游特有鱼类生物学、种群动态及遗传多样性研究（Ⅰ期）"（2011—2013年）和"岩原鲤等二十四种长江上游特有鱼类生物学、种群动态及遗传结构研究（Ⅱ期）"（2014—2018年）等项目的资助下，我们对赤水河黑尾近红鲌、高体近红鲌、半𩾃、张氏𩾃、厚颌鲂、宽口光唇鱼、岩原鲤、西昌华吸鳅和大鳍鳠等代表性鱼类的基础生物学特征，包括年龄与生长、食性、繁殖、种群动态和遗传多样性等，进行了较为系统的研究。本书在上述研究工作的基础上，结合已有文献资料，对黑尾近红鲌等9种鱼类生物学特征的时空变化特征及其对赤水河水域生态环境的适应性进行了较为深入的分析；同时，对引起赤水河鱼类资源变化的原因进行了分析，提出了相应的保护措施与建议。研究结果有助于理解鱼类对环境变化的生态适应能力，也可以为金沙江下游特有鱼类的保护与修复提供重要科学依据。

本书编写得到了相关部门大力支持。中国水产科学研究院长江水产研究所的陈大庆研究员、段辛斌研究员、田辉伍副研究员以及水利部中国科学院水工程生态研究所的朱滨研究员等协助采集了长江上游干流江段和金沙江下游江段的部分鱼类样本。贵州省渔业局的高敏和李准，四川省水产局的张志英和李洪，贵州省赤水市农业农村局的娄必云、刘定明、杨光辉和黎良，四川省合江县农业农村局的袁大春和苟忠友，贵州省仁怀市农业农村局的李云，四川省古蔺县农业农村局的代元兴，长江上游珍稀特有鱼类国家级自然保护区云南管护局的庄清海、艾祖军、申睿、赵祖权、余廷松、李兰顺和陈文善等同志在野外调查工作中给予了大量帮助。

本书野外调查、室内实验和数据分析等工作主要由刘春池、王俊、王环珊、张富斌、王雪、李小兵、罗思、邱宁、翟东东、张智、李文静、秦强、张文武、吴金明、余梵冬、夏治俊和徐椿森等同志完成，刘飞、高欣和张富铁等同志负责统稿。

由于水平有限，疏漏和错误之处在所难免，敬请广大读者和同行批评指正。

作　者

2022 年 12 月

目　录

序

前言

第1章
赤水河流域概况

1.1 自然环境概况

1.1.1 地理位置

赤水河，古称赤虺河、安乐水或大涉水等，因河流水色赤黄而得名。发源于乌蒙山北麓的云南省镇雄县赤水源镇，在四川省合江县汇入长江，河流全长437km，流域面积21 010km²。河流整体轮廓呈现出向东南凸出的不规则弧形，河源至大湾鱼洞乡大洞口称为鱼洞河，随后东流至云贵川交界处的鸡鸣三省纳入渭河后，折向东北流，成为四川省叙永县、古蔺县与贵州省毕节市七星关区、金沙县的界河；至四川省叙永县石关折向东南流，至贵州省毕节市小河（堡合河）河口折向东北流，在毕节市金沙县汇入普子河后为贵州省仁怀市和四川省古蔺县界河，沿川黔边界至仁怀市茅台镇后，折向西北流，右纳桐梓河，经太平渡、元厚，至复兴，左纳枫溪河，在赤水市折向东北，进入四川省合江县，右纳习水河后汇入长江。

1.1.2 地形地貌

赤水河天然落差1 473.96m，平均比降3.38‰。茅台镇以上区域为上游，河流长224.7km，天然落差1 274.8m。茅台镇至赤水市为中游，河流长157.8km，天然落差182.9m。赤水市至河口为下游，河流长54km，天然落差16.28m。上、中游山谷幽深，水流湍急，喀斯特地貌发育，石漠化比较严重；下游河宽水深，水流平缓，此区域大范围出露侏罗系—白垩系红色岩石，发育类型以剥蚀—侵蚀红岩中低山、丘陵为主，呈现出典型的丹霞地貌（陈建庚，1999）。

赤水河流域地处云贵高原和四川盆地接壤地带，流域地势为自乌蒙山以东至大娄山西北麓，西南高而东北低，地貌以高山、丘陵为主，喀斯特地貌和丹霞地貌发育，沿河地貌大致分为高原区、山麓区和丘陵区三部分（王俊，2015）。沿二郎镇往上为高原区，地处云贵高原，海拔1 000～1 600m，谷深坡陡，山势陡峭，两岸多为悬崖峭壁，河床坡降大，险滩层叠，水流湍急。二郎镇以下到复兴镇为四川盆地边缘，属于山麓区，两岸海拔500～1 000m，该地区属于高原和盆地的斜坡地带，河谷变宽，两岸有台地分布，水流平缓，多有险滩。赤水市复兴镇往下为丘陵区，两岸有丘陵起伏，沿岸海拔200～500m，岸边台地较多，河谷宽阔，耕地集中，人口密度较大（吴正褆，2001）。

赤水河流域的土壤主要是黄壤土和紫色土，黄壤土大面积分布在赤水河的中上游区域，此外上游山地还分布有黄棕壤土，下游广泛分布有紫色土。赤水河及习水河下游河谷地带主要分布有黄红壤土（黄真理，2008；吴金明，2011）。

1.1.3 河流水系

赤水河流域水系发育，支流众多，较大的支流有21条。流域呈桑叶形，支流东南岸多于西北岸，分布在东南岸的支流较大，主要有龙洞河、堡合河、二道河及其支流鱼洞河和三岔河、桐梓河及其支流高桥河、混子河、观音寺河、沙溪河、五马河、盐津河、土城小河、习水河等14条，源自大楼山东南麓；西北岸的支流相对较小，主要有威信河、盐井河、古蔺河、风溪河、大同河及其支流小同河、水尾河7条。支流中以习水河、二道河、桐梓河、大同河、古蔺河最大，流域面积均在1 000km² 以上（贵州省地方志编纂委员会，1985）。

1.1.4 气候

赤水河流域地处云贵高原和四川盆地接壤地带，属于亚热带季风气候，夏天潮湿酷热，冬天干燥寒冷，无霜期长，降水量大，气候温暖湿润，各县市的平均气温为11.3 ～ 18.1℃。流域内多年平均降水量为1 214.6mm，极端最高降水量为1 621.6mm，年最低降水量为613.7mm。降水多集中在6—9月，占全年降水量的60% 左右，冬季雨量稀少，12月到次年1月期间的降水量仅占全年的4% 左右（王俊，2015）。赤水河流域的气候地域之间差异较大，上游三岔以上区域即河源区属于暖温带高原气候，气温较低；中下游四川盆地丘陵地带为盆地亚热带湿润气候，河谷内气温较高，云雾多，日照少，多年平均相对湿度达到82%。

上下游气候差异较大，微气候类型众多。河源区域属于高原区，气候在垂直方向上分布较为明显，微气候差异显著。此地区气温较低，年平均气温为11.3 ～ 13.3℃，然而最低气温可达零下11.9℃。年平均降水量为915 ～ 1 095mm，湿度较大，雨量分配均匀。日照时间短，年有效积温3 208 ～ 3 951℃。夏季时间较短而冬季时间较长，四季差异不明显，无霜期152 ～ 319 天（王忠锁等，2007）。

中上游气候温暖湿润，冬季日照短，多阴雨天气，夏季湿热多雨水。此区域年平均气温为13.1 ～ 17.6℃，最低温度达到零下8.8℃，最高气温为38.4℃。年平均降水量749 ～ 1 286mm，年有效积温3 920 ～ 4 770℃，无霜期320 天（王忠锁等，2007）。

下游属于亚热带气候区，气温高，光照时间长，降水量大，四季分明。此区域年平均气温为18.1 ～ 18.2℃，最高温度甚至可达41.3℃。年平均降水量1 189 ～ 1 286mm，年有效积温5 800 ～ 5 888℃，无霜期357 天（贵州省环境保护科学研究所，1990；王忠锁等，2007）。

1.1.5 水文泥沙

赤水河属于典型的山区雨源型河流，径流主要由降水形成，其时空变化规律与降水时空变化规律基本一致，流域径流深等值线的分布与年降水量等值线的分布趋势相对一致。枯水期河水主要靠地下水补充，丰水期径流主要来自降水，洪水暴涨暴落，峰值较高，历时短。根据对赤水河的实地考察和水文站点的资料记录可知，赤水河多年平均径流量为 82.17 亿 m³，历史最大径流量为 140.7 亿 m³，历史最小径流量为 49.72 亿 m³，多年平均径流量为 260m³/s，最大平均径流量为 446 亿 m³（王俊，2015）。流域年平均径流深 493mm，从上游至下游呈现出递增的趋势，中上游的径流深为 300 ~ 400mm，下游的径流深为 400 ~ 700mm，径流年际间变化较小，年内分配不均匀，洪枯流量变化较大（图 1-1）。冬春季至次年 4 月降水量较小，径流量也小；夏秋季 6—9 月降水量多，径流量大。年内最枯月出现在 1 月或 2 月，最丰月出现在 6 月或 7 月。

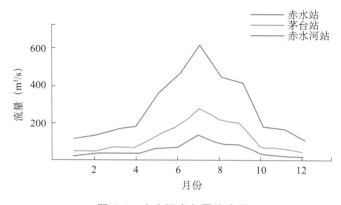

图 1-1　赤水河多年平均流量

河口多年平均流量为 309m³/s，实测最大流量为 9 890m³/s（1953 年），最大流量为 10 700m³/s（1918 年）；多年平均年侵蚀指数为 870t/km²，年输沙量为 718 万 t，含沙量为 0.927kg/m³。汛期输沙量占全年的 90% 以上，最大高达 97%，主汛期输沙量占全年输沙量的 50% ~ 78%。长期以来，由于上游地区过度垦殖、乱砍滥伐等使得流域内植被严重破坏，水土流失严重，河流含沙量升高，生态环境退化；中下游地区因为工业化活动导致当地生态环境和赤水河水质受到严重影响（陈蕾等，2011）。茅台河段年输沙量由 20 世纪 80 年代前的 450 万 t 减少到现在的 316 万 t。

1.1.6　生物多样性

赤水河流域地处云贵高原和四川盆地的过渡地带，复杂的生境、独特的地形地貌、多变的水文条件、独特的气候条件、不同的土地利用方式等使得赤水河孕育了高度的生境异质性和生物多样性。赤水河流域植物区系在划分上处于泛北极植物区和古热带植物区交汇和分界地带，植物多样性特色分明，古老、特有植物较多。据不完全统计，仅仅是赤水河中下游 3 个国家级保护区内就分布有植物 257 科 883 属 1 700 种。其中水生浮游植物 16 科 35 属、苔藓植物 41 科 60 属 67 种，蕨类植物 34 科 53 属 104 种，种子植物 165 科 735 属 1 529 种（赤水河保护与发展调查专家组，2007），国家重点保护野生植物（一、二、三级）达 38 种。复杂多样的植被类型为流域内的动物多样性提供了基础和条件。

在动物多样性方面，赤水河流域的动物区系组成主要是东洋界成分，兽类和鸟类以东南亚热带—亚热带类型为主；其次是旧大陆热带—亚热带类型、横断山—喜马拉雅分布型（任晓东，2010）。据不完全统计，赤水河流域内分布有浮游动物 70 属 126 种、水生底栖动物 64 科 215 种、两栖爬行动物 10 科 17 属 20 种、鸟类 19 科 88 属 126 种、兽类 21 科 39 属 44 种，其中国家一级重点保护野生动物 5 种，二级重点保护野生动物 27 种（赤水河保护与发展调查专家组，2007；梁琴，2010）。

丰富的生物多样性资源，尤其是大量濒危保护动物的分布决定了赤水河流域在生物多样性保护中的重要地位。而其至今尚未建坝的干流更成为长江上游珍稀、特有鱼类的重要保护地。目前，赤水河流域已建成各级自然保护区 20 多个，其中国家级自然保护区 3 个，市级自然保护区 1 个，县级自然保护区 7 个（曹文宣，2000；贵州省环境保护局，1987；胡鸿兴等，2000）。

虽然目前赤水河流域的生物多样性保护取得了一定的进展和成绩，但是距离在整个流域尺度上进行多样性保护的综合目标和赤水河在长江上游地区生物多样性保护中应起到的作用还有一定的距离（黄真理，2003；王忠锁等，2007）。

赤水河流域的生物多样性保护目前存在如下几个方面的不足和挑战。首先是对生物多样性本底状况的了解不足，由于流域面积广袤，目前并没有系统全面地对流域内的生物多样性进行过调查，资料的不足和缺乏使得对流域尺度上的生物多样性的评估工作困难重重，同时限制了流域范围内多样性的科学保护和规划工作。其次是保护区的保护能力薄弱，虽然目前流域内已经建立了保护区 20 多个，但是保护区内并没有建立起完整、系统的环境和多样性监测体系，保护工作的随意性、盲目性大，保护区技术人员不足，无法完成相应的保护工作（任晓东和黄明杰，2009；张丛林等，2014）。同时各个保护区面积有限，彼此分割，无法形成有效的保护区网络体系，缺乏流域尺度上的综合管理和保护规划。最后是保护区内民众的生计问题：赤水河流域内农民占绝大多数，经济发展较为落后，如果无法解决民众的生存和生活需求，那么多样性的保护便无从谈起。特别是在西部大开发政策的指引下，赤水河流域的资源开发与经济发展必会与日俱增，流域经济发展一定会对生物多样性的保护造成一定的威胁（刘国才，2007）。

赤水河流域内丰富的生物多样性资源与生物多样性的保护、管理、规划工作的薄弱形成了鲜明的对比，这些薄弱环节无不提醒我们要实现在流域尺度上对赤水河进行生物多样性的保护还有很多问题亟待解决。赤水河流域生物多样性保护工作在面临挑战的同时，也迎来了千载难逢的机遇。首先是"长江上游珍稀特有鱼类国家级自然保护区"的建立。保护区的建立为流域内生物多样性的保护提供了重要的基础，同时有助于在流域尺度上进行生物多样性的综合保护。其次是赤水河流域综合管理理念的形成，即是在流域尺度上通过跨部门、跨行政区、跨保护区进行生物多样性的保护和协调管理，最大限度地在可持续发展的前提下进行生物资源的开发利用和保护。进一步完善生态补偿机制，对流域内多样性保护的直接贡献者即群众给予一定的补偿，让付出者得利，享用者付出，真正通过生态补偿机制调动流域内群众的保护积极性（冉景丞和蒙文萍，2018）。作为诸多长江珍稀鱼类重要栖息地和产卵场的赤水河已经吸引

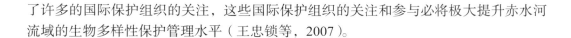

了许多的国际保护组织的关注，这些国际保护组织的关注和参与必将极大提升赤水河流域的生物多样性保护管理水平（王忠锁等，2007）。

1.2　赤水河鱼类研究简史

对于赤水河鱼类，在 20 世纪 80 年代以前一直未进行过系统调查，缺乏相关的报道和资料。20 世纪 80 年代初期，贵州省遵义医学院等单位对赤水河鱼类进行了初步调查，根据此次调查编著的《贵州鱼类志》记录有赤水河鱼类 52 种（伍律，1989）。

20 世纪 90 年代初期，为了保护受三峡工程和长江上游水电梯级开发影响的长江上游特有鱼类，中国科学院水生生物研究所曹文宣院士等对赤水河的鱼类资源进行了较为系统的调查，并率先提出了在赤水河建立长江上游鱼类保护区的建议。1991 年，中国科学院环境评价部和长江水资源保护科学研究院编写的《长江三峡水利枢纽环境影响报告书》指出，在长江上游"及早选择 1 ～ 2 条支流建立特有鱼类自然保护区是十分必要的"；1993 年《长江三峡水利枢纽初步设计报告（枢纽工程）》第十一篇"环境保护"明确提出，选择赤水河或 1 ～ 2 条有 20 ～ 30 种特有鱼类栖息、繁殖的支流，建立自然保护区的建议，原则上可以考虑，但是赤水河是否具备这些条件尚不太清楚，需要组织力量深入考察。

1992—1995 年，由中国科学院水生生物研究所主持，四川省自然资源研究所和贵州省遵义医学院参加，三方共同承担了国家"八五"科技攻关项目子专题"长江上游鱼类自然保护区选址与建区方案的研究"，对赤水河的鱼类和水生生物进行了较为全面和系统的调查研究。研究报告指出，赤水河水质良好，生境多样，水域生态系统具有很强的自然性；鱼类有 108 种，其中长江上游特有鱼类 20 余种，占三峡库区特有鱼类种数的一半以上，鱼类组成具有很强的代表性。该报告还指出"赤水河较大的流量和较长的流程，还可为长江上游一些产漂流性卵的鱼类提供产卵和孵化条件"。

1995 年底，国务院三峡建设委员会办公室下达了"长江上游特有鱼类保护方法研究"课题，由中国科学院水生生物研究所主持，长江水资源保护研究所和农业部渔业局渔政处参加，对赤水河流域的鱼类组成和生态环境进行了进一步的调研，调查表明赤水河分布有鱼类 109 种（亚种），鱼类组成与三峡库区鱼类大体是一致的，特别是在赤水河发现有 26 种长江上游特有鱼类。

2003 年，苏瑞凤等对华缨鱼属鱼类进行了整理，将采集自遵义市桐梓县高桥镇赤水河支流桐梓河的一种小型野鲮亚科鱼类命名为宽唇华缨鱼（*Sinocrossocheilus labiata*），这是首次以赤水河流域为模式产地命名的新种，也是目前已知唯一仅分布于赤水河流域的特有鱼类。

2005 年 4 月，国务院批准成立了"长江上游珍稀、特有鱼类国家级自然保护区"。该保护区地跨四川、云南、贵州和重庆三省一市，是目前我国最长的河流型自然保护区。赤水河由于其完整的河流生态系统类型以及丰富的鱼类资源而被纳入该保护区，受保护的河段长达 628km，其中云南省鱼洞河至白车村、贵州省仁怀市五马河河口至赤水市大同河河口以及赤水河河口区为保护区的核心区，干流一碗水坪子至鱼洞、湾潭至五马河河口、大同河河口至习水河河口，以及扎西河、倒流河、妥泥河和筒车河等支流的部分江段为缓冲区。

保护区建立以后，中国科学院水生生物研究所等单位先后承担了"赤水河水域生态和水生生物调查"和"赤水河水域生态环境监测"等项目，对赤水河鱼类的种类组成、群落时空动态、早期资源现状、基础生物学特征、资源量、遗传多样性和栖息地现状等进行了长期的研究和监测，取得了一系列的研究成果，为保护区的建设与管理提供了扎实的数据支撑。

（刘飞、夏治俊）

第2章
赤水河鱼类多样性特征

2.1　种类组成

综合2006—2020年现场调查以及历史资料记载可知，赤水河流域先后分布有鱼类167种，其中土著鱼类150种，外来鱼类17种。

150种土著鱼类中，列入各级保护名录的种类有30种。其中，国家一级重点保护野生动物有长江鲟（达氏鲟）和白鲟2种；国家二级重点保护野生动物有圆口铜鱼、长鳍吻鮈、鲈鲤、四川白甲鱼、岩原鲤、胭脂鱼、长薄鳅、红唇薄鳅和青石爬鮡等9种；列入《世界自然保护联盟濒危物种红色名录》（IUCN红色名录）和《濒危野生动植物种国际贸易公约》（CITES）的有长江鲟和白鲟2种；列入《中国濒危动物红皮书》和《中国物种红色名录》的有长江鲟、白鲟、鳡、鲈鲤、昆明裂腹鱼、岩原鲤、胭脂鱼、长薄鳅、长须黄颡鱼、白缘䱀、青石爬鮡、青鳉和刘氏吻虾虎鱼等13种；列入保护区的四川、贵州、云南和重庆三省一市的重点保护野生动物有鳡、鳤、鳘、鲈鲤、长丝裂腹鱼、岩原鲤、胭脂鱼、长薄鳅、小眼薄鳅、红唇薄鳅、侧沟爬岩鳅、中华金沙鳅、四川华吸鳅、峨眉后平鳅、青石爬鮡和刘氏吻虾虎鱼等16种；仅分布于长江上游地区的特有鱼类有长江鲟、四川华鳊、高体近红鲌、汪氏近红鲌、黑尾近红鲌、半䱗、张氏䱗、厚颌鲂、长体鲂、嘉陵颌须鮈、圆口铜鱼、圆筒吻鮈、长鳍吻鮈、裸腹片唇鮈、钝吻棒花鱼、短身鳅鮀、异鳔鳅鮀、峨眉鱊、鲈鲤、宽口光唇鱼、四川白甲鱼、赫氏华鲮、伦氏孟加拉鲮、宽唇华缨鱼、条纹异黔鲮、长丝裂腹鱼、昆明裂腹鱼、四川裂腹鱼、岩原鲤、短体荷马条鳅、乌江荷马条鳅、宽体沙鳅、双斑副沙鳅、长薄鳅、小眼薄鳅、红唇薄鳅、侧沟爬岩鳅、短身金沙鳅、中华金沙鳅、西昌华吸鳅、四川华吸鳅、拟缘䱀、青石爬鮡和刘氏吻虾虎鱼等44种。在赤水河流域分布的这些长江上游特有鱼类中，宽唇华缨鱼是目前已知唯一仅分布于赤水河流域的特有鱼类，其模式产地为赤水河最大支流桐梓河的桐梓县高桥镇；条纹异黔鲮为赤水河与乌江共有的特有鱼类，其模式产地为赤水河二级支流冷水河的金沙县箐门乡，在桐梓河以及五马河等支流的源头江段也有分布（赵海涛，2016）。

17种外来鱼类分别为杂交鲟、丁鱥、尖头鱥、团头鲂、大鳞鲃、光倒刺鲃、麦瑞加拉鲮、湘云鲫、散鳞镜鲤、董氏须鳎、斑点叉尾鮰、云斑鮰、革胡子鲇、太湖新银鱼、大银鱼、食蚊鱼和梭鲈。这些外来鱼类绝大部分为养殖逃逸或人为放生进入赤水河的，其中食蚊鱼已经在部分江段建立起稳定的种群。

2.2 区系特征

赤水河流域分布的 150 种土著鱼类隶属于 7 目 21 科 86 属。

从目级分类水平来看，赤水河流域土著鱼类以鲤形目物种数量最多，有 113 种，占鱼类物种总数的 75.3%；其次为鲇形目，有 19 种，占鱼类物种总数的 12.7%；再次为鲈形目，有 12 种，占鱼类物种总数的 8.0%；另外，鲟形目和颌针鱼目各 2 种，均占鱼类物种总数的 1.3%；合鳃鱼目和鳗鲡目各 1 种，均占鱼类物种总数的 0.7%（图 2-1）。

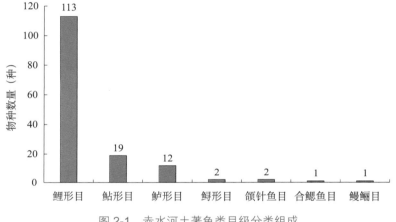

图 2-1 赤水河土著鱼类目级分类组成

从科级分类水平来看，赤水河土著鱼类以鲤科物种数量最多，有 89 种，占鱼类物种总数的 59.3%；其次为鳅科，有 12 种，占鱼类物种总数的 8.0%；再次为沙鳅科，有 9 种，占鱼类物种总数的 6.0%；另外，爬鳅科 7 种，占鱼类物种总数的 4.7%；条鳅科和虾虎鱼科各 4 种，均占鱼类物种总数的 2.7%；钝头鮠科、花鳅科和真鲈科各 3 种，均占鱼类物种总数的 2.0%；斗鱼科、鲇科、沙塘鳢科和鮡科各 2 种，均占鱼类物种总数的 1.3%；大颌鳉科、白鲟科、合鳃鱼科、鳢科、鳗鲡科、鲟科、胭脂鱼科和鳀科各 1 种，均占鱼类物种总数的 0.7%（图 2-2）。

鲤科下属的 12 个亚科在赤水河流域均有分布，其中以鮈亚科物种数量最多，有 22 种，占鱼类物种总数的 24.7%；其次为鲌亚科，有 20 种，占鱼类物种总数的 22.5%；再次为鳎亚科和鲃亚科，各 8 种，均占鱼类物种总数的 9.0%；另外，雅罗鱼亚科和野鲮亚科各 6 种，均占鱼类物种总数的 6.7%；鲴亚科 5 种，占鱼类物种总数的 5.6%；裂腹鱼亚科 4 种，占鱼类物种总数的 4.5%；鳅鮀亚科和鲤亚科各 3 种，均占鱼类物种总数的 3.4%；鲌亚科和鲢亚科各 2 种，均占鱼类物种总数的 2.2%（图 2-3）。

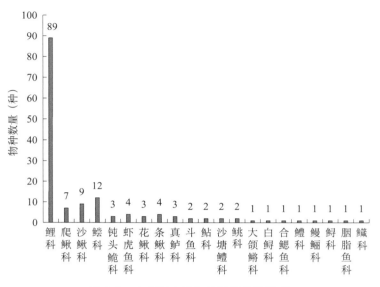

图 2-2　赤水河土著鱼类科级分类组成

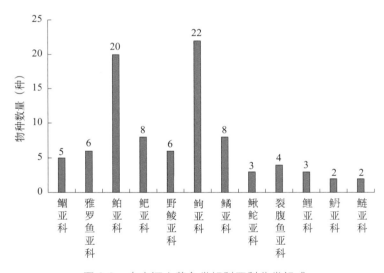

图 2-3　赤水河土著鱼类鲤科亚科分类组成

总体而言，赤水河鱼类区系组成比较复杂，整体表现出以鲤形目鲤科占明显优势、鲇形目鲿科占较大比重的特征，这与长江上游乃至整个长江流域的鱼类区系特征是一致的。

2.3　群聚结构

受海拔、水温、流量和底质等环境因素影响，赤水河鱼类组成以及群聚结构表现出明显的河流梯度变化（刘飞，2013；王俊，2015）。

2.3.1 源头江段

赤水河源头江段地处云贵高原的斜坡地带，海拔高，水温低，溶洞暗河密布，水流湍急，优势种类主要是一些适应急流冷水环境的鱼类，如鲤科裂腹鱼亚科、鲃亚科、鮈亚科、野鲮亚科以及条鳅科和爬鳅科等，其中以昆明裂腹鱼的相对优势度最高，IRI（相对重要性指数）达38.14%；其次为云南光唇鱼（20.93%）、宽鳍鱲（17.93%）和泉水鱼（14.45%）等（表2-1）。这些鱼类在形态构造上均发生了一系列的适应性变化，如裂腹鱼亚科和鲃亚科种类的体型多呈纺锤形，游泳能力强，其口多为下位或亚下位，且其下颌多具锐利的角质，适于刮取石块上的着生藻类；野鲮亚科、平鳍鳅科和鮡科的一些种类则进化出特殊的吸盘结构，用以吸附在水流湍急的砾石上，避免被水流冲走。

表 2-1　赤水河源头镇雄县江段鱼类群聚结构

鱼名	IRI（%）	鱼名	IRI（%）
昆明裂腹鱼	38.14	白甲鱼	0.89
云南光唇鱼	20.93	岩原鲤	0.87
宽鳍鱲	17.93	鲫	0.35
泉水鱼	14.45	鲈鲤	0.26
红尾荷马条鳅	2.56	麦穗鱼	0.15
西昌华吸鳅	1.70	青石爬鮡	0.13
墨头鱼	1.20	其他种类	0.44

2.3.2 上游江段

赤水河上游地处云贵高原边缘，河谷深切，水流湍急，多急流和险滩，鱼类群聚以野鲮亚科、鲃亚科和鳅科等适应急流环境的种类占明显优势，如泉水鱼、切尾拟鲿、白甲鱼和墨头鱼等，其中以泉水鱼的相对优势度最高，为20.97%；其次为切尾拟鲿（16.43%）、云南光唇鱼（15.71%）和白甲鱼（14.66%）等。西昌华吸鳅、昆明裂腹鱼和长薄鳅等长江上游特有鱼类在该江段鱼类群聚中占有一定的比重，而鲈鲤和青石爬鮡等常见于源头江段的特有鱼类在该江段基本消失（表2-2）。

表 2-2　赤水河上游赤水镇江段鱼类群聚结构

鱼名	IRI（%）	鱼名	IRI（%）
泉水鱼	20.97	宽鳍鱲	3.60
切尾拟鲿	16.43	西昌华吸鳅	1.50
云南光唇鱼	15.71	昆明裂腹鱼	0.97
白甲鱼	14.66	粗唇鮠	0.39
墨头鱼	9.09	红尾荷马条鳅	0.32
花鳕	9.01	长薄鳅	0.23
唇鳕	5.76	其他种类	1.37

2.3.3 中游江段

赤水河中游江段地处云贵高原与四川盆地的过渡地带，河流物理栖息地异质性程度非常高，深潭与浅滩交错，急流与缓流相间，鱼类群聚总体上表现出上下游交汇的特点，不仅分布有一些典型的喜急流性鱼类，如中华倒刺鲃和白甲鱼等，同时也分布有大量的普适性或喜缓流环境的种类，如唇䱻、蛇鮈、斑点蛇鮈、光泽黄颡鱼和瓦氏黄颡鱼等。特有鱼类高体近红鲌在鱼类群聚中占有一定的比重（表 2-3）。

表 2-3　赤水河中游赤水市江段鱼类群聚结构

鱼名	IRI（%）	鱼名	IRI（%）
唇䱻	23.72	高体近红鲌	2.90
蛇鮈	15.34	切尾拟鲿	2.43
中华倒刺鲃	12.38	粗唇鮠	2.23
斑点蛇鮈	12.01	鲤	1.65
光泽黄颡鱼	6.75	鲫	1.60
银鮈	4.93	鳜	1.56
瓦氏黄颡鱼	4.23	白甲鱼	1.28
大鳍鳠	3.74	其他种类	3.24

2.3.4　下游江段

赤水河下游属于四川盆地边缘，地势相对平坦，河道变宽、水深加大、流速趋缓，适应静水或缓流生活的种类相应增多，鱼类群聚以鲿科种类（如瓦氏黄颡鱼、大鳍鳠、粗唇鮠、黄颡鱼）等占明显优势（表 2-4）；此外，鲌亚科种类（如蒙古鲌、高体近红鲌、黑尾近红鲌和飘鱼）的优势度明显上升。高体近红鲌和黑尾近红鲌等长江上游特有鱼类在渔获物中的比重较高。由于其与长江干流自然连通，很多鱼类通过在赤水河下游与长江干流之间的季节性迁移以完成生活史过程，主要分布于长江干流江段的长江鲟、胭脂鱼、圆口铜鱼、长鳍吻鮈、圆筒吻鮈和异鳔鳅鮀等珍稀特有鱼类常见于该江段。

表 2-4　赤水河下游合江县江段鱼类群聚结构

鱼名	IRI（%）	鱼名	IRI（%）
瓦氏黄颡鱼	28.64	光泽黄颡鱼	2.33
大鳍鳠	17.56	黑尾近红鲌	2.32
粗唇鮠	17.11	飘鱼	2.04
黄颡鱼	3.97	鲇	1.96
花䱻	3.63	鲫	1.52
蒙古鲌	3.61	似鳊	1.36
高体近红鲌	2.64	鳜	0.95
中华倒刺鲃	2.40	其他种类	7.27

2.4　早期资源

2.4.1　种类组成

调查期间，在赤水河不同江段共采集 110 余种土著鱼类的早期资源（表 2-5），其中包括四川白甲鱼、鲈鲤、四川裂腹鱼、长丝裂腹鱼、昆明裂腹鱼、岩原鲤和青石爬鳅等 30 余种可能受到金沙江下游水电开发不利影响的长江上游特有鱼类，表明赤水

赤水河鱼类生物学研究

河是减缓金沙江下游水电开发对珍稀特有鱼类不利影响的重要生境。

从受精卵的性质来看，在赤水河繁殖的这些土著鱼类可以分为产漂流性卵、产沉黏性卵和产浮性卵3种类型，表明赤水河可以满足不同产卵类型鱼类的繁殖需求（表2-5）。其中，产漂流性卵鱼类有草鱼、赤眼鳟、寡鳞飘鱼、翘嘴鲌、银鮈、吻鮈、蛇鮈、光唇蛇鮈、宜昌鳅鮀、中华沙鳅、宽体沙鳅、花斑副沙鳅、双斑副沙鳅、长薄鳅、小眼薄鳅、紫薄鳅、犁头鳅、中华金沙鳅和短身金沙鳅等近20种。

表2-5 赤水河不同江段的鱼类早期资源种类组成

种类	源头	上游	中游	下游	受精卵性质
宽鳍鱲	+	+	+	+	沉黏性
马口鱼		+	+	+	沉黏性
草鱼				+	漂流性
赤眼鳟				+	漂流性
四川华鳊			+	+	沉黏性
伍氏华鳊			+	+	沉黏性
寡鳞飘鱼				+	漂流性
飘鱼			+	+	沉黏性
䱗				+	沉黏性
贝氏䱗				+	沉黏性
半䱗		+	+	+	沉黏性
张氏䱗			+	+	沉黏性
高体近红鲌			+	+	沉黏性
汪氏近红鲌			+	+	沉黏性
黑尾近红鲌				+	沉黏性
红鳍原鲌				+	沉黏性
翘嘴鲌				+	漂流性
蒙古鲌			+	+	沉黏性
厚颌鲂			+	+	沉黏性
银鲴				+	沉黏性
黄尾鲴				+	沉黏性
圆吻鲴				+	沉黏性
似鳊				+	沉黏性
花鳕				+	沉黏性
唇鲷		+	+		沉黏性
麦穗鱼			+	+	沉黏性
华鳈			+	+	沉黏性
黑鳍鳈			+	+	沉黏性
短须颌须鮈		+	+	+	沉黏性
嘉陵颌须鮈				+	沉黏性
银鮈			+	+	沉黏性
吻鮈				+	漂流性
蛇鮈		+	+	+	漂流性
斑点蛇鮈		+	+	+	漂流性
光唇蛇鮈				+	漂流性

续表

种类	源头	上游	中游	下游	受精卵性质
乐山小鳔鮈		+	+	+	沉黏性
棒花鱼				+	沉黏性
钝吻棒花鱼				+	沉黏性
裸腹片唇鮈		+	+	+	沉黏性
宜昌鳅鮀		+	+	+	漂流性
短身鳅鮀		+			漂流性
中华鳑鲏			+		沉黏性
高体鳑鲏			+	+	沉黏性
大鳍鱊				+	沉黏性
峨眉鱊				+	沉黏性
泉水鱼	+	+			沉黏性
墨头鱼	+	+			沉黏性
中华倒刺鲃	+	+	+	+	沉黏性
鲈鲤	+				沉黏性
宽口光唇鱼		+	+	+	沉黏性
云南光唇鱼	+	+			沉黏性
白甲鱼	+	+	+	+	沉黏性
四川白甲鱼	+				沉黏性
瓣结鱼			+		沉黏性
赫氏华鲮				+	沉黏性
伦氏孟加拉鲮				+	沉黏性
昆明裂腹鱼	+	+			沉黏性
长丝裂腹鱼	+				沉黏性
四川裂腹鱼	+				沉黏性
宽唇华缨鱼	+	+			沉黏性
条纹异黔鲮		+			沉黏性
岩原鲤			+	+	沉黏性
鲤		+	+	+	沉黏性
鲫		+	+	+	沉黏性
红尾荷马条鳅	+	+	+	+	沉黏性
短体荷马条鳅		+	+	+	沉黏性
乌江荷马条鳅		+	+	+	沉黏性
贝氏高原鳅	+				沉黏性
中华沙鳅		+	+		漂流性
宽体沙鳅		+	+		漂流性
花斑副沙鳅			+		漂流性
双斑副沙鳅			+		漂流性
长薄鳅		+	+		漂流性
小眼薄鳅			+		漂流性
紫薄鳅			+	+	漂流性
中华鳅				+	沉黏性
泥鳅	+	+	+	+	沉黏性

种类	源头	上游	中游	下游	受精卵性质
大鳞副泥鳅				+	沉黏性
犁头鳅		+	+		漂流性
中华金沙鳅		+	+		漂流性
短身金沙鳅		+	+		漂流性
侧沟爬岩鳅	+				沉黏性
西昌华吸鳅	+	+			沉黏性
四川华吸鳅		+	+	+	沉黏性
黄颡鱼			+	+	沉黏性
瓦氏黄颡鱼		+	+	+	沉黏性
光泽黄颡鱼		+	+	+	沉黏性
长吻鮠				+	沉黏性
粗唇鮠		+	+	+	沉黏性
切尾拟鲿	+	+	+	+	沉黏性
凹尾拟鲿			+		沉黏性
细体拟鲿		+			沉黏性
大鳍鳠		+	+	+	沉黏性
鲇		+	+	+	沉黏性
南方鲇			+	+	沉黏性
白缘䱀		+	+	+	沉黏性
黑尾䱀			+	+	沉黏性
拟缘䱀			+	+	沉黏性
中华纹胸鳅	+	+	+	+	沉黏性
青石爬鳅	+				沉黏性
圆尾斗鱼				+	浮性
叉尾斗鱼					浮性
大眼鳜		+	+	+	浮性
斑鳜		+	+	+	浮性
鳜		+	+	+	浮性
小黄䱻鱼				+	沉黏性
河川沙塘鳢				+	沉黏性
刘氏吻虾虎鱼				+	沉黏性
波氏吻虾虎鱼				+	沉黏性
粘皮鲻虾虎鱼				+	沉黏性
子陵吻虾虎鱼			+	+	沉黏性
乌鳢			+	+	浮性
青鳉			+	+	沉黏性
黄鳝		+	+	+	沉黏性

注：+表示在该江段有出现。

2.4.2 繁殖时间

赤水河鱼类的繁殖活动开始于2—3月，但是由于该季节繁殖的鱼类大部分产沉黏性卵，鱼卵的漂流密度相对较低；5月底，随着产漂流性卵鱼类陆续加入繁殖序列，卵苗漂流密度明显增加，在 6 月中下旬到 7 月中下旬达到高峰，该繁殖高峰可以一直持续到 7 月中下旬甚至 8 月上旬。

产沉黏性卵鱼类中，裂腹鱼类和墨头鱼等 2—3 月即开始繁殖，唇䱻等鉤亚科鱼类的繁殖活动集中在 4 月下旬至 5 月下旬，繁殖高峰为 4 月下旬；鲇形目鱼类如瓦氏黄颡鱼、切尾拟鲿、大鳍鳠和鲇的繁殖活动集中在 5 月中下旬至 6 月上旬，繁殖高峰为 5 月底至 6 月初。

产漂流性卵鱼类中，银鉤的繁殖期最长，从 4 月中旬至 8 月上旬均可采集到其受精卵，其中以 6 月初至 7 月初的繁殖规模最大。鲤科（包括草鱼、寡鳞飘鱼和宜昌鳅鲍）、爬鳅科（包括犁头鳅、中华金沙鳅和短身金沙鳅）和沙鳅科（包括长薄鳅、紫薄鳅、小眼薄鳅、中华沙鳅、双斑副沙鳅、花斑副沙鳅）等典型产漂流性卵鱼类的繁殖活动开始于 5 月下旬，一直持续到 8 月上旬，其中以 6 月上旬到 7 月下旬为繁殖高峰期。

2.4.3　产卵场分布

高体近红鲌、黑尾近红鲌、半䱻、张氏䱻、厚颌鲂、宽口光唇鱼和岩原鲤等产沉黏性卵特有鱼类的受精卵通常黏附在水草和岩石等基质上完成胚胎发育过程，依靠被动的早期资源采集工具很难采集到它们的受精卵。但是根据亲鱼的性腺发育情况、仔稚鱼采集以及渔民反馈的信息来看，赤水河中下游应该广泛分布有这些产黏性卵特有鱼类的产卵场。而赤水河源头及上游江段广泛分布有昆明裂腹鱼、鲈鲤、青石爬鮡和西昌华吸鳅等产沉黏性卵特有鱼类的产卵场。

产漂流性卵鱼类的产卵场广泛分布于赤水市上游 200 余千米范围内，其中草鱼、银鉤、鳜的产卵场主要集中在赤水市附近；寡鳞飘鱼、宜昌鳅鲍和副沙鳅属（包括花斑副沙鳅和双斑副沙鳅）鱼类的产卵场主要分布于土城以下江段，其中以赤水、复兴和丙安 3 个产卵场最大；而薄鳅属（包括长薄鳅和小眼薄鳅）、沙鳅属（包括中华沙鳅和宽体沙鳅）、犁头鳅和金沙鳅属（包括中华金沙鳅和短身金沙鳅）鱼类的产卵场分布相对较广，最远可到赤水镇附近，复兴至太平江段为其主要产卵场。

（刘飞、张智、王雪）

第3章
代表性鱼类基础生物学特征

3.1 黑尾近红鲌

黑尾近红鲌（*Ancherythroculter nigrocauda* Yih *et* Wu），俗称高尖，隶属于鲤形目（Cypriniformes）鲤科（Cyprinidae）鲌亚科（Cultrinae）近红鲌属（*Ancherythroculter*），是一种生活于江河中上层的中小型鱼类。仅分布在长江上游干支流，尤其偏好支流河口缓流区，目前在赤水河、龙溪河和木洞河等支流的河口水域维持有较大种群规模。

体长形，侧扁，头后背部隆起较高，腹部在腹鳍基部处稍向内凹，尾柄较细长。腹鳍基部至肛门之间有腹棱。头较长，前端稍尖，背部较平坦。口亚上位，下颌稍突出，口裂倾斜，后端延伸至鼻孔后下方。眼小，位于体侧中轴线稍上方。鼻孔位于眼前缘上方，几乎与眼上缘平行。背鳍较长，外缘平截，起点至吻端等于或稍小于至尾鳍基部的距离。胸鳍长，其末端达到或超过腹鳍基部。腹鳍位于背鳍起点前下方，末端后伸几近肛门。臀鳍条较短，基部稍长，外缘略内凹。尾鳍深叉，下叶略比上叶长，末端尖。肛门靠近臀鳍起点。侧线完全，较平直，仅前段稍向下弯曲呈弱弧形。生活时背部和体侧上部为深灰色，体侧下部为灰白色，腹部银白色。各鳍浅灰色。尾鳍灰色，上下叶边缘为灰黑色（图3-1）。

图 3-1　黑尾近红鲌活体照（邱宁　拍摄）

目前，有关黑尾近红鲌的研究主要集中在基础生物学和人工繁殖方面。基础生物学方面，严太明（2002）研究了不同地理位置黑尾近红鲌的形态以及生长与繁殖的特征，发现不同地理位置的黑尾近红鲌在形态与生长、繁殖上存在一定的差异。薛正楷初步研究了濑溪河黑尾近红鲌的年龄与生长以及繁殖等生物学特征（薛正楷、何学福，2001a，b）。人工繁殖方面，谭德清等（2004）在2001—2003年开展了黑尾近红鲌的人工繁殖试验。实验过程中使用促黄体素释放激素类似物（LRH-A）、绒毛膜促性腺激素（HCG）与鲤鱼脑垂体（PG）进行催产。平均催产率65.71%，受精率8.33%～100.0%，孵化率0.50%～94.71%，突破了黑尾近红鲌的人工繁殖技术。种群动态方面，高欣根据2001—2002年的调查数据，利用单位补充量模型分析了龙溪河黑尾近红鲌的捕捞程度，结果表明，龙溪河黑尾近红鲌的开发水平已经超过了合适的限度，会导致种群补充资源不足，无法维持种群的平衡稳定（高欣，2007）。遗传多样性方面，Liu et al.（2005）利用Cyt *b* 基因研究了不同地理群体的黑尾近红鲌的遗传多样性以及群体之间的遗传分化，结果表明黑尾近红鲌的遗传多样性较高且不同地理群体之间不存在遗传分化。

本研究根据2011—2012年和2016—2018年在龙溪河、赤水河支流习水河、木洞河等长江上游支流采集的样本，对黑尾近红鲌的基础生物学特征，包括年龄与生长、食性、繁殖、种群动态和遗传多样性等进行了研究。同时结合文献资料，对长江上游黑尾近红鲌生物学特征的时空变化进行了分析。

3.1.1　年龄与生长

3.1.1.1　体长与体重

1. 体长与体重结构

2011—2012年在龙溪河共采集黑尾近红鲌524尾，样本体长范围为82～235mm，体重范围为6.5～206.0g。解剖的417尾样本中，雌性205尾，雄性212尾。其中，雌性体长范围为115～223mm，优势体长主要集中在80～120mm，占总样本量的58.5%；雄性体长范围为97～235mm，优势体长范围为120～160mm，占总样本量的86.8%（图3-2）。雌性体重范围为18.6～174.7g，优势体重主要集中在0～100g，占总样本量的94.2%；雄性体重范围为9.3～206.0g，优势体重范围为0～50g，占总样本量的91.0%（图3-3）。

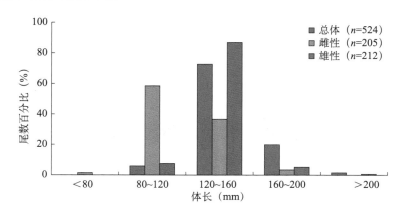

图 3-2　2011—2012 年龙溪河黑尾近红鲌的体长分布

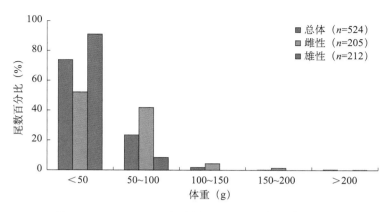

图 3-3　2011—2012 年龙溪河黑尾近红鲌的体重分布

2016—2018 年在龙溪河采集黑尾近红鲌样本 567 尾，其中雌性 267 尾，雄性 273 尾，性别不辨者 27 尾。样本体长范围为 65 ~ 312mm，体重范围为 3.2 ~ 445.6g。其中，雌性体长范围为 85 ~ 312mm，优势体长主要集中在 120 ~ 160mm，占总样本量的 59.9%；雄性体长范围为 90 ~ 200mm，优势体长范围同样为 120 ~ 160mm，占总样本量的 55.0%（图 3-4）。雌性体重范围为 8.4 ~ 445.6g，优势体重主要集中在 0 ~ 50g，占总样本量的 71.2%；雄性体重范围为 8.2 ~ 102.3g，优势体重范围同样为 0 ~ 50g，占总样本量的 91.2%（图 3-5）。

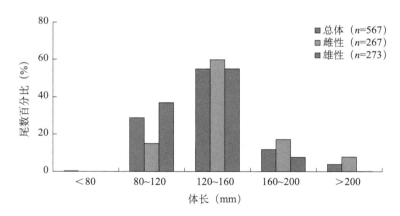

图 3-4　2016—2018 年龙溪河黑尾近红鲌体长分布

比较发现，随着时间的推移，龙溪河渔获物中黑尾近红鲌体重小于 50g 个体的比例明显增加，表明其小型化趋势进一步加剧。

2. 体长与体重关系

对 2011—2012 年龙溪河 417 尾样本的体长与体重关系进行了拟合。结果显示，黑尾近红鲌雌性、雄性和总体的体长与体重关系符合以下幂函数公式。

雌性：$W = 6 \times 10^{-6} L^{3.157}$（$R^2 = 0.966$，$n = 205$）；

雄性：$W = 6 \times 10^{-6} L^{3.138}$（$R^2 = 0.931$，$n = 212$）；

总体：$W = 5 \times 10^{-6} L^{3.189}$（$R^2 = 0.960$，$n = 417$）。

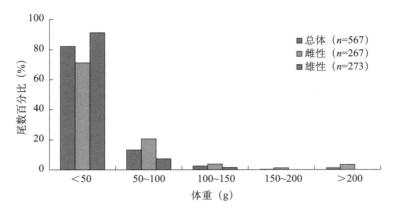

图 3-5　2016—2018 年龙溪河黑尾近红鲌体重分布

t 检验显示，b 值与 3 之间无显著性差异（$P > 0.05$）。

对 2016—2018 年龙溪河 567 尾样本的体长与体重关系进行了拟合。结果显示，黑尾近红鲌雌性、雄性和总体的体长和体重关系符合以下幂函数公式。

雌性：$W = 6 \times 10^{-6} L^{3.140}$（$R^2 = 0.980$，$n = 567$）；

雄性：$W = 6 \times 10^{-6} L^{3.171}$（$R^2 = 0.982$，$n = 267$）；

总体：$W = 9 \times 10^{-6} L^{3.070}$（$R^2 = 0.959$，$n = 273$）。

t 检验显示，b 值与 3 之间无显著性差异（$P > 0.05$）。

薛正楷（2001）对 1999—2000 年濑溪河采集的黑尾近红鲌的体长与体重关系进行了分析。结果显示，黑尾近红鲌雌性、雄性和总体的体长和体重关系符合以下幂函数公式。

雌性：$W = 2.944\ 2 \times 10^{-6} L^{3.171}$（$R^2 = 0.943$，$n = 338$）；

雄性：$W = 3.306\ 0 \times 10^{-6} L^{3.167}$（$R^2 = 0.943$，$n = 224$）；

总体：$W = 3.382\ 52 \times 10^{-6} L^{3.170}$（$R^2 = 0.986$，$n = 562$）。

经检验，b 值与 3 之间无显著性差异（$P > 0.05$）。

严太明（2002）对 1999—2000 年木洞河采集的黑尾近红鲌的体长与体重关系进行了分析。研究显示，黑尾近红鲌雌性、雄性和总体的体长和体重关系符合以下幂函数公式。

雌性：$W = 5.8 \times 10^{-6} L^{3.157}$（$R^2 = 0.977$，$n = 95$）；

雄性：$W = 4.1 \times 10^{-6} L^{3.121}$（$R^2 = 0.987$，$n = 83$）；

总体：$W = 5.1 \times 10^{-6} L^{3.180}$（$R^2 = 0.981$，$n = 178$）。

经检验，b 值与 3 之间无显著性差异（$P > 0.05$）。

严太明（2002）对 2000—2001 年习水河采集的黑尾近红鲌的体长与体重关系进行了分析。结果显示，黑尾近红鲌雌性、雄性和总体的体长和体重关系符合以下幂函数公式。

雌性：$W = 1.5 \times 10^{-6} L^{3.328}$（$R^2 = 0.944$，$n = 208$）；

雄性：$W = 1.7 \times 10^{-6} L^{3.317}$（$R^2 = 0.941$，$n = 201$）；

总体：$W = 1.8 \times 10^{-6} L^{3.305}$（$R^2 = 0.945$，$n = 409$）。

经检验，b 值与 3 之间无显著性差异（$P > 0.05$）。

严太明（2002）对 2001—2002 年龙溪河采集的黑尾近红鲌的体长与体重关系进行了分析。结果显示，黑尾近红鲌雌性、雄性和总体的体长和体重关系符合以下幂函数公式。

雌性：$W = 5.4 \times 10^{-6} L^{3.187}$（$R^2 = 0.969$，$n = 285$）；

雄性：$W = 2.2 \times 10^{-6} L^{3.346}$（$R^2 = 0.941$，$n = 139$）；

总体：$W = 4.6 \times 10^{-6} L^{3.211}$（$R^2 = 0.973$，$n = 424$）。

经检验，b 值与 3 之间无显著性差异（$P > 0.05$）。

综上所述，不同调查时期和调查河流的研究均表明黑尾近红鲌属于匀速生长型鱼类。相较而言，习水河黑尾近红鲌的体长与体重关系的 b 值略高于其他河流，表明习水河黑尾近红鲌在生长过程中体重瞬时增长率与体长瞬时增长率之比较其他河流黑尾近红鲌更大。

3.1.1.2　年龄

1. 年轮特征

黑尾近红鲌的鳞片形状多变，有扁圆形、圆形和六边形。鳞片前区埋入皮肤囊内，后区裸露，环片已经退化。根据环片在鳞片上的排列规则，黑尾近红鲌的年轮属于疏密切割类型。前区表现为疏密，侧区表现为切割。鳞片后区辐射沟很发达，辐射沟的生长打乱了环片界限，使年轮在后区不连续（图 3-6）。黑尾近红鲌年轮形态主要表现为：同一年内，中间环片在前区和侧区相平行，呈疏密排列；在新的一年开始时，前一周年环片群与次年开始的第一条环片在后侧区切割，切割处内缘环片细密，外缘稀疏，切割后的新环片向后向外散开，使年轮特征更加清晰。

黑尾近红鲌鳞片的副轮有以下特点：①在快速生长的环带中突然插入 2 ~ 3 个排列紧密的环片；②鳞片仅一侧有切割特征；③环片排列杂乱，并伴随有环片的扭曲。

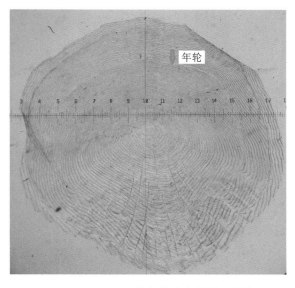

图 3-6　黑尾近红鲌年龄鉴定材料及年轮

2. 年龄结构

研究表明，鳞片是黑尾近红鲌年龄鉴定的理想材料（薛正楷，2001；严太明，2002）。因此，本研究根据鳞片对 2011—2012 年龙溪河 417 尾黑尾近红鲌的年龄结构进行了分析。结果显示，龙溪河黑尾近红鲌种群包含 1 ～ 5 龄共 5 个年龄组。其中，雌性以 2 龄比例最高，占 48.78%；其次是 1 龄，占 30.24%。雄性则以 1 龄的比例最高，占 66.04%；其次是 2 龄，占 23.11%（图 3-7）。

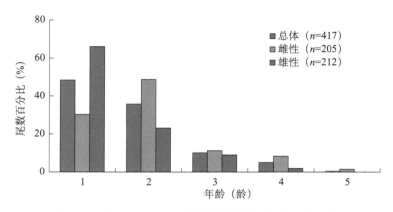

图 3-7　2011—2012 年龙溪河黑尾近红鲌的年龄结构

同样以鳞片为年龄鉴定材料对 2015—2018 年龙溪河 540 尾黑尾近红鲌的年龄结构进行了分析。结果显示，黑尾近红鲌种群包括 1 ～ 6 龄共 6 个年龄组，雌性和雄性均以 2 龄比例最高，分别占 71.2% 和 78.0%；高龄个体（5 龄和 6 龄）仅见于雌性（图 3-8）。

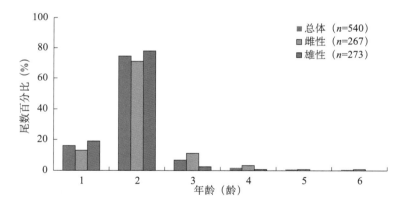

图 3-8　2015—2018 年龙溪河黑尾近红鲌的年龄结构

薛正楷（2001）对 1999—2000 年濑溪河 562 尾黑尾近红鲌的年龄结构进行了分析。结果显示，濑溪河黑尾近红鲌以 2 ～ 3 龄为主，占 77.5%；4 龄占 5.0%；5 龄个体较少，仅占 0.5%（图 3-9）。

严太明（2002）对 2001—2002 年龙溪河黑尾近红鲌的年龄结构进行了分析。结果显示，龙溪河黑尾近红鲌以 2 ～ 3 龄为主，占 82.3%；4 龄占 15.8%；5 龄占 1.2%；

5 龄以上占 0.7%（图 3-10）。

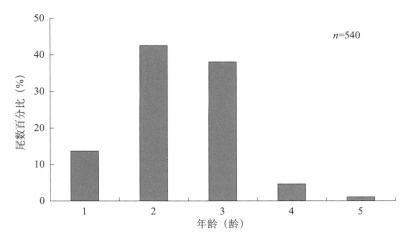

图 3-9　1999—2000 年濑溪河黑尾近红鲌种群的年龄结构（薛正楷，2001）

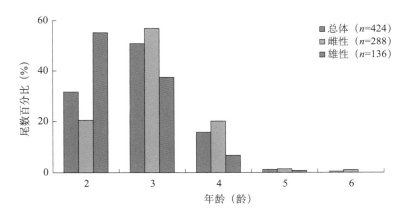

图 3-10　2001—2002 龙溪河黑尾近红鲌种群的年龄结构（严太明，2002）

　　比较发现，黑尾近红鲌的年龄结构较为复杂；随着时间的推移，龙溪河黑尾近红鲌低龄个体的比例有所增加，而 3 龄及以上个体的比例明显减少，表明其低龄化趋势加剧。

3.1.1.3　生长特征

　　1. 体长与鳞径的关系

　　对 2011—2012 年龙溪河 205 尾雌性样本和 212 尾雄性样本的体长与鳞径关系进行了拟合。结果显示，以线性函数的相关系数最高，体长（L）和鳞径（R）关系式如下。

　　雌性：$L=68.093R+53.825$（$R^2=0.973$，$n=205$）；

　　雄性：$L=93.359R+13.348$（$R^2=0.972$，$n=212$）。

　　协方差检验显示，雌雄个体体长与鳞径关系式的斜率和截距不存在显著差异，故此将雌雄合并后得到黑尾近红鲌的体长与鳞径关系式如下。

总体：$L=70.4R+54.687$（$R^2=0.990$，$n=417$）。

对 2015—2018 年龙溪河 540 尾样本的体长和鳞径关系进行拟合。结果显示，同样以线性函数的相关系数最高，体长和鳞径关系式如下。

雌性：$L=73.353R+22.514$（$R^2=0.845$，$n=267$）；

雄性：$L=59.691R+38.733$（$R^2=0.986$，$n=273$）。

协方差检验显示，雌雄个体体长与鳞径关系式的斜率和截距不存在显著差异，故合并后的方程如下。

总体：$L=71.929R+22.25$（$R^2=0.822$，$n=540$）。

薛正楷（2001）研究表明，1999—2000 年濑溪河黑尾近红鲌体长和鳞径关系式如下。

雌性：$L=0.581\,33R+4.167\,1$（$R^2=0.972$，$n=338$）；

雄性：$L=0.583\,66R+4.187\,1$（$R^2=0.955$，$n=224$）。

协方差检验显示，雌雄个体体长与鳞径关系式的斜率和截距不存在显著差异，故合并后的方程如下。

总体：$L=0.582\,18R+4.180\,0$（$R^2=0.945$，$n=562$）。

严太明（2002）研究显示，1999—2002 年木洞河黑尾近红鲌体长和鳞径关系式如下。

雌性：$L=61.382R+17.769$（$R^2=0.841\,3$，$n=60$）；

雄性：$L=62.505R+19.058$（$R^2=0.954\,5$，$n=50$）。

严太明（2002）研究显示，2000—2001 年习水河黑尾近红鲌体长和鳞径关系式如下。

雌性：$L=58.666R+31.090$（$R^2=0.945$，$n=159$）；

雄性：$L=58.068R+29.793$（$R^2=0.951$，$n=140$）。

协方差检验显示，雌雄个体的方程斜率和截距不存在显著差异，故合并后的关系式如下。

总体：$L=58.803R+29.678$（$R^2=0.949$，$n=299$）。

严太明（2002）研究显示，2001—2002 年龙溪河黑尾近红鲌体长和鳞径关系式如下。

雌性：$L=61.685R+32.414$（$R^2=0.934$，$n=656$）；

雄性：$L=57.466R+37.413$（$R^2=0.888$，$n=306$）。

综上所述，不同调查时期和不同调查河流的研究均表明黑尾近红鲌的体长与鳞径呈显著线性相关。

2. 退算体长

根据体长与鳞径关系式，对 2011—2012 年和 2016—2018 年龙溪河黑尾近红鲌的各龄体长进行退算（表 3-1）。

表 3-1 2011—2012 年和 2016—2018 年龙溪河黑尾近红鲌各龄退算体长 （单位：mm）

年龄（龄）	退算体长	
	2011—2012 年	2016—2018 年
1	107.66	88.3
2	146.84	145.9
3	175.51	191.0
4	200.17	228.6

比较发现，黑尾近红鲌的退算体长表现出一定的地理差异，习水河和木洞河的各龄退算体长要小于濑溪河和龙溪河。针对龙溪河而言，不同年龄退算体长并没有随时间变化表现出明显的上升或降低趋势（表 3-2）。

表 3-2 不同研究中黑尾近红鲌各龄组退算体长 （单位：mm）

年龄（龄）	濑溪河 1999—2000 年（总体）	龙溪河 2001—2002 年（♀）	龙溪河 2001—2002 年（♂）	习水河 2000—2001 年（♀）	习水河 2000—2001 年（♀）	木洞河 1999—2000 年（♀）	木洞河 1999—2000 年（♀）
1	96.4	83.6	86.7	83.4	80.2	77.2	79.7
2	143.6	144.9	138.5	131.5	127.0	127.7	122.3
3	188.6	193.5	171.6	172.0	165.8	162.3	168.0
4	229.1	220.8	213.4	206.1	198.9	199.9	—
5	253.8	263.7	—	279.4			
6				297.7			
文献来源	薛正楷，2001	严太明，2002	严太明，2002	严太明，2002	严太明，2002	严太明，2002	严太明，2002

3. 生长方程

根据 2011—2012 年龙溪河黑尾近红鲌各龄退算体长，采用最小二乘法求得相关生长参数：L_∞=285.30mm；k=0.240/a；t_0= −0.950 龄；W_∞=338.01g。将各参数代入 von Bertalanfy 方程得到黑尾近红鲌体长和体重生长方程。

$$L_t = 285.30[1-e^{-0.240(t+0.950)}],$$
$$W_t = 338.01[1-e^{-0.240(t+0.950)}]^{3.189}。$$

根据 2016—2018 年龙溪河黑尾近红鲌各龄退算体长，采用最小二乘法求得相关生长参数：L_∞=380.29mm；k=0.218/a；t_0= −0.214 龄；W_∞=756.74g。将各参数代入 von Bertalanfy 方程得到黑尾近红鲌体长和体重生长方程。

$$L_t = 380.29[1-e^{-0.218(t+0.214)}],$$
$$W_t = 756.74[1-e^{-0.218(t+0.214)}]^{3.140}。$$

薛正楷（2001）根据 1999—2000 年濑溪河黑尾近红鲌退算的各龄组平均体长，采用最小二乘法求得相关生长参数：L_∞=444.26mm；k=0.153/a；t_0= −0.624 龄；W_∞=1 539.15g。将各参数代入 von Bertalanfy 方程得到濑溪河黑尾近红鲌体长和体重生长方程。

$$L_t = 444.26[1-e^{-0.153(t+0.624)}],$$
$$W_t = 1 539.15[1-e^{-0.153(t+0.624)}]^{3.170}。$$

严太明（2002）根据 2001—2002 年龙溪河黑尾近红鲌各龄退算体长，采用最小二乘法求得相关生长参数：L_∞=403.62mm；k=0.205/a；t_0= −0.177 龄；W_∞=970.54g。将各参数代入 von Bertalanfy 方程得到龙溪河黑尾近红鲌体长和体重生长方程。

$$L_t = 403.62[1-e^{-0.205(t+0.177)}],$$
$$W_t = 970.54[1-e^{-0.205(t+0.177)}]^{3.177}。$$

严太明（2002）根据 2000—2001 年习水河黑尾近红鲌雌性各龄退算体长，采用最小二乘法求得相关生长参数。

雌性：L_∞= 402.27mm；k= 0.151/a；t_0= −0.152 龄；W_∞=1 272.48g。将各参数代入 von Bertalanfy 方程得到雌性黑尾近红鲌体长和体重生长方程：

$$L_t = 402.27[1-e^{-0.151(t+0.152)}],$$
$$W_t = 1\,271.58[1-e^{-0.151(t+0.152)}]^{3.328}。$$

雄性：L_∞=364.90mm；k=0.176/a；t_0= −0.462 龄；W_∞=969.23g。将各参数代入 von Bertalanfy 方程得到雄性黑尾近红鲌体长和体重生长方程：

$$L_t = 364.90[1-e^{-0.176(t+0.462)}],$$
$$W_t = 969.23[1-e^{-0.176(t+0.462)}]^{3.317}。$$

严太明（2002）根据 1999—2000 年木洞河黑尾近红鲌雌性各龄退算体长，采用最小二乘法求得相关生长参数。

雌性：L_∞= 372.16mm；k = 0.179/a；t_0 = −0.273 龄；W_∞=759.02g。将各参数代入 von Bertalanfy 方程得到雌性黑尾近红鲌体长和体重生长方程。

$$L_t = 372.16[1-e^{-0.179(t+0.273)}],$$
$$W_t = 759.02[1-e^{-0.179(t+0.273)}]^{3.157}。$$

雄性：L_∞= 369.57mm；k = 0.193/a；t_0= −0.187 龄；W_∞=763.05g。将各参数代入 von Bertalanfy 方程得到雄性黑尾近红鲌体长和体重生长方程。

$$L_t = 369.57[1-e^{-0.193(t+0.187)}],$$
$$W_t = 763.05[1-e^{-0.193(t+0.187)}]^{3.121}。$$

综上所述，黑尾近红鲌生长系数 k 基本在 0.1 ~ 0.2 之间，属于生长较为缓慢的鱼类；横向比较发现，濑溪河和习水河黑尾近红鲌的极限体长和极限体重高于龙溪河和木洞河；随着时间的变化，龙溪河黑尾近红鲌的生长系数 k 上升，而极限体长和极限体重下降。

4. 生长速度和加速度

对上述体长、体重生长方程求一阶导数和二阶导数，分别得到黑尾近红鲌体长、体重的生长速度和生长加速度方程。

根据 2011—2012 年龙溪河的黑尾近红鲌的生长方程，分别得到黑尾近红鲌雌性和雄性的体长、体重的生长速度和生长加速度方程如下。

雌性：

$$dL/dt = 63.81e^{-0.22(t-0.59)},$$
$$dW/dt = 239.38e^{-0.22(t+0.59)}[1-e^{-0.22(t+0.59)}]^{2.189};$$
$$d^2L/dt^2 = -13.62e^{-0.22(t+0.59)},$$
$$d^2W/dt^2 = 53.72e^{-0.22(t+0.59)}[1-e^{-0.22(t+0.59)}]^{1.189}[3.189e^{-0.22(t+0.59)}-1]。$$

雄性：

$dL/dt = 79.96e^{-0.25(t-0.25)}$，

$dW/dt = 432.20e^{-0.25(t+0.25)}[1-e^{-0.25(t-0.25)}]^{2.189}$；

$d^2L/dt^2 = -20.68e^{-0.25(t+0.25)}$，

$d^2W/dt^2 = 111.79e^{-0.25(t+0.25)}[1-e^{-0.25(t+0.25)}]^{1.189}[3.189e^{-0.25(t+0.25)}-1]$。

根据 2016—2018 年龙溪河的黑尾近红鲌的生长方程，分别得到黑尾近红鲌雌性和雄性体长、体重的生长速度和生长加速度方程如下。

$dL/dt = 82.83e^{-0.218(t+0.214)}$，

$dW/dt = 517.48e^{-0.218(t+0.214)}[1-e^{-0.2178(t+0.214)}]^{2.140}$；

$d^2L/dt^2 = -18.04e^{-0.218(t+0.214)}$，

$d^2W/dt^2 = 112.71e^{-0.218(t+0.214)}[1-e^{-0.218(t+0.214)}]^{1.140}[3.140e^{-0.218(t+0.214)}-1]$。

薛正楷（2001）根据 1999—2000 年濑溪河黑尾近红鲌的生长方程，分别得到黑尾近红鲌体长、体重的生长速度和生长加速度方程如下。

$dL/dt = 68.04e^{-0.153(t+0.624)}$，

$dW/dt = 770.84e^{-0.153(t+0.624)}[e^{-0.153(t+0.624)}]^{2.270}$；

$d^2L/dt^2 = -10.42e^{-0.153(t+0.624)}$，

$d^2W/dt^2 = 118.05e^{-0.153(t+0.624)}[e^{-0.153(t+0.624)}]^{2.270}[3.1701e^{-0.153(t+0.624)}-1]$。

严太明（2002）根据 2001—2002 年龙溪河黑尾近红鲌的生长方程，分别得到黑尾近红鲌雌性和雄性体长、体重的生长速度和生长加速度方程如下。

雌性：

$dL/dt = 82.783e^{-0.205(t+0.177)}$，

$dW/dt = 632.428e^{-0.205(t+0.177)}[1-e^{-0.205(t+0.177)}]^{2.177}$；

$d^2L/dt^2 = -16.979e^{-0.205(t+0.177)}$，

$d^2W/dt^2 = 118e^{-0.153(t+0.624)}[e^{-0.153(t+0.624)}]^{2.270}[3.170e^{-0.153(t+0.624)}-1]$。

雄性：

$dL/dt = 65.360e^{-0.150(t+0.519)}$，

$dW/dt = 724.801e^{-0.150(t+0.519)}[1-e^{-0.150(t+0.519)}]^{2.316}$；

$d^2L/dt^2 = -9.824e^{-0.150(t+0.519)}$，

$d^2W/dt^2 = 129.71e^{-0.205(t+0.177)}[1-e^{-0.205(t+0.177)}]^{1.177}[3.117e^{-0.205(t+0.177)}-1]$。

严太明（2002）根据 2000—2001 年习水河黑尾近红鲌的生长方程，分别得到黑尾近红鲌雌性和雄性体长、体重的生长速度和生长加速度方程如下。

雌性：

$dL/dt = 60.824e^{-0.151(t+0.152)}$，

$dW/dt = 659.563e^{-0.151(t+0.152)}[1-e^{-0.151(t+0.152)}]^{2.428}$；

$d^2L/dt^2 = -9.197e^{-0.151(t+0.152)}$，

$d^2W/dt^2 = 99.72e^{-0.151(t+0.152)}[1-e^{-0.151(t+0.152)}]^{1.428}[3.328e^{-0.151(t+0.152)}-1]$。

雄性：

$dL/dt = 64.040e^{-0.176(t+0.462)}$，

$$\mathrm{d}W/\mathrm{d}t = 581.298\mathrm{e}^{-0.176\,(t+0.462)}[1-\mathrm{e}^{-0.176\,(t+0.462)}]^{2.417};$$
$$\mathrm{d}^2L/\mathrm{d}t^2 = -11.239\mathrm{e}^{-0.176\,(t+0.462)},$$
$$\mathrm{d}^2W/\mathrm{d}t^2 = 102.01\mathrm{e}^{-0.176\,(t+0.462)}[1-\mathrm{e}^{-0.176\,(t+0.462)}]^{1.417}[3.317\mathrm{e}^{-0.176\,(t+0.462)}-1]。$$

严太明（2002）根据 1999—2000 年木洞河黑尾近红鲌的生长方程，分别得到黑尾近红鲌雌性和雄性体长、体重的生长速度和生长加速度方程如下。

雌性：
$$\mathrm{d}L/\mathrm{d}t = 66.580\mathrm{e}^{-0.179\,(t+0.273)},$$
$$\mathrm{d}W/\mathrm{d}t = 428.740\mathrm{e}^{-0.179\,(t+0.273)}[1-\mathrm{e}^{-0.179\,(t+0.273)}]^{2.157};$$
$$\mathrm{d}^2L/\mathrm{d}t^2 = -11.911\mathrm{e}^{-0.179\,(t+0.273)},$$
$$\mathrm{d}^2W/\mathrm{d}t^2 = 76.710\,6\mathrm{e}^{-0.179\,(t+0.273)}[1-\mathrm{e}^{-0.179\,(t+0.273)}]^{1.157}[3.157\mathrm{e}^{-0.179\,(t+0.273)}-1]。$$

雄性：
$$\mathrm{d}L/\mathrm{d}t = 71.437\mathrm{e}^{-0.193\,(t+0.187)},$$
$$\mathrm{d}W/\mathrm{d}t = 475.045\mathrm{e}^{-0.193\,(t+0.187)}[1-\mathrm{e}^{-0.193\,(t+0.187)}]^{2.221};$$
$$\mathrm{d}^2L/\mathrm{d}t^2 = -3.809\mathrm{e}^{-0.193\,(t+0.187)},$$
$$\mathrm{d}^2W/\mathrm{d}t^2 = 91.826\mathrm{e}^{-0.193\,(t+0.187)}[1-\mathrm{e}^{-0.193\,(t+0.187)}]^{1.221}[3.121\mathrm{e}^{-0.193\,(t+0.187)}-1]。$$

上述结果均显示，黑尾近红鲌体长生长的速度和加速度均不具有拐点，这说明黑尾近红鲌的体长生长速度在出生时最大，随着年龄的增长，体长生长速度慢慢减小，并逐渐趋向于 0。体长生长加速度逐渐递增，但加速度一直小于 0，说明其体长生长速度出生时最高，年龄越大，其递减速度渐趋缓慢。

体重生长速度和加速度曲线均具有明显拐点。体重生长速度呈现先升后降的特点，当体重生长加速度为 0 时，体重生长速度达到最大值。

比较发现，不同河流黑尾近红鲌的拐点年龄及其对应的体长和体重差异较大；随着时间的变化，龙溪河黑尾近红鲌的拐点年龄及其对应的体长和体重均呈现出先下降后略上升的趋势（表 3-3）。

表 3-3　不同调查时期和地点的黑尾近红鲌种群拐点年龄及其对应的体长和体重

参数	濑溪河 1999—2000 年	习水河 2000—2001 年	木洞河 1999—2000 年	龙溪河 2001—2002 年	龙溪河 2011—2012 年	龙溪河 2016—2018 年
拐点年龄 t_i（龄）	7.1	6.5	5.9	7.5	4.2	5.1
拐点体长 L_t（mm）	307.5	258.1	254.8	303.7	185.2	260.8
拐点体重 W_t（g）	466.9	254.8	230.4	442.4	322.8	231.5
文献来源	薛正楷，2001	严太明，2002	严太明，2002	严太明，2002	本研究	本研究

3.1.2　食性

3.1.2.1　食物组成

根据 2011—2012 年龙溪河采集的 82 尾黑尾近红鲌样本的肠道内容物，对其食物组成进行分析。结果表明，龙溪河黑尾近红鲌肠道内容物中最常见的食物组分为鱼、虾、桡足类，并且杂有较多的植物碎片和昆虫残肢（表 3-4）。从数量百分比来看，桡足动物比例最高，占 29.26%，其次是绿藻（16.61%）。从出现率来看，鱼类的出现率最高（51.22%），其次是植物碎屑（50.00%），软甲亚纲和桡足亚纲动物均为 45.12%。

表 3-4　2011—2012 年龙溪河黑尾近红鲌食物组成及食物出现率

食物类群	分类	代表生物	出现率（%）	个数百分比（%）	出现次数百分比（%）
藻类	硅藻	针杆藻、圆筛藻	12.20	2.17	3.37
	裸藻	裸藻	3.66	0.26	1.01
	蓝藻	微囊藻	29.27	8.05	8.08
	绿藻	盘星藻、鼓藻	36.59	16.61	10.10
植物碎屑		草籽、芦苇、枯叶	50.00	16.04	13.80
甲壳类	软甲亚纲	虾、蟹	45.12	8.18	12.46
	桡足亚纲	水蚤	45.12	29.26	12.46
	其他		2.44	0.26	0.67
枝角类	鳃足亚纲	裸腹溞	3.66	0.64	1.01
软体动物	瓣鳃纲	蚌	2.44	0.26	0.67
	寡毛纲	水蚯蚓	6.10	0.89	1.68
鱼	鱼纲	仔鱼、稚鱼	51.22	6.39	14.14
昆虫	鞘翅目	甲虫	3.66	0.38	1.01
	膜翅目	蜂	26.83	3.71	7.41
	蜉蝣目		25.61	3.83	7.07
	其他		13.31	1.66	3.70
其他		蛙卵	4.88	1.41	1.35

薛正楷（2001）对 1999—2000 年濑溪河 227 尾样本的食物组成进行了分析。结果显示，濑溪河黑尾近红鲌的食物种类主要为虾类和鱼类，其中虾类的出现率高达 59.62%（表 3-5）。

表 3-5　1999—2000 年濑溪河黑尾近红鲌的食物组成及食物出现率

食物种类	出现尾数	出现率（%）
鲅	6	5.77
虾	62	59.62
鲌属鱼类	12	11.54
鲫	9	8.65
鳜	8	7.69
鲤	7	6.73

严太明（2002）对 2000 年龙溪河和 2001 年习水河黑尾近红鲌的食物组成进行了分析（表 3-6）。结果显示，龙溪河黑尾近红鲌的主要食物种类包括小型鱼类及虾类等无脊椎动物，部分个体还摄食一些水生植物或陆生植物的种子。在所摄食的鱼类中，以高体鳑鲏的出现率最高，达 50.00%；其次为鲫，出现率为 16.67%；在所摄食的无脊椎动物中，日本沼虾的出现率高达 52.08%，其他无脊椎动物（如淡水壳菜、贝类、

螺类、溪蟹和水生昆虫等）的出现率相对较低。水生植物（如轮叶黑藻）的茎叶出现率较高，达 16.66%，而稻谷和豆科植物种子为偶见种类。习水河黑尾近红鲌的主要食物种类与龙溪河基本相似，其中以高体鳑鲏的出现率最高，为 46.15%，其次为日本沼虾，出现率 38.45%。此外，习水河黑尾近红鲌食物中出现了淡水壳菜和华溪蟹，这在龙溪河种群的食物中是没有出现的。

表 3-6　2000—2001 年龙溪河和习水河黑尾近红鲌的食物种类及其出现率

类别	种类	出现率（%）		
		龙溪河	龙溪河（鳔 3 室）	习水河
鱼类	高体鳑鲏	50.00	41.67	46.15
	鲫	16.67	18.33	7.69
	小黄鲴鱼	0	5.00	0
	子陵吻虾虎鱼	2.08	6.67	7.69
	餐	0	1.67	0
	草鱼	0	1.67	0
	泥鳅	0	1.67	0
	鱼卵	2.08	1.67	0
	未鉴别的鱼骨	14.58	6.67	15.38
无脊椎动物	淡水壳菜	0	0	7.69
	蚌类	4.17	0	7.69
	卷螺	0	3.33	0
	日本沼虾	52.08	40.00	38.45
	克氏原螯虾	0	5.00	0
	华溪蟹	0	0	7.69
	水生昆虫	2.08	5.00	0
植物类	水生植物	16.66	6.67	7.69
	稻谷	4.17	1.67	0
	豆科植物种子	2.08	0	0
其他	泥团	8.33	3.33	15.38

总体而言，黑尾近红鲌食谱较广，其食物中既有动物性成分，又有植物性成分，但以动物性成分的比例为高，所以说黑尾近红鲌是一种以肉食性为主的杂食性鱼类。与严太明（2002）的研究结果相比，龙溪河黑尾近红鲌食物组成的年际变化不大，均以鱼类和虾类的出现率最高，但是水生昆虫和植物碎屑的出现率有增加的趋势，这可能与龙溪河水域生态环境的变化以及鱼类资源的衰减有关。

3.1.2.2　摄食强度

根据 2011 年 7 月至 2012 年 6 月龙溪河逐月采样情况，对黑尾近红鲌摄食强度的季节变化进行了分析。结果显示，黑尾近红鲌的摄食活动季节变化较为明显，空肠率的最高值出现在 12 月，为 62.5%；最低值出现在 1 月，为 16.67%（图 3-11）。

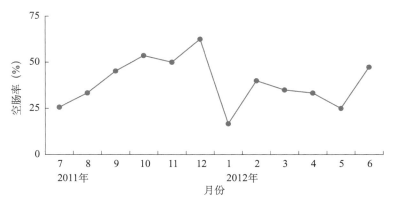

图 3-11　2011—2012 年龙溪河黑尾近红鲌空肠率的季节变化

薛正楷（2001）对 1999—2000 年濑溪河黑尾近红鲌摄食强度的季节变化进行了研究。结果显示，黑尾近红鲌在 1—3 月和 12 月摄食强度较低，空肠率均在 50.0% 以上；4—11 月摄食强度相对较高（表 3-7）。

表 3-7　1999—2000 年濑溪河黑尾近红鲌肠充塞度各等级占比的周年变化情况　（单位：%）

月份	样本量（尾）	充塞度等级					
		0	1	2	3	4	5
1	11	72.73	18.18	0	9.09	0	0
2	49	65.31	10.20	2.04	10.20	10.20	2.04
3	20	55.00	25.00	27.27	5.00	0	0
4	24	37.50	16.67	4.17	20.83	16.67	4.17
5	8	37.50	37.50	0	0	12.50	12.50
6	57	22.81	0	15.79	3.41	52.63	29.82
7	5	20.00	25.00	0	60.00	0	20.00
8	4	25.00	40.00	0	25.00	0	25.00
9	5	20.00	28.58	20.00	20.00	0	0
10	7	28.58	33.33	14.29	14.29	14.29	0
11	9	22.22	10.71	11.11	22.22	0	11.11
12	28	50.00	17.03	17.86	7.14	7.14	7.14

综上所述，黑尾近红鲌摄食强度的季节变化明显，这可能与水体食物丰度的季节变化有关。

3.1.3　繁殖

3.1.3.1　副特征

在非生殖季节，黑尾近红鲌雌性个体和雄性个体在外部形态特征上没有差别。但是，在繁殖季节，性成熟个体很容易通过第二性征进行区别。根据薛正楷（2001）和严太明（2002）的研究，黑尾近红鲌成熟的雄性个体表现出明显的副性征，一般在吻端甚至整个头部、背部、尾柄两侧的鳞片和各个鳍条上均有白色小颗粒状珠星分布，其中背部和吻端的珠星最为发达。成熟的雌性个体一般无珠星或者珠星不发达，仅分布在吻端或胸鳍、鳃盖等处，Ⅳ期雌性个体泄殖腔孔外凸。

3.1.3.2 性比

2011—2012 年逐月采样情况显示，龙溪河黑尾近红鲌的雌雄比例符合 1∶1（X^2=0.118，df=1，$P > 0.05$）。最小雌雄性比为 1∶4，出现在 7 月；最大雌雄性比为 1∶0.07，出现在 12 月（表 3-8）。

表 3-8 2011—2012 年龙溪河黑尾近红鲌性比变化情况

采样时间		数量（尾）		性比	X^2 检验
		雌性	雄性		
2011 年	7 月	25	100	1∶4	45.000*
	8 月	56	55	1∶0.98	0.009 NS
	9 月	31	11	1∶0.35	9.524*
	10 月	19	9	1∶0.47	3.471 NS
	11 月	1	1	1∶1	
	12 月	15	1	1∶0.07	12.250*
2012 年	1 月	5	1	1∶0.20	2.667 NS
	2 月	4	1	1∶0.25	1.8 NS
	3 月	16	4	1∶0.25	7.2*
	4 月	10	5	1∶0.50	1.667 NS
	5 月	19	9	1∶0.47	3.471 NS
	6 月	4	15	1∶3.75	6.368*
总体		205	212	1∶1.03	0.118 NS

注：* 表示差异显著（$P < 0.05$）；NS 表示差异不显著（$P > 0.05$）。

通过对不同体长组雌雄性比的分析发现，体长组小于 150mm 的范围内，雄性个体占优势。对雄性个体而言，大约 80% 以上的个体体长集中在 125 ~ 150mm 范围内。对雌性个体而言，74.2% 的个体体长集中在 145 ~ 175mm 范围内（表 3-9）。严太明（2002）研究表明，龙溪河黑尾近红鲌在体长小于 140mm 时，雄性比例高于雌性；此后随着体长的增长，雌鱼的比例逐渐增加，性比增大。

表 3-9 2011—2012 年龙溪河黑尾近红鲌不同体长范围的雌雄比例

体长范围（mm）	数量（尾）	平均体长（mm）	（±）SD	比例（%）	
				雌性	雄性
90 ~ 100	1	97.0	—	0	100
100 ~ 110	2	107.5	3.44	0	100
110 ~ 120	16	117.2	2.37	18.75	81.25
120 ~ 130	38	125.8	2.37	18.42	81.58
130 ~ 140	86	136.0	2.37	29.07	70.93

体长范围（mm）	数量（尾）	平均体长（mm）	（±）SD	比例（%）	
				雌性	雄性
140 ～ 150	106	145.0	2.37	43.64	55.66
150 ～ 160	74	155.3	2.37	55.41	44.59
160 ～ 170	39	165.8	2.37	89.74	10.26
170 ～ 180	26	175.3	2.37	80.77	19.23
180 ～ 190	12	185.3	2.37	91.67	8.33
190 ～ 200	9	195.8	2.37	88.89	11.11
200 ～ 210	3	203.0	2.37	100	0
210 ～ 220	2	211.5		100	0
220 ～ 230	2	222.5	0.71	100	0
230 ～ 240	1	235.0		0	100
总体	417				

对 2016—2017 年龙溪河 567 尾黑尾近红鲌性别进行了统计。其中，雌性 267 尾，雄性 273 尾，性别不辨者 27 尾，雌雄比例为 0.98：1，符合 1：1 的比例（X^2=0.118，df=1，$P > 0.05$）。对雌雄比例月际变化分析显示，雌雄比例最小值为 0.57，出现在 7 月，而最大值出现在 4 月，为 6.33（表 3-10）。

表 3-10　2016—2017 年龙溪河黑尾近红鲌不同月性别比例

采样时间		数量（尾）		性比
		雌性	雄性	
2016 年	6 月	29	31	0.94：1
	7 月	72	126	0.57：1
	8 月	49	46	1.07：1
	9 月	4	3	1.33：1
	11 月	55	36	1.53：1
	12 月	7	4	1.75：1
2017 年	4 月	19	3	6.33：1
	5 月	32	24	1.33：1
总体		267	273	0.98：1

通过对不同体长范围雌雄性比的分析发现，体长小于 140mm 的范围内，雄性个体占优势，大于 140mm 的范围内，雌性个体占优势，大于 220mm 的范围内，都是雌性个体（表 3-11）。这种在高龄时或大体长组基本都是雌性个体的现象，预示着雌鱼有更高的寿命或低死亡率。

表 3-11　2016—2018 年龙溪河黑尾近红鲌不同体长组雌雄比例

体长范围（mm）	数量（尾）	比例（%）		性别不辨（尾）
		雌性	雄性	
60 ～ 80	4			4
80 ～ 100	29	7	12	10
100 ～ 120	134	33	89	12
120 ～ 140	216	94	121	1
140 ～ 160	95	66	29	—
160 ～ 180	45	32	13	—
180 ～ 200	22	14	8	—
200 ～ 220	9	8	1	—
220 ～ 240	7	7	0	—
240 ～ 260	2	2	0	—
260 ～ 280	2	2	0	—
280 ～ 300	1	1	0	—
300 ～ 320	1	1	0	—
总体	567			

严太明（2002）对 2001—2002 年龙溪河黑尾近红鲌的性比及其季节变化进行了分析。结果显示，龙溪河黑尾近红鲌在 4 月雌性占比高于雄性；到 5 月，繁殖活动开始，雄性数量大幅增加，直到 6 月生殖高峰期，雌雄性比均与 1∶1 无显著差异；之后的 7—8 月，雌雄性比上升。

综上所述，黑尾近红鲌各种群雌雄性比总体上基本符合 1∶1 的比例，但是各月存在一定差异，在主要繁殖季节，雌雄性比也基本符合 1∶1 的比例。

3.1.3.3　繁殖时间

1. 性腺发育的时间规律

2011—2012 年龙溪河黑尾近红鲌逐月采样情况表明，雌雄个体的性腺发育均表现出一定的季节变化。雌性的性腺在 11 月和 1 月均处于 Ⅱ 期，从 4 月开始 Ⅳ 期和 Ⅴ 期个体开始大量出现，4—8 月 Ⅳ 期和 Ⅴ 期个体的比例达到了 50 % 以上。雄性性腺发育情况与雌性相似，均在 4—8 月有一定比例的个体达到性成熟（图 3-12）。

对 2016—2018 年龙溪河黑尾近红鲌性腺发育进行的研究同样表明，黑尾近红鲌雌雄个体的性腺发育均表现出一定的季节变化。雌性在 9—12 月处于 Ⅱ 期，Ⅳ 期和 Ⅴ 期个体在 4 月开始出现，5 月达到一个高峰，6 月有所下降，7—8 月 Ⅵ 期个体开始出现。雄性性腺发育情况与雌性类似（图 3-13 ）。

严太明（2002）研究表明，龙溪河黑尾近红鲌雌性 Ⅳ 期个体比例在 4—8 月都保持较高的比例。其间最高占比达 91.18%，为 4 月。习水河和木洞河的调查也表明，

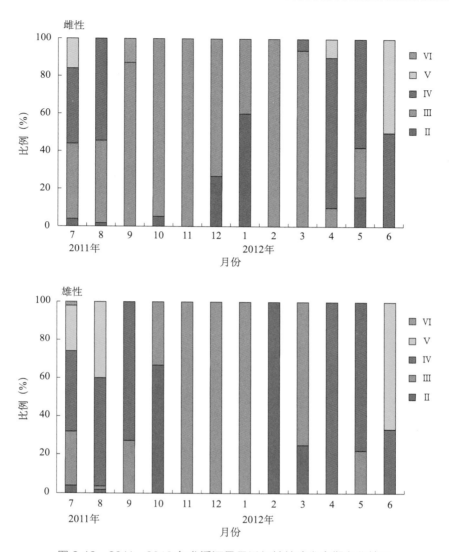

图 3-12　2011—2012 年龙溪河黑尾近红鲌性腺发育期变化情况

雌性个体性腺发育至Ⅳ期的个体在 4—7 月均有出现，而 9—10 月后性腺几乎全处于Ⅱ期和Ⅲ期。

2. 性体指数

鱼类的性体指数（GSI）的大小反映了性腺发育程度和鱼体能量资源在性腺和机体之间的分配比例的变化。通过对不同性腺发育期个体的性体指数的研究，表明雌性个体的形体指数能很好地反映出性腺发育的程度（图 3-13）。

2011—2012 年逐月调查表明，龙溪河黑尾近红鲌雌性和雄性的性体指数均表现出一定的季节变化。其中，雌性性体指数的变化范围为 0.9 ~ 11.7，雄性性体指数的变化范围为 0.4 ~ 4.9，最高值均出现在 4 月（图 3-14）。

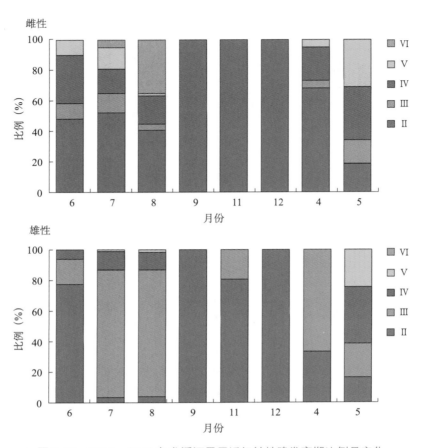

图 3-13 2016—2018 年龙溪河黑尾近红鲌性腺发育期比例月变化

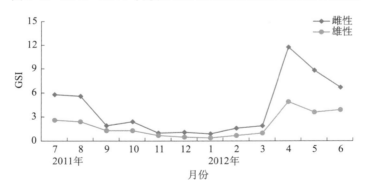

图 3-14 2011—2012 年龙溪河黑尾近红鲌性体指数月变化

2016—2018 年野外调查同样显示，黑尾近红鲌的性体指数季节变化比较明显，4月以后性体指数明显较高，在 5 月达到最高值，之后逐渐下降（图 3-15）。

严太明（2002）对龙溪河、习水河、木洞河黑尾近红鲌性体指数进行的研究表明，不同种群的性体指数在 4—8 月均保持在较高水平。

综合不同河流和调查时期黑尾近红鲌性腺发育和性体指数的月变化情况，可以初步退算其繁殖时间为 4—8 月。

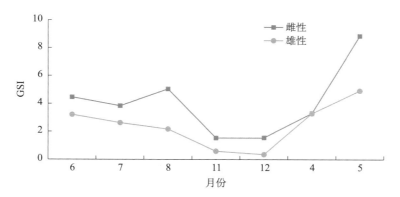

图 3-15 2016—2018 年龙溪河黑尾近红鲌性体指数月变化

3.1.3.4 卵径

对 2011—2012 年龙溪河的黑尾近红鲌Ⅳ期卵巢的卵径进行了测量。卵径分布频率分布显示（图 3-16），黑尾近红鲌的卵径以 4 月最大，均值为 0.85mm，此后逐渐下降。4—8 月卵径频率分布呈单峰。

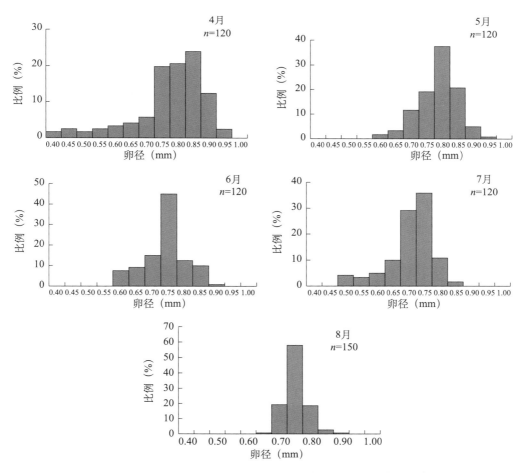

图 3-16 2011—2012 年龙溪河黑尾近红鲌不同月卵径分布频率

2016—2018 年龙溪河黑尾近红鲌Ⅳ期卵巢测量结果表明，其卵径主要集中在 0.7 ～ 1.0mm，呈明显的单峰分布（图 3-17）。

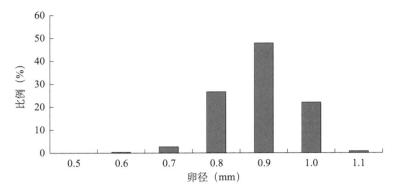

图 3-17　2016—2018 年龙溪河黑尾近红鲌卵径分布频率

综上所述，不同研究均表明，黑尾近红鲌的卵径呈单峰分布，据此可以推测其属于一次成熟、一次产卵类型鱼类。

3.1.3.5　初次性成熟大小

根据 2011—2012 年龙溪河黑尾近红鲌雌雄个体的性成熟比例对体长数据分别进行逻辑斯谛曲线（logistic curve）拟合（图 3-18），方程如下。

雌性：$P=1/[1+e^{0.319(L_{mid}-125)}]$（$R^2=0.999$，$n=205$），

雄性：$P=1/[1+e^{0.176(L_{mid}-106)}]$（$R^2=0.989$，$n=212$）。

根据以上方程，估算黑尾近红鲌雌性和雄性个体的初次性成熟体长分别为 125mm 和 106mm。结合体长体重关系和生长方程，退算出黑尾近红鲌雌性个体和雄性个体的初次性成熟体重分别为 25.68g 和 13.17g，初次性成熟年龄分别为 2.07 龄和 1.41 龄。

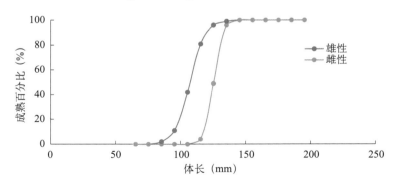

图 3-18　2011—2012 年龙溪河黑尾近红鲌雌雄个体每体长 10mm 范围内性成熟个体比例
（显示总样本 50% 的个体性成熟时的平均体长）

2016—2018 年野外调查表明，龙溪河黑尾近红鲌性腺发育已达Ⅲ期及以上的个体中，雌、雄最小个体分别为：雌性体长 101mm，体重 13.6g，性体指数 6.45；雄性体长 103mm，体重 14.4g，性体指数 3.79；年龄均为 1 龄。

综合其他研究可知，黑尾近红鲌雌性最小性成熟个体体长范围为 101 ～ 139mm，体重范围为 13.6 ～ 41.2g，年龄为 1 ～ 2 龄。雄性性成熟个体的最小体长范围为 103 ～ 108mm，体重范围为 13.2 ～ 16g，年龄均为 1 龄。习水河雌性性成熟个体的体长和体重明显大于其他河流（表 3-12）。

表 3-12 不同研究中黑尾近红鲌雌雄最小性成熟个体统计

性别	参数	濑溪河 1999—2000 年	习水河 2000—2001 年	木洞河 1999—2000 年	龙溪河 2001—2002 年	龙溪河 2011—2012 年	龙溪河 2016—2018 年
♀	体长（mm）	117	139	117	113	125	101
	体重（g）	21	41.2	21	19	25.7	13.6
	年龄（龄）	2	2	1	1	2	1
♂	体长（mm）	108	105	108	105	106	103
	体重（g）	16.0	13.3	16.0	13.4	13.2	14.4
	年龄（龄）	1	1	1	1	1	1
文献来源		薛正楷，2001	严太明，2002	严太明，2002	严太明，2002	本研究	本研究

3.1.3.6 怀卵量

对 2011—2012 年龙溪河 66 尾黑尾近红鲌雌鱼的怀卵量进行了统计：样本体长范围为 131 ～ 223mm，体重范围为 29.1 ～ 174.1g。绝对怀卵量在 1 130 ～ 52 341 粒 / 尾之间，平均值为（16 776.6 ± 11 832.7）粒 / 尾；体重相对怀卵量在 27.0 ～ 519.4 粒 /g 之间，平均值为（264.0 ± 116.0）粒 /g。

2016—2018 年龙溪河 43 尾黑尾近红鲌雌鱼Ⅳ期和Ⅴ期卵巢的统计结果显示：黑尾近红鲌绝对怀卵量在 4 140.5 ～ 142 337.8 粒 / 尾之间，平均值为（26 272.9 ± 26 802.9）粒 / 尾；体重相对怀卵量在 95.4 ～ 619.1 粒 /g 之间，平均值为（371.0 ± 122.8）粒 /g。

比较发现，随着时间的变化，黑尾近红鲌的绝对怀卵量明显下降，这可能与繁殖群体中高龄个体的比例下降有关。不同河流中，习水河黑尾近红鲌的体重相对怀卵量相对较低，表明其繁殖投入要低于其他河流（表 3-13）。

表 3-13 不同研究中黑尾近红鲌怀卵量统计

参数		濑溪河 1999—2000 年	习水河 2000—2001 年	木洞河 1999—2000 年	龙溪河 2001—2002 年	龙溪河 2011—2012 年	龙溪河 2016—2018 年
绝对怀卵量（粒 / 尾）	均值	35 726.8	30 631 ± 34 245	31 878.9 ± 35 551	37 634.0 ± 33 340.0	16 776.6 ± 1 832.7	26 272.9 ± 26 802.9
	范围	4 541 ～ 114 356	4 071 ～ 157 569	8 066 ～ 165 613	7 175 ～ 22 559 4	1 130 ～ 52 341	4 140.5 ～ 142 337.8
体重相对怀卵量（粒 /g）	均值	277.3	205.9 ± 122.6	337.4 ± 140.3	359.1 ± 121.9	264.0 ± 116.0	371.0 ± 122.8
	范围	42.8 ～ 601.4	22.0 ～ 446.4	168.9 ～ 603.4	133.1 ～ 692.0	27.0 ～ 519.4	95.4 ～ 619.1
文献来源		薛正楷，2001	严太明，2002	严太明，2002	严太明，2002	本研究	本研究

3.1.3.7 产卵场和产卵条件

根据严太明（2002）的调查，黑尾近红鲌的天然产卵场往往位于有水草的宽敞水域，亲鱼在河水中央漂浮的水浮莲等或岸边的水草下产卵繁殖。在龙溪河的产卵场中观察到受精卵黏附于水草的须根或茎叶上，尤其在凤眼莲（水葫芦）（*Eichhornia crassipes*）的须根上黏附的受精卵最多，其次为轮叶黑藻（*Hydrilla verticillata*）、金鱼藻（*Ceratophyllum demersum*）和穗状狐尾藻（聚草）（*Myriophyllum spicatum*）等。在习水河黔鱼洞水电站下游附近，河床底质多为砾石，河流中央水草缺乏，亲鱼主要选择在被河水淹没的竹叶或岸边的草本植物上产卵。在木洞河中，由于电站蓄水形成较大面积的静水水域，其近岸沉水植物、漂浮植物和河岸陆生水草等较为丰富，产卵多在成团的漂浮植物的须根或被洪水淹没的河岸水草上进行。

综上所述，黑尾近红鲌属于产黏性卵的鱼类，产卵基质偏好根须发达的漂浮植物，但部分茎叶发达的沉水植物和河岸水草也可以作为受精卵黏附的基质（严太明，2002）。繁殖水文条件分析表明，黑尾近红鲌的繁殖活动往往与河流流量的变动有关（严太明，2002）。2001 年 5—8 月在龙溪河洞窝水电站和高洞水电站之间近 20km 长的河段总共观察到 8 次较大规模的集群产卵，有 7 次均发生在降雨之后，降雨后出现河水水位上涨和流速增大的情况，有可能是刺激其产卵的重要因子。一次产卵高峰持续 1 ~ 2 天，主要发生在 20:00 ~ 23:00 之间。大规模集群繁殖的最低水温为 21℃，而在水温为 19℃时也有零星产卵。薛正楷（2001）研究表明，濑溪河黑尾近红鲌的繁殖期为 4—7 月，产卵时最低水温为 17℃，最适温度为 19 ~ 24℃。

3.1.4 种群动态

3.1.4.1 总死亡系数

采用变换体长渔获曲线法对 2016—2018 年龙溪河黑尾近红鲌的总死亡系数进行分析。分析软件为 FiSAT II 软件包中的 length-converted catch curve 子程序，选取其中 15 个点（黑点）作线性回归（图 3-19），回归数据点的选择以未达完全补充年龄段和体长接近 L_∞ 的年龄段不能用作回归为原则，估算得出 2016—2018 年龙溪河黑尾近红鲌总死亡系数 $Z=1.28/a$。

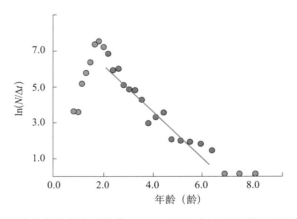

图 3-19　根据变换体长渔获曲线估算 2016—2018 年龙溪河黑尾近红鲌总死亡系数

3.1.4.2　自然死亡系数

自然死亡系数（M）采用 Pauly's 经验公式估算，参数如下：栖息地年平均水温 $T \approx 19.7$ ℃（2016—2017 年实地调查数据），$L_{\infty} = 38.029$ cm，$k = 0.218/a$，代入公式估算得 2016—2018 年龙溪河黑尾近红鲌的自然死亡系数 $M = 0.52/a$。

3.1.4.3　捕捞死亡系数

捕捞死亡系数（F）为总死亡系数（Z）与自然死亡系数（M）之差，即：$F = 1.28/a - 0.52/a = 0.76/a$。

3.1.4.4　开发率

通过上述变换体长渔获曲线估算出的总死亡系数（Z）及捕捞死亡系数（F）得 2016—2018 年龙溪河黑尾近红鲌当前开发率为 $E_{cur} = F/Z = 0.59$。

3.1.4.5　实际种群

实际种群分析结果显示，在当前渔业形势下黑尾近红鲌体长超过 105mm 时捕捞死亡系数明显增加，种群被捕捞的概率明显增大。渔业资源种群主要分布在 110～170mm。捕捞死亡系数最大出现在 130～140mm 体长组，为 1.36/a，此时平衡资源生物量下降至 0.02t（图 3-20）。

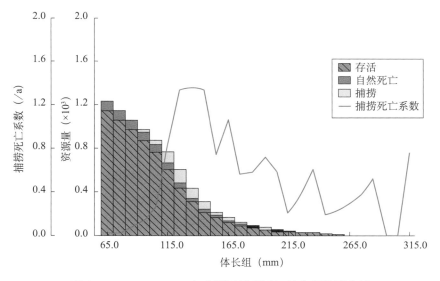

图 3-20　2016—2018 年龙溪河黑尾近红鲌实际种群分析

3.1.4.6　资源动态

经变换体长渔获曲线分析，当前龙溪河黑尾近红鲌补充体长为 135mm，目前龙溪河捕捞强度大，刚刚补充的幼鱼就有可能被捕获上来，开捕体长与补充体长趋于一致，因此认为龙溪河黑尾近红鲌当前开捕体长 $L_c = 135$mm。采用 Beverton-Holt 动态综合模型分析，由相对单位补充量渔获量（Y'/R）与开发率（E）关系作图估算出理论开发率 $E_{max} = 0.549$，$E_{0.1} = 0.470$，$E_{0.5} = 0.330$（图 3-21），而当前开发率 $E_{cur} = 0.59$，高于理论最佳开发率，处于过度捕捞状态。

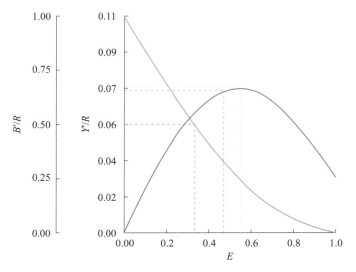

图 3-21　开捕体长 L_c=135mm 时 2016—2018 年龙溪河黑尾近红鲌相对单位补充量渔获量（Y'/R）和相对单位补充量生物量（B'/R）与开发率（E）的关系（E_{max}=0.549，$E_{0.1}$=0.470，$E_{0.5}$=0.330）

　　另外，根据 2011—2012 年的调查数据，利用单位补充量模型分析了龙溪河黑尾近红鲌的种群动态（图 3-22 和图 3-23）。研究结果显示，在当前捕捞死亡系数下，雌性黑尾近红鲌的单位补充量亲鱼量为 55.00g，繁殖潜力比 15.03%；雄性黑尾近红鲌的单位补充量亲鱼量为 45.60g，繁殖潜力比 9.65%。现捕捞死亡系数下雌性和雄性黑尾近红鲌的繁殖潜力比均远远小于 25%。在当前起捕年龄和当前自然死亡系数下，雌性和雄性黑尾近红鲌的当前捕捞死亡系数均远远大于目标参考点 $F_{40\%}$ 所对应的捕捞死亡系数（雌性：0.19/a；雄性：0.20/a）和 $F_{25\%}$ 所对应的捕捞死亡系数（雌性：0.32/a；雄性：0.34/a）。在不同的自然死亡系数下，黑尾近红鲌雌性和雄性个体的捕捞死亡系数也远远大于 $F_{25\%}$ 和 $F_{40\%}$ 所对应的捕捞死亡系数。结果表明，黑尾近红鲌的开发水平已经超过了合适的限度，会导致种群补充资源不足，无法维持种群平衡稳定。

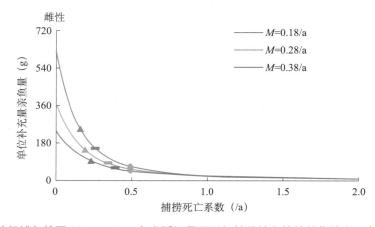

图 3-22　当前起捕年龄下 2011—2012 年龙溪河黑尾近红鲌雌性和雄性单位补充量亲鱼生物量曲线

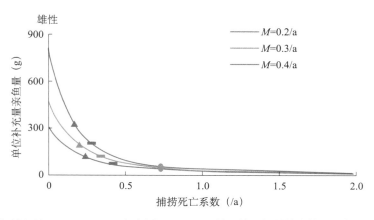

图3-22　当前起捕年龄下2011—2012年龙溪河黑尾近红鲌雌性和雄性单位补充量亲鱼生物量曲线（续）

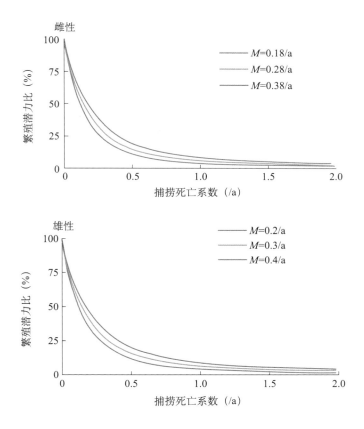

图 3-23　当前起捕年龄下 2011—2012 年龙溪河黑尾近红鲌雌性和雄性的繁殖潜力比曲线

　　高欣（2007）根据 2000—2002 年的调查数据，利用单位补充量模型分析了龙溪河黑尾近红鲌的种群动态。研究结果显示，黑尾近红鲌的现捕捞死亡系数 F_{cur} 明显高于参考点 $F_{0.1}$ 和 F_{max}（图 3-24）。在现捕捞死亡系数、现起捕年龄和现自然死亡系数下黑尾近红鲌的繁殖潜力比为 6.96%，远小于 25%。在现起捕年龄和现自然死亡系数下，黑尾近红鲌的现捕捞死亡系数（1.58/a）明显高于参考点 $F_{25\%}$（0.38/a）和 $F_{40\%}$（0.21/a）。

龙溪河的黑尾近红鲌种群资源的开发水平已经远超过适合的限度（$F_{0.1}$ 和 $F_{40\%}$）（图 3-25 和图 3-26）。而且，在现有条件下，黑尾近红鲌的繁殖潜力比为 6.96%，低于 25%，说明黑尾近红鲌过度捕捞现象十分严重，导致种群补充量不足，种群资源处于下降趋势。

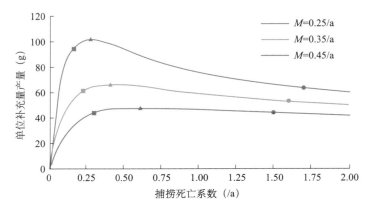

图 3-24　在现起捕年龄下 2000—2002 龙溪河黑尾近红鲌的单位补充量产量曲线（高欣，2007）

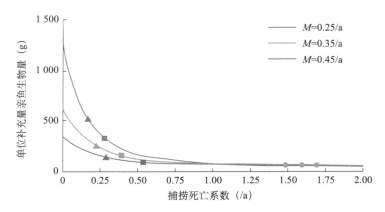

图 3-25　在现起捕年龄下 2000—2002 龙溪河黑尾近红鲌的单位补充量亲鱼生物量曲线（高欣，2007）

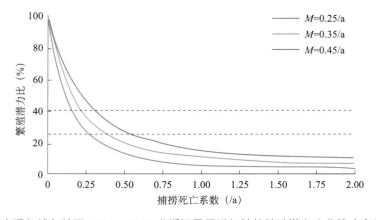

图 3-26　在现起捕年龄下 2000—2002 龙溪河黑尾近红鲌的繁殖潜力比曲线（高欣，2007）

3.1.5 遗传多样性

3.1.5.1 线粒体 DNA 遗传多样性

利用线粒体 Cyt b 基因对 2011—2012 年采自龙溪河、习水河和木洞河 109 尾黑尾近红鲌的序列进行分析。比对后得到序列长度为 1 135bp。序列中无碱基的短缺或插入。109 条序列检测到 11 个变异位点，其中简约信息位点 9 个。所有 Cyt b 基因序列的转换和颠换均未达饱和，转换数明显大于颠换数，其比值为 74.69。转换易在鱼类的近亲种间较频繁地发生，而颠换则在较远缘种间逐渐明显，同种鱼类间，转换往往在数量上远超过颠换。109 个样本的平均碱基组成：A 的含量为 29.0%，T 的含量为 27.6%，C 的含量为 28.8%，G 的含量为 14.6%。A+T 的含量为 56.6%，G+C 的含量为 43.4%。G 的含量最低，尤其是在密码子的第一位（13.2%）和第二位（4.3%）更加明显。碱基组成表现出明显的偏倚。

整体的单倍型多样性（Hd）和核苷酸多样性（Pi）分别为 0.707 和 0.001 30。整体的单倍型多样性较高，核苷酸多样性较低（表 3-14）。龙溪河单倍型多样性和核苷酸多样性都较低，分别为 0.503 和 0.000 87。习水河单倍型多样性最高，为 0.763，核苷酸多样性为 0.001 30；木洞河核苷酸多样性最高，为 0.001 66，单倍型多样性为 0.708。

表 3-14 2011—2012 年黑尾近红鲌各地理群体线粒体 Cyt b 遗传多样性分析

群体	样本量（尾）	单倍型数	多态位点数	单倍型多样性	核苷酸多样性
龙溪河	56	2	2	0.503 ± 0.043	0.000 87 ± 0.000 10
木洞河	23	4	5	0.708 ± 0.047	0.001 66 ± 0.000 10
习水河	30	9	8	0.763 ± 0.072	0.001 30 ± 0.000 17
合计	109	11	11	0.707 ± 0.030	0.001 30 ± 0.000 13

龙溪河群体 56 条序列仅检测到 2 个单倍型，木洞河群体 23 条序列检测到 4 个单倍型，习水河群体 30 条序列检测到 9 个单倍型。在检测到的 11 个单倍型中，Hap1 和 Hap2 的分布最广，分别为 37 个和 43 个样本所共享。其中 Hap2 为 3 个群体的共享单倍型，其在龙溪河群体中出现率最高（58.93 %），其次是习水河群体（39.31 %），木洞河群体最低，仅 3.33 %。Hap7 和 Hap11 各为 1 个样本所独有，而且这两个样本都来自木洞河群体。

以 Kimura 2-parameter 遗传距离模型计算得到龙溪河、木洞河和习水河 3 个群体的遗传距离，遗传距离的大小指示着遗传变异水平的高低，也代表着样本亲缘关系的远近。群体内的遗传距离显示，龙溪河 56 个样本之间的遗传距离为 0 ～ 0.004 3；习水河 30 个样本之间的遗传距离为 0 ～ 0.002 6；木洞河 23 个样本之间的遗传距离为 0 ～ 0.002 6，这表明黑尾近红鲌的遗传变异水平较低，各群体亲缘关系较近。11 个单倍型之间的遗传距离为 0.000 875 ～ 0.002 6。以 Kimura 2-parameter 遗传距离模型计算得到 3 个群体之间的平均净遗传距离，范围为 0.000 188 ～ 0.000 500（表 3-15）。

表 3-15　基于 Kimura 2-parameter 模型的 2011—2012 年黑尾近红鲌地理群体间的遗传距离

群体	龙溪河	习水河
习水河	0.000 394	
木洞河	0.000 188	0.000 500

　　本研究显示：龙溪河群体与习水河群体之间的分化系数最高，为 0.270 33；龙溪河群体和木洞河群体之间的分化系数最低，为 0.158 02；习水河群体和木洞河群体之间的分化系数为 0.254 97。3 个地理群体两两之间的分化系数均大于 0.15，并且显著分化（$P < 0.01$）（表 3-16），这表明各地理群体基因交流出现障碍。

表 3-16　基于 Cyt b 序列单倍型频率的 2011—2012 年黑尾近红鲌不同地理群体间成对 F_{ST} 值

群体	龙溪河	习水河
习水河	0.270 33**	
木洞河	0.158 02**	0.254 97**

注：** 表示差异极显著（$P < 0.001$）。

　　对龙溪河、木洞河和习水河 109 尾黑尾近红鲌样本的 AMOVA 分析结果（表 3-17）显示，来自群体内部的变异占 78.02%，群体间的变异占 21.98 %。这表明，遗传差异主要发生在群体内。

表 3-17　2011—2012 年龙溪河、木洞河和习水河黑尾近红鲌 Cyt b 序列的分子变异分析

变异来源	自由度	变异分量	变异百分比（%）
群体间	2	0.185 62	21.98
群体内	106	0.659 02	78.02
总体	108	0.844 64	

　　对三个地理群体的所有黑尾近红鲌个体进行 Tajima's D 与 Fu's Fs 值的中性检验，结果表明黑尾近红鲌群体符合中性进化假设，未检测到种群扩张（表 3-18）。其中木洞河群体和整个群体的 Tajima's D 与 Fu's Fs 值为负值，仅有木洞河群体的 Fu's Fs 检验达到显著水平。龙溪河和习水河群体未检测到种群扩张。木洞河群体的 Tajima's D 中性检验显示其符合中性进化假设，Fu's Fs 检验不支持，这表明，木洞河黑尾近红鲌群体的序列中含有比中性进化更多的核苷酸序列位点。

表 3-18　2011—2012 年黑尾近红鲌龙溪河、木洞河和习水河地理群体的
Tajima's D 与 Fu's Fs 检验结果

群体	样本量（尾）	Tajima's D	Fu's Fs
龙溪河	56	2.195 09	3.954 71
习水河	23	1.157 71	1.836 44
木洞河	30	−0.758 82	−3.337 49*
合计	109	−0.667 23	−0.225 43

注：* 表示差异显著（$P < 0.05$）。

　　对 2016—2018 年 239 尾黑尾近红鲌的线粒体 Cyt b 基因序列进行分析比对后得到序列长度为 1 141bp。序列中无碱基的短缺或插入。239 条序列检测到 13 个变异位

点，其中简约信息位点 9 个，单一变异位点 4 个。所有 Cyt b 基因序列的转换和颠换均未达饱和，转换数明显大于颠换数，其比值为 250.426。转换易在鱼类的近亲种间较频繁地发生，而颠换则在较远缘种间逐渐明显，同种鱼类间，转换往往在数量上远超过颠换的特征。239 个样本的平均碱基组成：A 的含量为 29.19%，T 的含量为 27.59%，C 的含量为 28.76%，G 的含量为 14.45%。A+T 的含量为 56.78%，G+C 的含量为 43.21%。G 的含量最低，尤其是在密码子的第二位（13.2%）和第三位（4.2%）更加明显。

利用 DNAsp 软件得到整体的单倍型多样性（Hd）和核苷酸多样性（Pi）分别为 0.786 和 0.001 41。整体的单倍型多样性较高，核苷酸多样性较低（表 3-19）。

表 3-19　2016—2018 年黑尾近红鲌不同地理群体线粒体 Cyt b 遗传多样性分析

群体	样本量（尾）	单倍型数	多态位点数	单倍型多样性	核苷酸多样性
龙溪河	64	5	4	0.488 ± 0.050	0.000 84 ± 0.000 09
习水河	38	8	7	0.789 ± 0.038	0.001 63 ± 0.000 13
木洞河	36	9	8	0.794 ± 0.049	0.001 55 ± 0.000 11
磨刀溪	39	4	5	0.598 ± 0.046	0.001 09 ± 0.000 11
大宁河	62	6	5	0.614 ± 0.048	0.000 92 ± 0.000 07
合计	239	15	13	0.786 ± 0.016	0.001 41 ± 0.000 04

采用 Mega 软件的 Kimura-2 模型对各地理群体间的遗传距离进行分析。结果表明，两两群体之间的遗传距离大小差不多（表 3-20）。

表 3-20　基于线粒体 DNA Cyt b 基因的 2016—2018 年黑尾近红鲌各地理群体间及群体内遗传距离

群体	龙溪河	习水河	木洞河	磨刀溪	群体内遗传距离
龙溪河					0.000 840 5
习水河	0.001 437 2				0.001 634 4
木洞河	0.001 333 8	0.001 777 4			0.001 556 0
磨刀溪	0.001 467 5	0.001 939 1	0.001 788 1		0.001 094 9
大宁河	0.001 338 1	0.001 834 0	0.001 688 2	0.001 001 8	0.000 918 7

使用 Arlequin v3.1 对黑尾近红鲌各地理群体两两间遗传分化系数（F_{ST}）分析结果表明：5 个群体两两之间，除了磨刀溪群体和大宁河群体之间不存在分化之外，其他两两之间均存在显著性的分化（表 3-21）。

表 3-21　基于线粒体 DNA Cyt b 基因的 2016—2018 年黑尾近红鲌各地理群体间遗传分化系数

群体	龙溪河	习水河	木洞河	磨刀溪	大宁河
龙溪河		0	0	0	0
习水河	0.152 51		0	0	0
木洞河	0.113 45	0.102 40		0	0
磨刀溪	0.348 66	0.296 86	0.260 19		0.450 45
大宁河	0.342 81	0.320 61	0.282 98	−0.004 26	

注：对角线下为群体间的遗传分化系数（F_{ST}），对角线上为 P 值。

239 条序列检测到 15 种单倍型（表 3-22）。龙溪河群体 64 条序列检测到 5 个单倍型，习水河 38 条序列检测到 8 个单倍型，木洞河 36 条序列检测到 9 个单倍型，磨刀溪 39 条序列检测到 4 个单倍型，大宁河 62 条序列检测到 6 个单倍型。在检测到的 15 个单倍型中，Hap1 和 Hap3 的分布最广，分别为 83 和 61 个样本所共享。Hap4 和 Hap6 为大宁河样本所独有，Hap8 和 Hap10 为习水河样本所独有，Hap12 为龙溪河样本所独有，Hap13 为磨刀溪样本所独有，Hap14 和 Hap15 为木洞河样本所独有。

表 3-22　基于 Cyt b 序列的 2016—2018 年黑尾近红鲌单倍型在各群体中的分布

群体	Hap1	Hap2	Hap3	Hap4	Hap5	Hap6	Hap7	Hap8	Hap9	Hap10	Hap11	Hap12	Hap13	Hap14	Hap15
龙溪河	19		42		1						1	1			
习水河	2		13		1		3	7	10	1	1				
木洞河	8	1	4		3		14		1		2			2	1
磨刀溪	20	15					1						3		
大宁河	34	18	2	1	6	1									
合计	83	34	61	1	11	1	18	7	11	1	4	1	3	2	1

以高体近红鲌（*Ancherythroculter kurematsui*）、蒙古鲌（*Culter mongolicus*）、翘嘴鲌（*Culter alburnus*）和䱗（*Hemiculter leucisculus*）等为外类群，利用邻接法（NJ）构建单倍型系统发育树。结果显示，各单倍型混杂在一起，没有形成明显的谱系（图 3-27）。

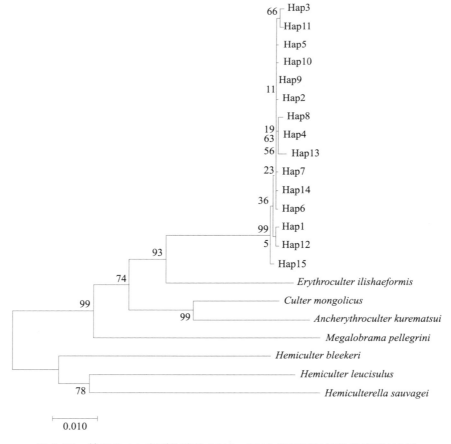

图 3-27　基于 Cyt b 序列构建的 2016—2018 年黑尾近红鲌单倍型 NJ 树

对 5 个地理群体的所有黑尾近红鲌个体进行 Tajima's D 与 Fu's Fs 值的中性检验，结果表明黑尾近红鲌群体符合中性进化假设，未检测到种群扩张（表 3-23）。其中有些群体的 Tajima's D 或者 Fu's Fs 值为负值，但检验都未达到显著水平。

表 3-23　2016—2018 年黑尾近红鲌龙溪河、木洞和合江地理群体的 Tajima's D 与 Fu's Fs 检验结果

群体	样本量（尾）	Tajima's D	Fu's Fs
龙溪河	64	0.283 64	−0.014 25
习水河	38	0.326 94	−1.109 99
木洞河	36	−0.238 51	−2.255 98
磨刀溪	39	0.139 25	1.259 59
大宁河	62	−0.039 54	−0.677 17

注：* 表示差异显著（$P < 0.05$）。

根据 5 个地理群体的歧点分布图可以看出，错配分布图呈单峰分布（图 3-28），表明这 5 个地理群体的黑尾近红鲌都经历过扩张。

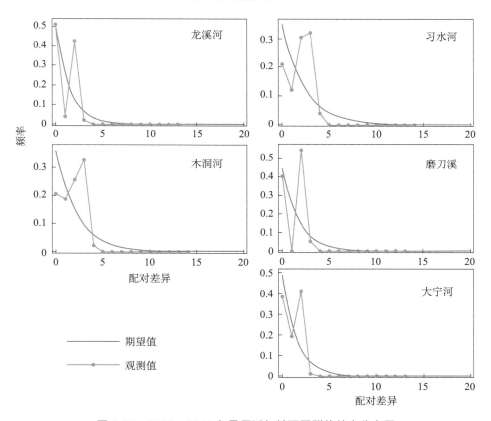

图 3-28　2016—2018 年黑尾近红鲌不同群体歧点分布图

利用 Arlequin 软件进行歧点分布分析，得到种群扩张参数 τ（即 Tau），通过公式 $\tau = 2ut$ 估算每个世代种群的扩张时间 t，u 为每个世代、每条序列的变异速率；根据公式 $u = 2\mu k$ 计算变异速率 u，μ 为每个核苷酸（碱基）的变异速率，k 为被分析序列的

核苷酸（碱基）数（bp）；前人的研究认为淡水鱼类的线粒体 DNA 编码蛋白基因序列的进化速率 μ 为 0.66% ～ 1% / 百万年，本研究中采用 1% / 百万年作为进化速率 μ，最后通过公式 $T = t \times$ 世代时间（2 年）计算，黑尾近红鲌扩张时间大约在 0.099 百万年前左右（表 3-24）。

表 3-24　黑尾近红鲌扩张时间估算

	龙溪河	习水河	木洞河	磨刀溪	大宁河
扩张参数	1.854	2.594	2.457	2.518	1.859
种群扩张时间（百万年）	0.081	0.113	0.108	0.110	0.081

在黑尾近红鲌遗传多样性方面，文献报道较少，仅 Liu 等（2005）就长江上游黑尾近红鲌群体遗传结构进行了研究，结果表明：2001—2002 年采自龙溪河、习水河和木洞河群体的 43 个个体的 Cyt b 序列具有 18 个单倍型，龙溪河群体的单倍型多样性和核苷酸多样性分别为 0.812 和 0.004 4，习水河群体的单倍型多样性和核苷酸多样性分别为 0.833 和 0.004 00，木洞河群体的单倍型多样性和核苷酸多样性分别为 1.000 和 0.004 90；黑尾近红鲌的遗传多样性较高，但是核苷酸多样性较低。而 2011—2012 年间采集的同样 3 个地理群体（龙溪河、习水河和木洞河）的 109 尾样本 Cyt b 基因的单倍型数目仅有 11 个，龙溪河单倍型多样性和核苷酸多样性都较低，分别为 0.503 和 0.000 87；习水河的单倍型多样性最高，为 0.763，核苷酸多样性为 0.001 30；木洞河的核苷酸多样性最高，为 0.001 66，单倍型多样性为 0.708。相比之下，2002—2012 年，黑尾近红鲌的遗传多样性水平明显降低。2016—2018 年，龙溪河单倍型多样性和核苷酸多样性都较低，分别为 0.488 和 0.000 84；习水河的单倍型多样性为 0.789，核苷酸多样性为 0.001 63；木洞河的单倍型多样性最高，为 0.794，核苷酸多样性为 0.001 55。故将这 3 个群体的遗传多样性进行比较，结果见表 3-25。根据结果可知，这 3 个群体的遗传多样性 2001—2002 年到 2011—2012 年均显著下降，而之后并无明显的变化。

表 3-25　黑尾近红鲌遗传多样性变化比较

时间	龙溪河		习水河		木洞河	
	Hd	Pi	Hd	Pi	Hd	Pi
2001—2002 年	0.812	0.004 4	0.833	0.004 00	1.000	0.004 90
2011—2012 年	0.503	0.000 87	0.763	0.001 30	0.708	0.001 66
2016—2018 年	0.488	0.000 84	0.789	0.001 63	0.794	0.001 55

3.1.5.2　微卫星 DNA 遗传多样性

自主开发了 20 多对黑尾近红鲌的微卫星引物，同时利用其中 20 对多态性引物对龙溪河 2009—2013 年的 30 尾黑尾近红鲌样本进行了分析。经软件 PopGen32 计算，每个微卫星座位在龙溪河黑尾近红鲌群体中分别检测到 4 ～ 17 个等位基因，平均等位基因数为 9.7 个，观测杂合度水平最低 0.200 00，最高为 1.000 00，平均 0.856 67；

期望杂合度水平最低 0.605 67，最高 0.932 20，平均 0.802 69。哈迪 - 温伯格平衡偏离指数（ d ）依次为 −0.688 4 ～ 0.473 7。实验得到黑尾近红鲌的观测杂合度、期望杂合度以及哈迪 - 温伯格平衡偏离指数（表 3-26）。

表 3-26　2009—2013 年黑尾近红鲌多态性微卫星引物信息及遗传多样性分析

位点	引物序列	重复序列	片段大小（bp）	退火温度（℃）	等位基因数（个）	观测杂合度	期望杂合度	哈迪 - 温伯格平衡偏离指数
An4	AACAGGAAGTGACCCGTTTG	（AC）$_{10}$	134 ～ 174	53	11	1.000 00	0.874 58	0.143 4
	GTCTGTGGTGCTGGATCAGA							
An7	TTACAATGAAAAACAGACAGAAAGG	（AC）$_{12}$	121 ～ 160	51	9	1.000 00	0.841 24	0.188 7
	ATGGGTGAGAAGGGAAGAAAA							
An20	TTGAAGGCCTAGAAAGTCTTGTG	（AGAC）$_4$（GTAT）$_{19}$	234 ～ 280	50	7	0.700 00	0.749 15	−0.065 6
	TTGTACGTTTTTGTGTGCATGA	（TAGA）$_3$						
An21	CCTGTCTCACTCACTGAACCAC	（AGAT）$_{10}$	172 ～ 232	53	8	0.666 67	0.605 65	0.100 8
	GGAAATCACTCCGATTCCAC							
An29	GGAAAGCAGAGCAGGTCATC	（CA）$_{14}$	123 ～ 208	55	5	1.000 00	0.678 55	0.473 7
	AGGACGGAGGAAATGAGGAT							
An35	CATGCTCAAAAACTCAACAGGA	（CA）$_{20}$	190 ～ 238	52	5	1.000 00	0.783 05	0.277 1
	GCAGGGTAGGGGGATAGAAT							
An46	TTTATTGCACAGAGCGTTCC	（CT）$_{13}$	130 ～ 238	51	15	1.000 00	0.894 92	0.117 4
	TACGCGTGCAGAGAGAGAGA							
An52	GTTTGGGGCATCTTGTGATT	（GA）$_{21}$	190 ～ 262	51	15	0.966 67	0.895 48	0.079 5
	CGGGTTTGAGAGAAGACAGG							
An63	CATGACATGCCAGAAGACCT	（GT）$_{11}$	164 ～ 210	53	14	1.000 00	0.870 62	0.148 6
	CGTCCCGTTTCATGTCAGTA							

位点	引物序列	重复序列	片段大小（bp）	退火温度（℃）	等位基因数（个）	观测杂合度	期望杂合度	哈迪 - 温伯格平衡偏离指数
An65	TGCTCCGTGCATATATGAGATT	（GT）$_{12}$	182～236	51	9	1.000 00	0.806 78	0.239 5
	AATGAATTCCACACCCTGGA							
An68	TGAATGAAAAATCCCCAATGA	（GT）$_{18}$（AG）$_7$	164～238	47	17	1.000 00	0.932 20	0.072 7
	GAGAACGAAGCGCTGAAGAG							
An70	TCGAGAGCTGACAGCAGAAA	（GT）$_{25}$	126～178	53	10	1.000 00	0.801 69	0.247 4
	TCCACCCACTGGAACAGTTT							
An72	CCTGCTTTCAATCCGACACT	（GT）$_{42}$	184～238	53	13	1.000 00	0.846 33	0.181 6
	TGATTGGGAGATTCCTGCTC							
An79	CCGTCCTGAACAGCTCTTTTT	（TATC）$_{12}$	194～228	48	11	0.633 33	0.868 36	−0.270 7
	TTCATTTCCAATTTTCAGATGG							
An86	TGAGAGGACATATTCACAGCACA	（TCTA）$_{14}$（TCTG）$_7$	238～256	54	10	0.600 00	0.832 77	−0.279 5
	ACACAGCACGCGTATGAGAG							
An88	TGGGATGACAGGAAGAGGAT	（TCTA）$_7$	238～266	48	4	0.200 00	0.641 81	−0.688 4
	TTCAAAATGTCTCACTTTCAACA							
An90	CCTGAGTAACACTCTGTGTGTGTG	（TG）$_{11}$	123～160	57	5	1.000 00	0.710 73	0.407 0
	AAGGAGCAGGAGAGGGTGAC							
An95	GAGCACCGTGTGAATGTATGA	（TG）$_{12}$	147～201	49	9	1.000 00	0.826 55	0.209 8
	AAAGAAATGGTGCAAAACGTG							
An98	TGCGCATTTATCATCCACAT	（TG）$_{15}$	164～217	49	11	1.000 00	0.865 70	0.155 1
	AAAAAGGCCCCAAGTTGAAT							

续表

位点	引物序列	重复序列	片段大小（bp）	退火温度（℃）	等位基因数（个）	观测杂合度	期望杂合度	哈迪 - 温伯格平衡偏离指数
An114	ATTAGCCAGCTGG AGGGACT	（TTGA）$_{15}$	123 ～ 168	51	6	0.366 67	0.727 68	-0.496 1
	CCGCTTCAAGGTG AATCAAT							
平均值					9.7	0.856 67	0.802 69	

挑选 10 对多态性微卫星引物对黑尾近红鲌龙溪河群体的 3 个年龄组样本进行了分析。分析结果为：整个群体中，每个微卫星座位分别检测到 10 ～ 20 个等位基因，平均等位基因数为 15.4 个，观测杂合度 0.988 5 ～ 1.000 0，平均 0.998 9；期望杂合度 0.805 5 ～ 0.913 3，平均 0.851 6。10 个位点全部符合哈迪 - 温伯格平衡。近交系数 -0.241 5 ～ -0.094 9，平均 -0.174 8。3 个地理群体的等位基因数（A）、期望杂合度（H_O）、观测杂合度（H_O）和近交系数（F_{IS}）值无明显差异，说明遗传多样性基本处于同一水平（表 3-27）。

表 3-27　2009—2013 年龙溪河不同年龄组黑尾近红鲌的遗传多样性分析

群体	微卫星位点										平均值
1 龄	An4	An46	An52	An63	An65	An68	An70	An72	An95	An98	
A	9	13	8	13	8	9	12	8	10	6	9.6
H_O	1.000 0	1.000 0	1.000 0	1.000 0	1.000 0	1.000 0	1.000 0	1.000 0	1.000 0	1.000 0	1.000 0
H_E	0.811 7	0.892 8	0.729 4	0.886 7	0.788 9	0.740 6	0.821 7	0.786 1	0.8	0.805 5	0.806 3
F_{IS}	-0.232	-0.120 1	-0.370 9	-0.127 8	-0.267 6	-0.350 3	-0.217	-0.272 1	-0.25	-0.241 5	-0.244 9
2 龄	An4	An46	An52	An63	An65	An68	An70	An72	An95	An98	
A	8	7	8	10	5	9	6	5	7	5	7
H_O	1.000 0	1.000 0	1.000 0	1.000 0	1.000 0	1.000 0	1.000 0	1.000 0	1.000 0	1.000 0	1.000 0
H_E	0.858 9	0.795 6	0.741 1	0.852 8	0.779 4	0.756 7	0.735 6	0.665 3	0.780 6	0.725 6	0.769 1
F_{IS}	-0.164 3	-0.257	-0.349 3	-0.172 6	-0.283	-0.321 6	-0.359 5	-0.503 1	-0.281 1	-0.378 3	-0.307
3 龄	An4	An46	An52	An63	An65	An68	An70	An72	An95	An98	
A	5	8	9	14	6	8	6	7	10	5	7.8
H_O	1.000 0	1.000 0	1.000 0	1.000 0	1.000 0	1.000 0	0.963	1.000 0	1.000 0	1.000 0	0.996 3
H_E	0.764 7	0.785 3	0.751	0.871 7	0.678 3	0.803 8	0.678 3	0.766 8	0.777 8	0.710 6	0.758 8
F_{IS}	-0.307 6	-0.273 4	-0.331 5	-0.147 1	-0.474 2	-0.244	-0.419 6	-0.304 1	-0.285 7	-0.407 3	-0.319 5
总体	An4	An46	An52	An63	An65	An68	An70	An72	An95	An98	
A	11	18	17	20	12	17	18	12	19	10	15.4
H_O	1.000 0	1.000 0	1.000 0	1.000 0	1.000 0	1.000 0	0.988 5	1.000 0	1.000 0	1.000 0	0.998 9
H_E	0.872 4	0.893 4	0.835 8	0.913 3	0.841 6	0.848 6	0.815	0.811 2	0.879	0.805 5	0.851 6
F_{IS}	-0.146 3	-0.119 3	-0.196 5	-0.094 9	-0.188 2	-0.178 4	-0.212 8	-0.232 7	-0.137 6	-0.241 5	-0.174 8

使用 Arlequin 软件计算 3 个年龄组间的 F_{ST} 值。结果显示，不同年龄组之间均存

在一定程度的遗传分化，但是这种分化并不显著（$F_{ST} > 0.05$，$P > 0.05$）。其中，1龄和 3 龄组间分化系数最大，为 0.124 43（表 3-28）。

表 3-28　龙溪河黑尾近红鲌群体不同年龄组的遗传分化

年龄组	1 龄	2 龄
1 龄	0.081 66	
3 龄	0.124 43	0.118 35

采用在黑尾近红鲌个体中均能检测到多态性的 17 对微卫星引物，对 2014—2018 年采自磨刀溪、龙溪河、木洞河和习水河的 4 个群体进行微卫星分析。4 个群体的平均有效等位基因数为 3.357 2，其中磨刀溪群体的平均有效等位基因数最大，为 4.021 2；龙溪河群体的平均有效等位基因数最小，为 2.743 7。4 个群体的平均观测杂合度（H_O）在 0.458 2 ~ 0.581 9 之间，最大的是磨刀溪群体，最小的是木洞河群体，平均为 0.518 7。平均期望杂合度（H_E）在 0.609 1 ~ 0.744 3 之间，最大的是磨刀溪群体，最小的是木洞河群体，平均为 0.651 8。平均多态信息含量（PIC）在 0.549 ~ 0.697 之间，磨刀溪群体最大，为 0.697，龙溪河群体最小，为 0.549。可见，磨刀溪群体的遗传多样性相对于其他群体较高（表 3-29）。哈迪 - 温伯格平衡检测的结果显示每个群体都有几个位点偏离哈迪 - 温伯格平衡，原因可能是群体存在近交现象。

表 3-29　2014—2018 年 4 个黑尾近红鲌群体遗传指数分析结果

群体	座位	样本量（个）	观测杂合度（H_O）	期望杂合度（H_E）	等位基因数（A）	有效等位基因数（A_e）	哈迪 - 温伯格平衡偏离指数（d）	平均近交系数（F_{IS}）	多态信息含量（PIC）
龙溪河	An21	64	0.625	0.651 3	4	2.786 4	0.798 632	0.025 1	0.587
	An29	64	0.468 8	0.483 6	2	1.908 7	0.859 403	0.015 4	0.363
	An52	64	0.562 5	0.599 7	8	2.441	0.000 033	0.047 1	0.524
	An63	64	0.25	0.760 9	6	3.984 4	0	0.666 2	0.707
	An65	64	0.562 5	0.458 3	2	1.822 1	0.189 899	−0.246 8	0.349
	An68	64	0.718 8	0.787 2	5	4.442 5	0.002 914	0.072 5	0.738
	An70	64	0.593 8	0.470 7	5	1.863 5	0.665 641	−0.281 3	0.403
	An72	62	0.354 8	0.546 3	4	2.162	0.004 396	0.339 8	0.498
	An76	64	0.718 8	0.710 3	6	3.324 7	0	−0.027 9	0.66
	An77	64	0.531 2	0.586 8	3	2.367 6	0.540 942	0.080 3	0.501
	An86	64	0.687 5	0.653 8	4	2.805 5	0.831 732	−0.068 5	0.599
	An95	64	0.531 2	0.517 4	3	2.037 8	0.841 411	−0.043 1	0.395
	An98	64	0.687 5	0.651 3	4	2.786 4	0.738 744	−0.072 4	0.572
	An114	64	0.312 5	0.698 9	7	3.205	0.000 006	0.545 8	0.654
	hwb03	64	0.406 2	0.641 9	5	2.716 2	0.022 534	0.357	0.588
	hwb08	64	0.531 2	0.671 6	5	2.951	0	0.196 5	0.597
	hwb16	64	0.656 2	0.681 5	4	3.038 6	0.702 518	0.021 8	0.601
平均值		64	0.541 1	0.621 9	4.647 1	2.743 7			0.549
标准误差			0.142 6	0.99	1.656 1	0.729 1			

群体	座位	样本量（个）	观测杂合度（H_O）	期望杂合度（H_E）	等位基因数（A）	有效等位基因数（A_e）	哈迪 - 温伯格平衡偏离指数（d）	平均近交系数（F_{IS}）	多态信息含量（PIC）
习水河	An21	62	0.483 9	0.790 1	8	4.490 7	0.000 002	0.377 5	0.752
	An29	62	0.451 6	0.465 9	3	1.846 3	0.553 551	0.014 8	0.367
	An52	54	0.407 4	0.710 7	7	3.306 1	0.000 009	0.415 9	0.662
	An63	62	0.612 9	0.814 9	9	5.044 6	0.000 05	0.235 6	0.775
	An65	62	0.451 6	0.45	4	1.794 6	0.949 819	−0.02	0.389
	An68	62	0.612 9	0.702 3	7	3.235 7	0.167 624	0.113	0.64
	An70	62	0.548 4	0.725 5	8	3.494 5	0.229 232	0.231 8	0.681
	An72	62	0.483 9	0.882 6	11	7.596 8	0	0.442 8	0.855
	An76	56	0.178 6	0.168 2	3	1.197 9	0.975 668	−0.081 1	0.156
	An77	62	0.516 1	0.784 2	5	4.378 1	0.000 006	0.331 1	0.735
	An86	62	0.741 9	0.894 8	12	8.356 5	0.212 36	0.157 2	0.869
	An95	62	0.677 4	0.730 3	7	3.552 7	0.000 004	0.057 2	0.688
	An98	62	0.677 4	0.688	8	3.095	0.173 524	−0.000 8	0.653
	An114	62	0.612 9	0.669 5	6	2.929 9	0.001 935	0.069 5	0.61
	hwb03	60	0.4	0.693 2	7	3.141 4	0	0.413 2	0.628
	hwb08	62	0.096 8	0.947	3	1.102 7	0.996 842	−0.039 1	0.091
	hwb16	60	0.433 3	0.476 3	7	1.880 9	0.224 387	0.074 7	0.45
平均值		61	0.493 4	0.631 8	6.764 7	3.555 6			0.588
标准误差			0.168 8	0.229 1	2.610 8	2.007 7			
木洞河	An21	64	0.562 5	0.796 1	6	4.623	0.000 085	0.282 2	0.752
	An29	64	0.531 2	0.568	4	2.268	0.952 003	0.049 8	0.486
	An52	60	0.4	0.525 4	8	2.069	0	0.225 8	0.501
	An63	64	0.5	0.669 1	4	2.929 9	0.000 244	0.240 9	0.608
	An65	64	0.375	0.502	8	1.976 8	0	0.241 1	0.463
	An68	64	0.562 5	0.562 5	5	2.240 7	0.000 85	−0.015 9	0.509
	An70	64	0.468 8	0.599 7	7	2.441	0	0.206	0.549
	An72	64	0.187 5	0.312 5	7	1.444 3	0	0.390 5	0.299
	An76	58	0.413 8	0.523 3	5	2.058 8	0	0.195 4	0.465
	An77	64	0.5	0.641 9	5	2.716 2	0.187 345	0.208 7	0.562
	An86	64	0.656 2	0.876	14	7.262 4	0.045 15	0.239	0.849
	An95	64	0.562 5	0.801 6	12	4.740 7	0.000 067	0.287 1	0.772
	An98	64	0.656 2	0.673 6	6	2.968 1	0.970 228	0.010 3	0.622
	An114	64	0.593 8	0.719 7	7	3.430 5	0.000 022	0.162	0.661
	hwb03	64	0.375	0.856 2	9	6.360 2	0	0.555	0.824
	hwb08	64	0.218 8	0.203 4	4	1.250 3	0.998 786	−0.092 7	0.19
	hwb16	62	0.225 8	0.523	7	2.06	0.000 004	0.782 5	0.49
平均值		63	0.458 2	0.609 1	6.941 2	3.108 2			0.565
标准误差			0.146 2	0.179 4	2.749 3	1.691 6			

群体	座位	样本量（个）	观测杂合度（H_O）	期望杂合度（H_E）	等位基因数（A）	有效等位基因数（A_e）	哈迪 - 温伯格平衡偏离指数（d）	平均近交系数（F_{IS}）	多态信息含量（PIC）
磨刀溪	An21	64	0.656 2	0.830 9	9	5.490 6	0.345 23	0.197 6	0.793
	An29	64	0.593 8	0.807 5	10	4.876 2	0.000 329	0.253 1	0.777
	An52	64	0.781 2	0.768 4	8	4.104 2	0.030 045	−0.032 9	0.73
	An63	64	0.531 2	0.759 9	8	3.969	0	0.289 8	0.711
	An65	64	0.437 5	0.823 9	9	5.292	0.015 297	0.460 6	0.785
	An68	60	0.5	0.802 8	7	4.749 3	0.000 017	0.366 6	0.762
	An70	64	0.656 2	0.794 1	9	4.581 7	0.000 019	0.160 5	0.753
	An72	64	0.562 5	0.696 4	8	3.180 1	0	0.179 5	0.64
	An76	64	0.75	0.744 5	6	3.744 1	0.097 601	−0.023 3	0.688
	An77	62	0.419 4	0.533 1	7	2.102 8	0	0.200 4	0.491
	An86	64	0.437 5	0.710 8	8	3.330 1	0.000 001	0.374 7	0.653
	An95	64	0.531 2	0.806 1	8	4.841 6	0.081 388	0.330 5	0.762
	An98	64	0.656 2	0.601 2	8	2.449 8	0.999 03	−0.108 9	0.552
	An114	64	0.656 2	0.815	9	5.056 8	0.448 358	0.182	0.779
	hwb03	64	0.781 2	0.681 1	5	3.034 1	0.880 21	−0.165 3	0.604
	hwb08	64	0.562 5	0.689	5	3.107 7	0.131 932	0.170 6	0.623
	hwb16	58	0.379 3	0.788 9	7	4.449 7	0	0.510 7	0.738
平均值		63	0.581 9	0.744 3	7.705 9	4.021 2			0.697
标准误差			0.125 4	0.833	1.403 8	1.015 8			

Nei's 遗传距离和相似性指数分析显示，习水河群体和木洞河群体遗传距离最小，为 0.194 6；其他群体两两之间遗传距离都较大，其中，习水河群体和磨刀溪群体遗传距离最大，为 1.168 1（表 3-30）。

表 3-30　2014—2018 年 4 个黑尾近红鲌群体的 Nei's 遗传距离（对角线下）和相似性指数（对角线上）

群体	龙溪河	习水河	木洞河	磨刀溪
龙溪河		0.395 7	0.434 6	0.338 5
习水河	0.927 2		0.823 1	0.310 9
木洞河	0.833 4	0.194 6		0.451 9
磨刀溪	1.083 2	1.168 1	0.794 2	

分化系数分析显示：习水河群体和木洞河群体之间是显著的轻度分化，而其他群体两两之间都是存在显著性的高度分化（$F_{ST} > 0.15$）（表 3-31）。

表 3-31　2014—2018 年黑尾近红鲌 6 个群体的遗传分化系数

群体	龙溪河	习水河	木洞河	磨刀溪
龙溪河		0.000 00	0.000 00	0.000 00
习水河	0.260 19		0.000 00	0.000 00
木洞河	0.257 69	0.087 29		0.000 00

群体	龙溪河	习水河	木洞河	磨刀溪
磨刀溪	0.234 15	0.231 38	0.202 64	

运用微卫星对 2009—2013 年和 2016—2018 年龙溪河黑尾近红鲌的遗传多样性进行了研究，结果显示，随着时间的变化，龙溪河黑尾近红鲌的平均观测等位基因数、平均观测杂合度和平均期望杂合度都有明显的减少（表 3-32）。

表 3-32　龙溪河黑尾近红鲌遗传多样性年际变化

时间	样本量（尾）	平均观测等位基因数（A）	平均观测杂合度（H_O）	平均期望杂合度（H_E）
2009—2013 年	30	9.700 0	0.856 7	0.802 7
2016—2018 年	32	4.647 1	0.541 1	0.621 9

3.1.6　小结

黑尾近红鲌是一种仅分布于长江上游的特有鱼类，具有较高的经济价值、生态价值和科研价值。历史上，黑尾近红鲌曾广泛分布于长江上游干流、嘉陵江、涪江、渠江、岷江和青衣江等水系（丁瑞华，1994）。近年调查表明，黑尾近红鲌的分布范围已经大大缩小，目前主要局限在龙溪河、习水河、木洞河、磨刀溪和大宁河等长江上游一、二级支流，而其他江段或支流较为少见。鱼类生物学研究表明，与历史资料相比，黑尾近红鲌小型化和低龄化的趋势日益加剧、种群规模持续下降，并且遗传多样性明显降低，亟须加强保护。

作为赤水河主要一级支流的习水河，目前仍然维持有较大的黑尾近红鲌种群。研究表明：与其他河流相比，习水河黑尾近红鲌的体长与体重关系 b 值、极限体长、极限体重、性成熟体长和体重等参数相对较高，而相对怀卵量相对较低；食物组成更为多样；遗传多样性更为丰富。这些与习水河河口江段人类活动相对较少、水域生态环境保持良好等密切相关。

（翟东东、刘春池）

3.2　高体近红鲌

高体近红鲌［*Ancherythroculter kurematsui*（kimura）］，俗名大眼刁、高尖，隶属于鲤形目（Cypriniformes）鲤科（Cyprinidae）鲌亚科（Cultrinae）近红鲌属（*Ancherythroculter*），是一种生活于江河中上层的中小型鱼类，主要分布在长江上游的干支流，是长江上游特有鱼类之一。

体长形，侧扁，头后背部稍向上倾斜，自腹鳍基部至肛门前有明显的腹棱。头较高，上下颌等长，口端位，口裂倾斜，后端伸达鼻孔后缘下方。唇薄，眼大，眼径与吻长相当，眼间较窄，稍圆凸。鼻孔距前缘很近，位于眼前缘上方，几乎与眼上缘平行。鳃耙细长，排列较稀疏，下咽齿略呈圆锥形，尖端钩状。背鳍较长，约与头长相当，其起点在吻端至最后鳞片的中点，末根不分支鳍条为硬刺。胸鳍较短，不达腹鳍起点。腹鳍位于背鳍起点的前下方，其末端后伸不达肛门。臀鳍基部长，外缘内凹呈弧形。侧线在体侧中部向腹部微弯曲呈弧形，延伸至尾柄中部。鳞片排列整齐，较薄，腹鳍基部有三角形的腋鳞（图3-29）。

图 3-29　高体近红鲌活体照（邱宁　拍摄）

目前有关高体近红鲌的研究很少。刘飞等（2011）对赤水河的高体近红鲌的生长与繁殖做了初步研究，结果表明：赤水河高体近红鲌种群由 1 ～ 4 龄组成，其中以 2 龄个体为主。繁殖高峰期为 6—7 月，是一次性产卵鱼类。Wang 等（2016）测量了高体近红鲌的线粒体全基因组序列并进行了相应的分析。

本研究根据 2011—2012 年和 2016—2018 年在赤水河采集的样本，对高体近红鲌的基础生物学特征，包括年龄与生长、食性、繁殖、种群动态和遗传多样性等进行了研究。

3.2.1　年龄与生长

3.2.1.1　体长与体重

1. 体长与体重结构

2011—2013 年在赤水市和合江县等江段采集高体近红鲌 362 尾，样本体长范围为51 ～ 222mm，绝大部分个体的体长集中在 100 ～ 160mm 之间，占总样本量的 84.8%（图 3-30）；体重范围为 1.7 ～ 135.9g，绝大部分个体的体重在 20 ～ 60g 之间，占总样本量的 77.3%，体重大于 100g 的个体仅占 1.4%（图 3-31）。

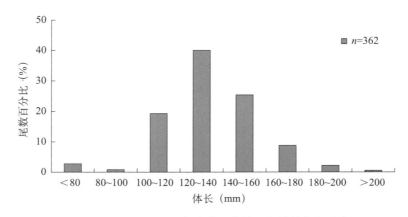

图 3-30　2011—2013 年赤水河高体近红鲌的体长分布

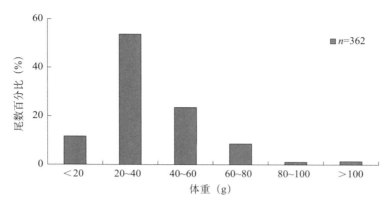

图 3-31　2011—2013 年赤水河高体近红鲌的体重分布

2016—2018 年在赤水市和合江县等江段采集高体近红鲌 338 尾，样本体长范围为 50 ～ 215mm，绝大部分个体的体长集中在 100 ～ 180mm 之间，占总样本量的 89.1%（图 3-32）；体重范围为 1.9 ～ 119.7g，绝大部分个体的体重在 60g 以下，占总样本量的 82.0%，体重大于 100g 的个体仅占 2.0%（图 3-33）。

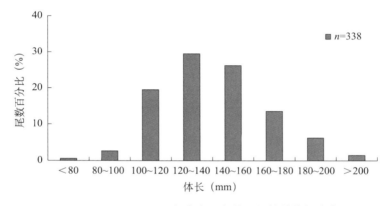

图 3-32　2016—2018 年赤水河高体近红鲌的体长分布

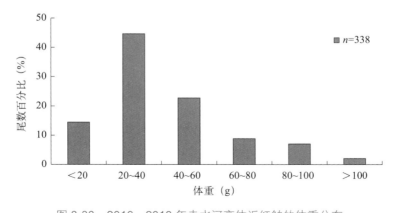

图 3-33　2016—2018 年赤水河高体近红鲌的体重分布

刘飞等（2011）对 2008 年赤水市江段 540 尾高体近红鲌的体长与体重结构进行了分析。结果显示，样本体长范围为 81～182mm，绝大部分个体的体长集中在 100～160mm 之间，占总样本量的 88.2%（图 3-34）；体重范围为 8.7～84.7g，绝大部分个体的体重在 20～50g 之间，占总样本量的 69.9%，体重大于 50g 的个体仅占 8.9%（图 3-35）。

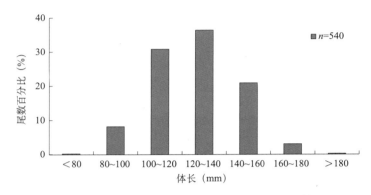

图 3-34　2008 年赤水河高体近红鲌的体长分布（刘飞等，2011）

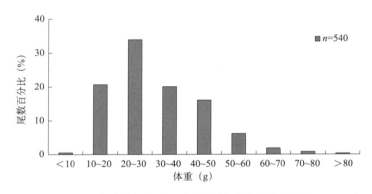

图 3-35　2008 年赤水河高体近红鲌的体重分布（刘飞等，2011）

比较发现，随着时间的变化，赤水河高体近红鲌种群中大个体的比例明显增加。

2. 体长与体重关系

对 2011—2013 年 362 尾样本的体长与体重关系进行的分析表明，高体近红鲌体长与体重呈幂函数相关。关系式为：

$W = 1 \times 10^{-5} L^{2.9903}$（$R^2 = 0.9596$，$n = 362$）。

t 检验表明，b 值与 3 之间无显著性差异（$P > 0.05$）。

对 2016—2018 年 338 尾样本的体长与体重关系进行的分析同样表明，高体近红鲌的体重与体长呈幂函数相关。关系式为：

$W = 8 \times 10^{-6} L^{3.0896}$（$R^2 = 0.9512$，$n = 338$）。

t 检验表明，b 值与 3 之间无显著性差异（$P > 0.05$）。

刘飞等（2011）研究表明，高体近红鲌的体重和体长呈幂函数相关。雌性和雄性的体长与体重关系式分别为：

雌性，$W=4 \times 10^{-5}L^{2.808\,9}$（$R^2 = 0.969\,4$，$n=275$），

雄性，$W=3 \times 10^{-5}L^{2.897\,3}$（$R^2 = 0.968\,3$，$n=212$）。

残差平方和检验表明雌雄个体的体长和体重关系不存在显著性差异（$P > 0.05$）。因此，将可辨性别的高体近红鲌的体长与体重关系表示为：

$W=4 \times 10^{-5}L^{2.810\,3}$（$R^2 = 0.972\,7$，$n=487$）。

t 检验表明，b 值与 3 之间无显著性差异（$P > 0.05$）。

综上所述，高体近红鲌属于匀速生长型鱼类。

3.2.1.2　年龄

1. 年轮特征

高体近红鲌鳞片为圆鳞，中等大，椭圆形，后区稍突出。年轮特征属于疏密切割型：前区表现为疏密结构，侧区呈切割结构，前侧区交界处疏密和切割常同时出现。切割处内缘环片细密，外缘稀疏，切割后的新环片向后向外散开，使年轮特征衬托得更加清晰。部分鳞片上还存在幼轮，但其半径明显小于年轮，且没有明显的疏密、切割特征。另外，少量鳞片上还可发现副轮，但根据其不完整性可以很容易地与年轮区分（图 3-36）。

图 3-36　高体近红鲌年龄鉴定材料及年轮（刘飞等，2011）

2. 年龄结构

对 2011—2013 年 110 尾高体近红鲌进行的年龄结构分析显示，其年龄结构以 2 龄个体比例最高，占 54.2%；其次为 3 龄和 1 龄；4 龄个体很少，仅占 4.2%（图 3-37）。

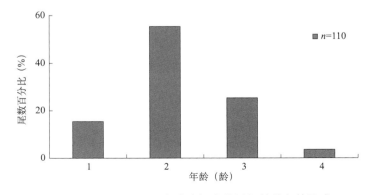

图 3-37　2011—2013 年赤水河高体近红鲌的年龄组成

对 2016—2018 年 119 尾高体近红鲌的年龄结构进行了分析。结果显示，其年龄结构由 1 ～ 4 龄组成，优势龄组为 3 龄，占总数的 54.62%；其次是 1 龄组和 2 龄组，分别占 21.9% 和 17.7%；4 龄个体数量较少（图 3-38）。

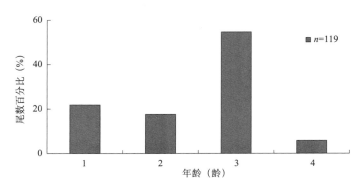

图 3-38　2016—2018 年赤水河高体近红鲌的年龄组成

刘飞等（2011）对 2008 年赤水市江段高体近红鲌的年龄结构进行了分析。结果显示，其年龄结构由 1 ～ 4 龄共 4 个年龄组组成，其中以 2 龄组比例最大，占 59.6%；其次为 3 龄组，占 35.0%；4 龄及以上个体数量急剧减少。

比较发现，不同研究时期高体近红鲌种群年龄均由 1 ～ 4 龄共 4 个年龄组构成。近年来，高龄个体在种群中的比例明显上升，这可能与赤水河全面禁渔之后种群有所恢复有关。

3.2.1.3　生长特征

1. 体长与鳞径关系

对 2016—2018 年 119 尾样本的体长与鳞径关系进行分析，结果表明，高体近红鲌的体长和鳞径呈线性相关，关系式为：$L=45.119R+45.133$（$R^2=0.823$，$n=119$）。

刘飞等（2011）对 2008 年赤水市江段高体近红鲌的体长与鳞径关系进行分析，结果表明，直线关系的相关系数最高。雌性和雄性的体长与鳞径关系分别为 $L=0.017R+0.07$（$R^2=0.930$，$n=275$）和 $L=0.017R+0.100$（$R^2=0.899$，$n=212$）。残差平方和检验表明，雌雄个体体长和鳞径的关系无显著性差异（$P > 0.05$），因此其关系可以用一个总的关系式表达为：$L=0.017R+0.08$（$R^2=0.931$，$n=487$）。

2. 退算体长

利用体长与鳞径关系式对 2016—2018 年采集样本的各龄体长进行退算，结果显示，1 ～ 3 龄的退算体长分别为：105.17mm、135.65mm、159.40mm（表 3-33）。

表 3-33　2016—2018 年赤水河高体近红鲌的实测体长和退算体长

年龄（龄）	样本量（尾）	实测平均体长（mm）	退算体长（mm）		
			L_1	L_2	L_3
1	26	116.23			
2	21	137.19	110.23		
3	65	151.63	109.45	133.56	
4	7	164.43	95.83	137.74	159.40
退算体长均值（mm）			105.17	135.65	159.40

刘飞（2011）对 2008 年采集样本的各龄体长进行了退算（表 3-34）。结果显示，1～4 龄的退算体长分别为 82.78mm、118.75mm、143.34mm 和 161.8mm。退算体长与实测体长无显著差异（t 检验，$P > 0.05$）。

表 3-34　2008 年赤水河高体近红鲌的实测体长和退算体长（刘飞等，2011）

年龄（龄）	样本量（尾）	实测平均体长（mm）	退算体长（mm）			
			L_1	L_2	L_3	L_4
1	9	97.89	95.65			
2	319	117.06	76.95	117.49		
3	192	137.12	80.27	119.79	136.3	
4	20	154.42	78.25	118.96	150.38	161.8
退算体长均值（mm）			82.78	118.75	143.34	161.8

比较发现，随着时间的推移，赤水河高体近红鲌各龄退算体长均有所增加。

3. 生长方程

根据 2016—2018 年采集样本的各龄退算体长，采用最小二乘法求得生长参数：L_∞=223.71mm；k=0.318/a；t_0=-1.849 龄；W_∞=124.52g。将各参数代入 von Bertalanfy 方程得到高体近红鲌体长和体重生长方程：L_t= 209.24[1-e$^{-0.318（t+1.849）}$]；W_t= 124.52[1-e$^{-0.318（t+1.849）}$]$^{3.090}$。

刘飞等（2011）根据 2008 年采集样本的各龄退算体长，采用最小二乘法求得生长参数：L_∞=217.38mm；k=0.287/a；t_0=-0.757 龄；W_∞=118.15g。将各参数代入 von Bertalanfy 方程得到高体近红鲌的体长和体重生长方程：L_t= 217.38 [1-e$^{-0.287（t+0.757）}$]；W_t= 118.15 [1-e$^{-0.287（t+0.757）}$]$^{2.810}$。

随着时间的推移，赤水河高体近红鲌的生长系数 k 值、极限体长和极限体重均略有上升。

4. 生长速度和加速度

2016—2018 年研究显示，高体近红鲌的体长生长曲线没有拐点，逐渐趋向于渐近体长；体重生长曲线则呈非对称的 S 形，在拐点年龄以前，体重生长呈加速趋势，在拐点处增长速度最大，而后生长速度逐渐下降并趋向于渐近体重（图 3-39）。

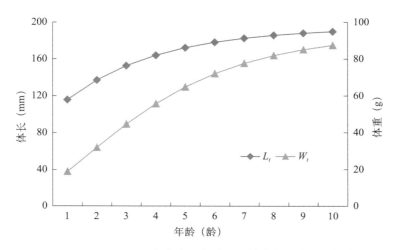

图 3-39　2016—2018 年赤水河高体近红鲌体长和体重生长曲线

对体长、体重生长方程求一阶导数和二阶导数，得到2016—2018年高体近红鲌的体长、体重生长速度和生长加速度方程。

$$dL/dt=71.14e^{-0.318(t+1.849)},$$
$$dW/dt=122.36e^{-0.318(t+1.849)}[1-e^{-0.318(t+1.849)}]^{2.090};$$
$$d^2L/dt^2=-22.62e^{-0.318(t+1.849)},$$
$$d^2W/dt^2=38.91e^{-0.318(t+1.849)}[1-e^{-0.318(t+1.849)}]^{1.090}[3.090e^{-0.318(t+1.849)}-1]。$$

高体近红鲌体长生长的速度和加速度都不具有拐点，生长速度随年龄增长呈递减趋势，并逐渐趋向于0。体长生长加速度逐渐递增，但加速度一直小于0，说明其体长生长速度出生时最高，年龄越大，其递减速度渐趋缓慢（图3-40）。

体重生长速度和生长加速度曲线均具有明显拐点。体重生长速度呈现先升后降的特点，当体重生长加速度为0时，体重生长速度达到最大值，此为体重生长拐点，拐点年龄为t_i=1.7龄，其后加速度小于0，进入种群体重增长速度递减阶段（图3-41）。拐点年龄所对应的个体体长和体重分别是：L_i=141.51mm，W_i=34.12g。

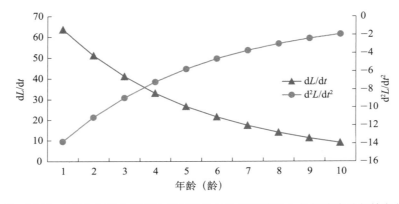

图3-40　2016—2018年赤水河高体近红鲌体长生长速度和生长加速度随年龄变化曲线

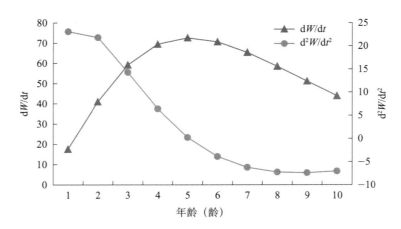

图3-41　2016—2018年赤水河高体近红鲌体重生长速度和生长加速度随年龄变化曲线

刘飞等（2011）根据赤水河高体近红鲌的生长方程，分别得到高体近红鲌体长、体重的生长速度和生长加速度方程如下。

$$dL/dt=62.32e^{-0.286\,7\,(t+0.757)},$$
$$dW/dt=93.78e^{-0.287\,(t+0.757)}[1-e^{-0.286\,7\,(t+0.757)}]^{1.810};$$
$$d^2L/dt^2=-17.87e^{-0.287\,(t+0.757)},$$
$$d^2W/dt^2=26.9e^{-0.287\,(t+0.757)}[1-e^{-0.287\,(t+0.757)}]^{0.810}[2.810e^{-0.287\,(t+0.757)}-1]。$$

生长曲线同样显示，高体近红鲌体长生长的速度和生长加速度都不具有拐点，生长速度随年龄增长呈递减趋势，并逐渐趋向于 0；体长生长加速度逐渐递增，但加速度一直小于 0，说明其体长生长速度在出生时最高，年龄越大，体长生长越慢。体重生长速度和加速度曲线均具明显拐点。拐点年龄 t_i=2.85 龄，该拐点年龄所对应的体长和体重分别是：L_i= 140.09mm，W_i= 33.67g。

比较发现，随着时间的推移，赤水河高体近红鲌的拐点年龄下降，但是对应的体长和体重变化不大（表 3-35）。

表 3-35　不同调查时期赤水河高体近红鲌生长参数比较

参数	2008 年	2016—2017 年
拐点年龄 t_i（龄）	2.85	1.70
拐点体长 L_i（mm）	140.09	141.51
拐点体重 W_i（g）	33.67	34.12
文献来源	刘飞等，2011	本研究

3.2.2　食性

3.2.2.1　食物组成

对 2011—2013 年采集的 40 个样本的食物种类进行了鉴定。结果显示，高体近红鲌主要摄食水生昆虫和软体动物，兼食少量藻类。

3.2.2.2　摄食强度

根据 2016—2018 年采集的 283 尾样本对赤水河对高体近红鲌的摄食强度及其季节变化进行了分析。结果显示，高体近红鲌年均空肠率为 40.9%，空肠率的最高值出现在 5 月，为 73.3%；最低值出现在 11 月，为 7.1%（图 3-42）。

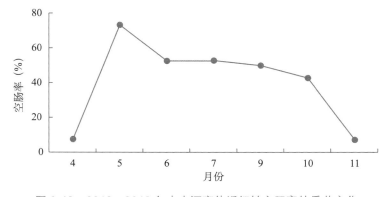

图 3-42　2016—2018 年赤水河高体近红鲌空肠率的季节变化

3.2.3 繁殖

3.2.3.1 副特征

在非生殖季节，高体近红鲌雌性个体和雄性个体在外部形态特征上没有差别。繁殖季节，性成熟的雄鱼在其头部及胸鳍 1 ～ 5 根鳍条上有许多白色珠星。体背部灰白色，体侧下部和腹部银白色，背鳍和尾鳍灰白色，其余各鳍为白色。

3.2.3.2 性比

2016—2018 年采集的 338 尾高体近红鲌样本中，雌性 201 尾，雄性 131 尾，性别不辨 6 尾，性比为 ♀ : ♂ = 1 : 0.65，雌性的比例显著高于雄性（X^2=14.76，$P < 0.05$）。通过对不同体长组雌雄性比的分析发现，体长小于 120mm 的区间内，雌雄两性个体数差不多；体长大于 120mm 的区间内，雌性个体占优势；体长大于 180mm 的区间内，几乎都是雌性（表 3-36）。这种在高龄时或大体长组基本都是雌性个体的现象，预示着雌性有更高的寿命或低死亡率。

表 3-36　2016—2018 年赤水河高体近红鲌不同体长组雌雄比例

体长范围（mm）	样本量（尾）	比例（%）		性别不辨（尾）
		雌性	雄性	
40 ～ 60	1	—	—	1
60 ～ 80	1	—	—	1
80 ～ 100	9	3	4	2
100 ～ 120	66	32	32	2
120 ～ 140	100	57	43	—
140 ～ 160	89	50	39	—
160 ～ 180	46	34	12	—
180 ～ 200	21	20	1	—
200 ～ 220	5	5	—	—
总体	338	—	—	—

刘飞等（2011）对 2008 年赤水市江段 487 尾高体近红鲌的性别进行了分析。其中 275 尾雌性，212 尾雄性，雌雄比例为 1 : 0.77，雌性的比例显著高于雄性（X^2=7.89，$P < 0.05$）。

3.2.3.3 繁殖时间

1. 性腺发育的时间规律

对 2016—2018 年高体近红鲌性腺发育的季节变化规律进行了分析。结果表明，高体近红鲌雌性和雄性的性腺发育均表现出一定的季节变化。雌性的性腺在 9—11 月几乎全部处于Ⅱ期，4 月性腺发育Ⅳ和Ⅴ期的个体开始出现，6—7 月出现Ⅵ期个体。雄性的性腺在 9—11 月基本处于性腺发育Ⅱ期，从 4 月开始Ⅲ、Ⅳ和Ⅴ期的个体开始大量出现（图 3-43）。

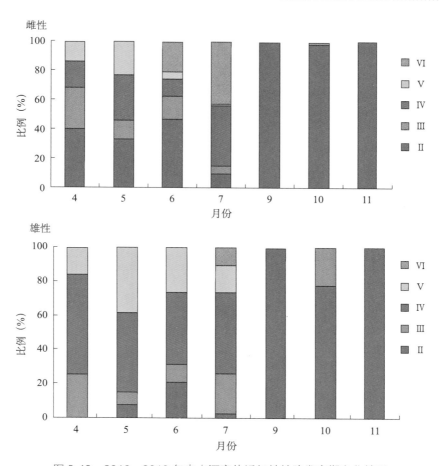

图 3-43　2016—2018 年赤水河高体近红鲌性腺发育期变化情况

刘飞等（2011）对 2008 年赤水市江段高体近红鲌性腺发育情况进行了研究。结果表明，雌性和雄性的Ⅳ期个体在 5—7 月均保持较高比例，6 月开始出现Ⅴ期个体并且其比例达到最大值，一直可延续到 8 月。雌性产后性腺（Ⅵ期）最早在 6 月出现，8 月达到最大值。8 月以后多数性腺已经完成了退化吸收过程，主要以Ⅱ期和Ⅲ期为主（表 3-37）。

表 3-37　2008 年赤水市江段高体近红鲌不同月性腺发育期比例（刘飞等，2011）

月份	♀（%）						♂（%）					
	Ⅱ	Ⅲ	Ⅳ	Ⅴ	Ⅵ	样本量（尾）	Ⅱ	Ⅲ	Ⅳ	Ⅴ	Ⅵ	样本量（尾）
5	10.00	56.67	23.33	0.00	0.00	30	0.00	22.22	77.78	0.00	0.00	9
6	11.76	17.65	23.43	41.18	5.88	17	6.82	9.09	75.00	9.09	0.00	44
7	3.47	16.07	37.50	37.50	5.38	56	8.82	17.65	67.65	5.88	0.00	68
8	34.78	20.29	0.00	26.64	20.29	69	34.29	48.57	17.14	0.00	0.00	35
9	83.68	9.38	0.00	0.00	6.25	32	92.00	8.00	0.00	0.00	0.00	25
10	71.74	28.26	0.00	0.00	0.00	46	83.33	16.67	0.00	0.00	0.00	18
11	100.00	0.00	0.00	0.00	0.00	25	100.00	0.00	0.00	0.00	0.00	12

2. 性体指数

鱼类的性体指数（GSI）的大小反映了性腺发育程度和鱼体能量资源在性腺和机体之间的分配比例的变化。对 2016—2018 年高体近红鲌性体指数进行的研究表明，高体近红鲌的性体指数的季节变化较为明显：4—7 月，性体指数明显较高；而 9—11 月性体指数相对较低；雌雄个体的平均性体指数最高值均出现在 5 月（图 3-44）。

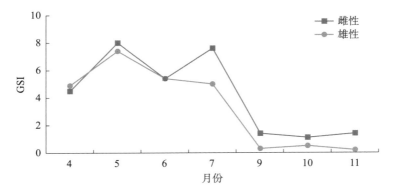

图 3-44　2016—2018 年赤水河高体近红鲌性体指数月变化

刘飞等（2011）对 2008 年赤水市江段高体近红鲌性体指数进行的研究也显示，5—8 月性体指数较高，其中以 6 月最高（图 3-45）。

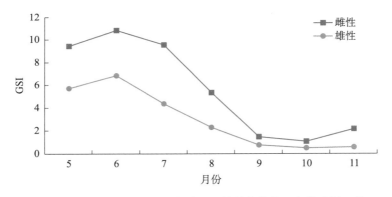

图 3-45　2008 年赤水河赤水市江段高体近红鲌性体指数月变化（刘飞等，2011）

综合性腺发育和性体指数的季节变化特征可以初步推断，高体近红鲌的繁殖期为 4—7 月，其中以 6—7 月为其繁殖盛期。

3.2.3.4　卵径

对 2016—2018 年 24 尾卵巢发育期为 IV 和 V 期的高体近红鲌的卵径进行了测量，卵径范围为 0.66～1.41mm，平均卵径为 1.15mm。从同一时期卵巢（IV 期）卵径的变化趋势看，卵径变化仅一个峰（图 3-46），卵巢中卵粒的发育基本同步。

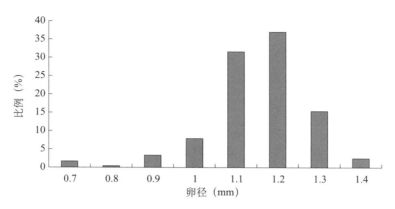

图 3-46　2016—2018 年赤水河高体近红鲌卵径分布

刘飞等（2011）对 2008 年赤水市江段 59 尾性腺发育至Ⅳ期的雌鱼的卵巢进行了观察，卵巢中已沉积卵黄的卵粒均已达到Ⅳ～Ⅴ时相，很少见到Ⅱ～Ⅲ时相的卵子，并且其卵径分布均匀，呈单峰型（图 3-47）。另外，在Ⅵ期卵巢也未见到任何Ⅳ期及其以上时相的卵子。

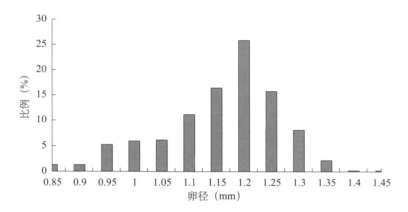

图 3-47　2008 年赤水市江段高体近红鲌Ⅳ期卵巢的卵径分布（刘飞等，2011）

上述研究均表明，高体近红鲌属于一次成熟、一次产卵类型鱼类。

3.2.3.5　初次性成熟大小

2016—2018 年研究表明，在性腺发育已达Ⅲ期及以上的个体中，雌、雄最小个体分别为：雌性体长 115mm，体重 23.9g，性体指数 4.0；雄性体长 108mm，体重 16.9g，性体指数 1.3；年龄均为 1 龄。

刘飞等（2011）研究表明，在性腺发育已达Ⅲ期及以上的个体中，雌、雄最小个体分别为：雌性体长 95mm，体重 14.9g，性体指数 10.4；雄性体长 93mm，体重 10.8g，性体指数 3.1；年龄均为 1 龄。

比较发现，随着时间的变化，高体近红鲌雌性和雄性最小性成熟个体的体长和体重均有所上升，但是年龄还是均为 1 龄。

3.2.3.6 怀卵量

对 2016—2018 年 24 尾性腺发育至 Ⅳ 和 Ⅴ 期的雌鱼的怀卵量进行了统计。结果显示，高体近红鲌的绝对怀卵量为 2 518.34 ～ 8 718.56 粒 / 尾，平均值为（5 269.88 ± 1 542.86）粒 / 尾；体重相对怀卵量为 84.71 ～ 201.34 粒 /g，平均值为（126.06 ± 30.63）粒 /g。

刘飞等（2011）对 2008 年赤水市江段 59 尾性腺发育至 Ⅳ 期的雌鱼的怀卵量进行了统计。结果显示，亲鱼体长 95 ～ 154mm，体重为 14.6 ～ 61.6g，年龄为 2 ～ 4 龄。绝对怀卵量为 950 ～ 8 655 粒 / 尾，平均值为（3 087.90 ± 1 602.15）粒 / 尾；体长相对怀卵量为 10.00 ～ 56.20 粒 /mm，平均值为（24.26 ± 10.16）粒 /mm；体重相对怀卵量为 66.08 ～ 197.67 粒 /g，平均值为（116.49 ± 32.05）粒 /g。个体绝对怀卵量和相对怀卵量均随年龄的增长而升高（表 3-38）。

表 3-38 2008 年赤水河赤水市江段高体近红鲌不同年龄组的怀卵量（刘飞等，2011）

年龄 （龄）	样本量 （尾）	绝对怀卵量 （粒 / 尾）	体长相对怀卵量 （粒 /mm）	体重相对怀卵量 （粒 /g）
2	50	2 710.34 ± 1 086.44	22.08 ± 7.54	112.91 ± 29.91
3	7	4 311.00 ± 1 820.97	31.50 ± 12.01	128.11 ± 38.96
4	2	8 246.00 ± 578.41	53.45 ± 3.76	165.31 ± 16.49

比较发现，随着时间的变化，高体近红鲌的绝对怀卵量有所上升，但是体重相对繁殖力变化不大，这可能与不同研究中所用亲鱼的大小有关。

3.2.4 种群动态

3.2.4.1 总死亡系数

采用变换体长渔获曲线法估算出 2016—2018 年赤水河高体近红鲌的总死亡系数 $Z=1.15/a$（图 3-48）。

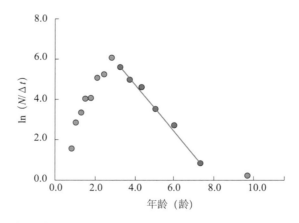

图 3-48 根据变换体长渔获曲线估算 2016—2018 年高体近红鲌总死亡系数

3.2.4.2　自然死亡系数

自然死亡系数（M）采用 Pauly's 经验公式估算，参数如下：栖息地年平均水温 $T \approx 19.2℃$（2016—2017 年实地调查数据），$L_{\infty} = 19.42cm$，$k = 0.32/a$，代入公式估算得 2016—2018 年赤水河高体近红鲌的自然死亡系数 $M = 0.80/a$。

3.2.4.3　捕捞死亡系数

捕捞死亡系数（F）为总死亡系数（Z）与自然死亡系数（M）之差，即 $F=1.15/a - 0.80/a=0.35/a$。

3.2.4.4　开发率

通过上述变换体长渔获曲线估算出的总死亡系数（Z）及捕捞死亡系数（F）得 2016—2018 年赤水河高体近红鲌的开发率为 $E_{cur} = F/Z = 0.30$。

3.2.4.5　资源量

实际种群分析结果显示，在当前渔业形势下高体近红鲌体长超过 105mm 时捕捞死亡系数明显增加，种群被捕捞的概率明显增大。渔业资源种群主要分布在 110 ～ 150mm。体长大于 115mm 的种群捕捞死亡系数都较大（图 3-49）。

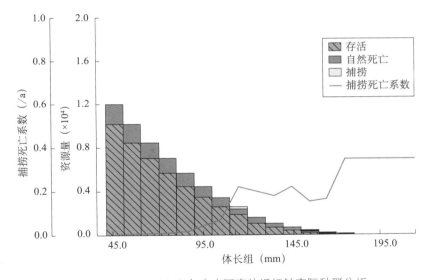

图 3-49　2016—2018 年赤水河高体近红鲌实际种群分析

3.2.4.6　资源动态

经变换体长渔获曲线分析，当前赤水河高体近红鲌补充体长为 125mm，开捕体长与补充体长趋于一致，因此认为赤水河高体近红鲌当前开捕体长 $L_c=125mm$。采用 Beverton-Holt 动态综合模型分析，由相对单位补充量渔获量（Y'/R）与开发率（E）关系作图估算出理论开发率 $E_{max} = 0.821$，$E_{0.1} = 0.707$，$E_{0.5} = 0.404$（图 3-50），而当前开发率 $E_{cur} = 0.35$，低于理论最佳开发率，未处于过度捕捞状态。

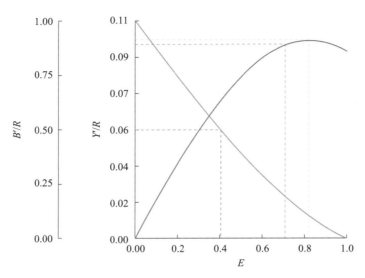

图 3-50 　开捕体长 L_c=125mm 时高体近红鲌相对单位补充量渔获量（Y'/R）和相对单位补充量生物量（B'/R）与开发率（E）的关系（E_{max}=0.821，$E_{0.1}$=0.707，$E_{0.5}$=0.404）

3.2.5　遗传多样性

3.2.5.1　线粒体 DNA 遗传多样性

对 2011—2013 年赤水河赤水市、大同镇和合江县 3 个江段共 28 尾高体近红鲌的 Cyt b 基因序列进行了分析，采用 SeqMan 拼接、MegAlign 比对、Seview 手工校对去除首尾不可信位点后得到 Cyt b 基因序列片段长 1 033bp，片段中 T、C、A、G 的平均含量分别为 28.6%、28.9%、27.9% 和 14.6%，A+T 的含量（56.5%）大于 G+C 的含量（43.5%）。在 Cyt b 基因序列片段中共发现 34 个变异位点，占分析位点总数的 3.29%，其中 33 个为简约信息位点，1 个为单一突变位点。3 个群体中，合江县江段群体的变异位点数最少，为 31 个，大同镇江段和赤水市江段的变异位点数相同，均为 33 个。

所有 28 个样本的 Cyt b 基因序列共识别出 7 个单倍型，单倍型多样性指数（Hd）为 0.688，核苷酸多样性指数（Pi）为 0.009 61。大同镇江段的单倍型多样性指数及核苷酸多样性指数均最高，10 个个体含有 6 个单倍型，单倍型多样性指数为 0.844，核苷酸多样性指数为 0.011 34；单倍型多样性指数以合江县江段最低，11 个个体仅含有 4 个单倍型，单倍型多样性指数为 0.600，但其核苷酸多样性指数为中间水平，为 0.009 89；赤水市江段 7 个个体含有 4 个单倍型，单倍型多样性指数为 0.714，核苷酸多样性指数为 0.009 36（表 3-39）。

表 3-39 　基于线粒体 DNA Cyt b 基因的 2011—2013 年赤水河高体近红鲌遗传多样性

群体	样本量（尾）	单倍型个数	变异位点数	单倍型多样性	核苷酸多样性
合江县	11	4	31	0.600	0.009 89
大同镇	10	6	33	0.844	0.011 34
赤水市	7	4	33	0.714	0.009 36
合计	28	7	34	0.688	0.009 61

采用 Mega 软件的 Kimura-2 模型对不同江段高体近红鲌的遗传距离进行分析。结果表明，不同江段的遗传距离较小，变异范围为 0.009 ～ 0.010。群体内的平均遗传距离大于群体间的平均遗传距离，其中大同镇江段群体内的最大，为 0.012（表 3-40）。

表 3-40 基于线粒体 DNA Cyt *b* 基因的 2011—2013 年赤水河高体近红鲌各地理群体间及群体内遗传距离

群体	合江县	大同镇	各群体内平均遗传距离
合江县			0.010
大同镇	0.010		0.012
赤水市	0.009	0.009	0.010

使用 Arlequin v3.1 对高体近红鲌各年龄群体两两间遗传分化系数（F_{ST}）分析结果表明，各江段群体间的遗传差异不存在显著分化（$P > 0.05$）（表 3-41）。

表 3-41 基于线粒体 DNA Cyt *b* 基因的 2011—2013 年赤水河高体近红鲌各地理群体间的遗传分化系数

群体	合江县	大同镇	赤水市
合江县		0.711 71	0.522 52
大同镇	-0.094 06		0.972 97
赤水市	-0.108 96	-0.122 96	

注：对角线下为群体间的遗传分化系数（F_{ST}），对角线上为 P 值。

对 2016—2018 年赤水市和合江县 107 尾高体近红鲌的线粒体 Cyt *b* 基因序列进行了分析，比对后得到序列长度为 1 141bp。序列中无碱基的短缺或插入。107 条序列检测到 42 个变异位点，其中简约信息位点 37 个。所有 Cyt *b* 基因序列的转换和颠换均未达饱和，转换数明显大于颠换数，其比值为 14.55。转换易在鱼类的近亲种间较频繁地发生，而颠换则在较远缘种间逐渐明显，同种鱼类间，转换往往在数量上远超过颠换。107 个样本的平均碱基组成：A 的含量为 28.9%，T 的含量为 27.4%，C 的含量为 28.7%，G 的含量为 14.9。A+T 的含量为 56.3%，G+C 的含量为 43.6%。G 的含量最低，尤其是在密码子的第二位（13.2%）和第三位（5.7%）更加明显。碱基组成表现出明显的偏倚。

赤水市江段高体近红鲌的单倍型多样性（Hd）和核苷酸多样性（Pi）分别为 0.716 和 0.007 80；合江县江段高体近红鲌的单倍型多样性（Hd）和核苷酸多样性（Pi）分别为 0.608 和 0.003 89；整体单倍型多样性（Hd）和核苷酸多样性（Pi）分别为 0.665 和 0.006 04（表 3-42）。

表 3-42 2016—2018 年赤水河高体近红鲌各群体线粒体 Cyt *b* 遗传多样性分析

群体	样本量（尾）	单倍型数	多态位点数	单倍型多样性	核苷酸多样性
赤水市	57	13	39	0.716 ± 0.059	0.007 80 ± 0.001 73
合江县	50	12	39	0.608 ± 0.079	0.003 89 ± 0.001 53
合计	107	16	42	0.665 ± 0.049	0.006 04 ± 0.001 23

107 条序列检测到 16 种单倍型。赤水市江段 57 条序列检测到 13 个单倍型，合江县江段 50 条序列检测到 12 个单倍型。每种单倍型在两个江段中的分布见表 3-43。

表 3-43　基于 Cyt b 序列的 2016—2018 年赤水河高体近红鲌单倍型在各江段中的分布

单倍型	数目	赤水市	合江县
Hap1	60	29	31
Hap2	4	2	2
Hap3	2	1	1
Hap4	14	9	5
Hap5	2	1	1
Hap6	1	1	
Hap7	3	2	1
Hap8	1	1	
Hap9	6	4	2
Hap10	4	1	3
Hap11	2	2	
Hap12	4	3	1
Hap13	1	1	
Hap14	1		1
Hap15	1		1
Hap16	1		1

以黑尾近红鲌（*Ancherythroculter nigrocauda*）、蒙古鲌（*Culter mongolicus*）、翘嘴鲌（*Erythroculter ilishaeformis*）和鳘（*Hemiculter leucisulus*）为外类群，利用邻接法（NJ）构建单倍型系统发育树。结果显示，各单倍型形成两个明显的谱系（图 3-51）。

采用 Mega 软件的 Kimura-2 模型对地理群体间的遗传距离进行分析。结果表明两个地理群体间的遗传距离为 0.006 13。而赤水市群体内的遗传距离为 0.007 992，合江县群体内的遗传距离为 0.003 969。可见，高体近红鲌群体内的遗传距离较大。

使用 Arlequin v3.1 对高体近红鲌各地理群体两两间遗传分化系数（F_{ST}）分析结果表明，赤水市群体和合江县群体之间不存在显著分化（F_{ST} = 0.022 81，$P > 0.05$）。

对两个地理群体的所有高体近红鲌个体进行 Tajima's D 与 Fu's Fs 值的中性检验，结果表明，赤水市群体的 Tajima's D 值与 Fu's Fs 值均为正值，合江县群体的 Tajima's D 值为负值，且达到显著水平，但 Fu's Fs 值为正值，表明高体近红鲌种群没有扩张的迹象（表 3-44）。

表 3-44　高体近红鲌赤水市和合江县地理群体的 Tajima's D 与 Fu's Fs 检验结果

群体	数量	Tajima's D	Fu's Fs
赤水市	57	0.174 65	3.454 88
合江县	50	−1.667 45*	0.009 9

注：* 表示差异显著（$P < 0.05$）。

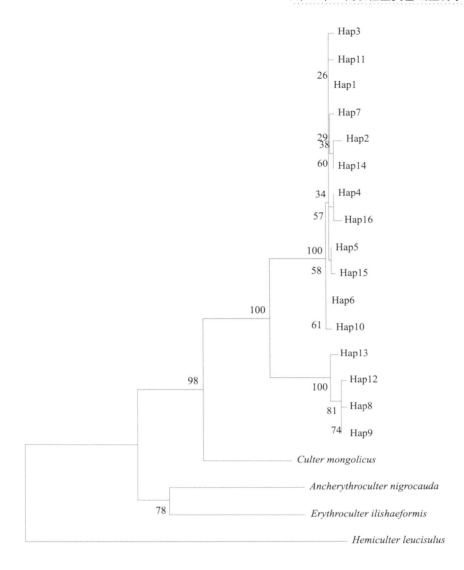

图 3-51　基于 Cyt *b* 序列构建的高体近红鲌单倍型 NJ 树

比较发现，赤水河高体近红鲌的单倍型多样性没有发生明显的年际变化，但核苷酸多样性明显下降（表 3-45）。

表 3-45　高体近红鲌遗传多样性年际变化比较

时间	总体		合江县		赤水市	
	Hd	Pi	Hd	Pi	Hd	Pi
2011—2013 年	0.688	0.009 61	0.600	0.009 89	0.714	0.009 36
2016—2018 年	0.665	0.006 04	0.608	0.003 89	0.716	0.007 80

3.2.5.2 微卫星 DNA 遗传多样性

利用 23 对多态性微卫星引物对 2011—2013 年采集于赤水市江段的 30 尾高体近红鲌的微卫星遗传多样性进行了分析，其中引物 Ak128 表现出明显的多态性。经软件 PopGen32 计算，每个微卫星座位检测到的等位基因数为 8 ～ 25 个，平均等位基因数为 15.8 个，观测杂合度为 0.363 64 ～ 1.000 00，平均 0.915 10；期望杂合度水平 0.725 42 ～ 0.958 44，平均 0.893 3。哈迪–温伯格平衡偏离指数（ d ）依次为 −0.610 9 ～ 0.378 5（表 3-46）。

表 3-46　高体近红鲌多态性微卫星引物信息及遗传多样性分析

位点	引物序列	重复序列	片段大小（bp）	退火温度（℃）	等位基因数（个）	观测杂合度	期望杂合度	哈迪 - 温伯格平衡偏离指数
Ak1	TCATGCAAAC TCCAGGATCA	（AG）₁₂	228 ～ 307	51	9	0.966 67	0.811 86	0.190 7
	ATACCATCCAA CTCGCCAAA							
Ak4	TACACCGTCTG TCCCAAACA	（AC）₁₄	180 ～ 238	51	21	1.000 00	0.924 29	0.081 9
	AATGAACATTG CTGCGTCTG							
Ak8	TGTTCCAGAAG TTTCATGTTCC	（GT）₈（TG）₆	116 ～ 158	52	8	1.000 00	0.725 42	0.378 5
	TCACGATGTTC TCCTCCTCA							
Ak19	TCCACCATGAT ATGAATGCAC	（AC）₁₆	160 ～ 201	49	11	1.000 00	0.876 74	0.140 6
	TCCAAATACAA TGGCACCAA							
Ak37	GGACATTGAAC CTCCAGGAA	（AC）₂₂	201 ～ 240	53	12	0.800 00	0.877 97	−0.088 8
	AGCCTGGACAG ACCCTTTTT							
Ak40	AGATCCACCAA GAGCCTGAA	（AGAC）₄ （AGAT）₄	236 ～ 309	53	14	0.833 33	0.862 15	−0.033 4
	GCATTATGTTC ACGCACCAC	（ACAG）₃						
Ak47	TGCAGAGATGC AGCAAAAGT	（TC）₆（AC）₂₂	136 ～ 184	51	19	1.000 00	0.931 64	0.073 4
	GCCATGAAAGA CCACGAATC	（CA）₁₀						
Ak55	AGGAATTTTCC ACCTGAGCA	（TC）₇	160 ～ 234	51	12	1.000 00	0.822 78	0.215 4
	TTGGAGGCGGA TAACATCTC							

位点	引物序列	重复序列	片段大小（bp）	退火温度（℃）	等位基因数（个）	观测杂合度	期望杂合度	哈迪 - 温伯格平衡偏离指数
Ak58	TTTGGCTTTCTGAAACTGGAA	（TG）$_{22}$	102～132	49	14	1.000 00	0.907 91	0.101 4
	GCCTCAGTCCGACTATCTGC							
Ak65	GTGGAAACACTCTCGGCACT	（AC）$_{16}$	246～374	51	17	1.000 00	0.917 51	0.089 9
	CAGTGGAAATCCCAACAAAGA							
Ak67	TCACAATGAACAATGCAAGTCA	（GT）$_{24}$（GTGC）$_3$	110～180	50	12	1.000 00	0.832 20	0.201 6
	ACTTACGGCGACCCAGTGT							
Ak71	TTTAGGGGGTATTGAAACACAA	（TATC）$_6$（ATCT）$_{14}$	201～238	50	15	0.363 64	0.934 46	−0.610 9
	TCCTGAGTAAAACACATGAACACA	（ATCT）$_{14}$						
Ak75	GGGTGGCATCTGCTTTTCTA	（GCA）$_5$（CA）$_{14}$	162～208	52	18	1.000 00	0.879 10	0.137 5
	GCACGCACATGTGTTTACG							
Ak81	TTGGTGCCAGTTCATTTGAC	（TG）$_{19}$	184～240	51	22	1.000 00	0.952 21	0.050 2
	CCTGGTGCAAGGAGATCTGT							
Ak95	CCCTCAGAACCACACATTGA	（AC）$_{12}$	176～240	51	18	1.000 00	0.925 99	0.079 9
	GCTGCCAAAGTCATTGGATT							
Ak122	CCAGCATTCCCAAAACATCT	（AC）$_{12}$	217～280	51	18	0.862 07	0.948 85	−0.091 5
	GCTCAGGATTCCTTGTGTTCA							
Ak127	CAGCTCCTCACAGGTCACAG	（CA）$_{10}$	140～204	51	25	0.928 57	0.958 44	−0.031 2
	TCAAACCTCATCACCTCATCA							
Ak128	GTGAAAACGTCATCCATCCA	（CATC）$_{11}$	102～147	51	15	0.833 33	0.910 17	−0.084 4
	TGGCTCTGAGTCAATTCAAAAG							

位点	引物序列	重复序列	片段大小（bp）	退火温度（℃）	等位基因数（个）	观测杂合度	期望杂合度	哈迪-温伯格平衡偏离指数
Ak131	TGAAGGATTCA CACGGATCA	（GAA）$_5$	215～242	51	9	0.793 10	0.837 87	−0.053 4
	GCTCCATCAAC ACCACACAC							
Ak132	GCAGCTCCCAG ATGAGTTTT	（CA）$_{20}$	180～240	51	23	1.000 00	0.944 16	0.059 1
	ACAGGATCCAA ACATGCACA							
Ak138	GTCCGCAAAAG GTGTCTGTT	（GT）$_{19}$	164～201	53	19	1.000 00	0.919 21	0.087 9
	ACGCACTGTGC TGCTTACTC							
Ak140	GAGCCACTTTC GGTCCATTA	（AG）$_{13}$	125～180	51	17	1.000 00	0.916 95	0.090 6
	CACGCAAAGCT GATTCATGT							
Ak145	AAGTTGACGCT GAAGGGATG	（TATC）$_{10}$	160～201	49	17	0.666 67	0.928 25	−0.281 8
	TGCATGCATAA ATATTACACAA TCT							
平均值					15.8	0.915 10	0.893 30	

挑选 10 对多态性微卫星引物对合江县、赤水市和大同镇 3 个地理群体进行了分析。结果显示，每个微卫星座位检测到的等位基因为 14～30 个，平均等位基因数为 22.1 个，观测杂合度 0.982 8～1.000 0，平均 0.996 6；期望杂合度 0.854 0～0.937 7，平均 0.910 6。10 个位点全部符合哈迪-温伯格平衡。近交系数 −0.170 9～−0.050 5，平均 −0.095 4。3 个地理群体的等位基因数（A）、期望杂合度（H_E）、观测杂合度（H_O）和近交系数（F_{IS}）值无明显差异，说明遗传多样性基本处于同一水平（表 3-47）。

表 3-47　2011—2013 年合江县、赤水市和大同镇高体近红鲌群体的遗传多样性

群体	微卫星位点										平均值
合江县	AK4	AK47	AK58	AK65	AK75	AK81	AK95	AK132	AK138	AK140	
A	11	14	14	7	4	11	9	15	11	4	10.0
H_O	1.000 0	1.000 0	1.000 0	1.000 0	1.000 0	1.000 0	1.000 0	1.000 0	1.000 0	1.000 0	1.000 0
H_E	0.869 1	0.886 7	0.910 2	0.817 8	0.648 4	0.857 4	0.862 2	0.902 3	0.867 2	0.652 3	0.827 4
F_{IS}	−0.150 6	−0.127 8	−0.098 7	−0.222 8	−0.542 2	−0.166 3	−0.159 8	−0.108 2	−0.153 2	−0.532 9	−0.226 3
赤水市	AK4	AK47	AK58	AK65	AK75	AK81	AK95	AK132	AK138	AK140	

群体	微卫星位点										平均值
A	10	16	9	9	10	11	8	11	11	6	10.1
H_O	1.000 0	1.000 0	1.000 0	1.000 0	1.000 0	1.000 0	1.000 0	1.000 0	1.000 0	1.000 0	1.000 0
H_E	0.862 2	0.882 8	0.851 1	0.860 9	0.866 9	0.868 1	0.854 6	0.880 1	0.867 2	0.770 4	0.856 4
F_{IS}	−0.159 8	−0.132 7	−0.174 9	−0.161 5	−0.153 6	−0.152 0	−0.170 1	−0.136 2	−0.153 2	−0.298 0	−0.169 2
大同镇	AK4	AK47	AK58	AK65	AK75	AK81	AK95	AK132	AK138	AK140	
A	12	17	13	11	8	13	17	17	13	9	13.0
H_O	1.000 0	1.000 0	1.000 0	1.000 0	1.000 0	0.966 7	0.966 7	1.000 0	1.000 0	1.000 0	0.993 3
H_E	0.865 6	0.874 4	0.883 3	0.855 6	0.803 3	0.887 8	0.900 6	0.828 2	0.854 4	0.768 3	0.852 2
F_{IS}	−0.155 3	−0.143 6	−0.132 1	−0.168 8	−0.244 8	−0.088 9	−0.073 4	−0.207 5	−0.170 4	−0.301 5	−0.168 6
总计	AK4	AK47	AK58	AK65	AK75	AK81	AK95	AK132	AK138	AK140	
A	24	30	22	22	14	23	25	29	17	15	22.1
H_O	1.000 0	1.000 0	1.000 0	1.000 0	1.000 0	0.982 8	0.983 1	1.000 0	1.000 0	1.000 0	0.996 6
H_E	0.923 9	0.937 7	0.917 2	0.908 7	0.882 5	0.935 5	0.929 2	0.918 4	0.898 5	0.854 0	0.910 6
F_{IS}	−0.082 3	−0.066 4	−0.090 2	−0.100 4	−0.133 1	−0.050 5	−0.058 0	−0.088 8	−0.112 9	−0.170 9	−0.095 4

使用 Arlequin 软件对 3 个地理群体间的 F_{ST} 值进行计算。结果显示，不同地理群体之间存在显著遗传分化（$P < 0.01$）。其中赤水市和大同镇群体间的分化系数最大，为 0.078 90（表 3-48）。

表 3-48　2011—2013 年不同江段高体近红鲌群体的遗传分化

群体	合江县	赤水市	大同镇
合江县		**	**
赤水市	0.064 82		**
大同镇	0.067 76	0.078 90	

注：** 表示 $P < 0.01$。

根据 Cyt b 的结果，将 2016—2018 年赤水市高体近红鲌两个谱系分成两个组，含有个体较多的谱系为第一组（GT1），个体较少的谱系为第二组（GT2）。GT1 使用了 32 个个体，GT2 样本有限，使用了 16 个个体。

共计采用了 20 对微卫星引物，平均多态信息含量（PIC）在 0.465 ~ 0.929 之间，均能检测到多态性。2 个群体的平均观测等位基因数分别为 11.1 和 10，平均有效等位基因数分别为 6.346 1 和 6.665 3，平均观测杂合度（H_O）分别为 0.630 8 和 0.635 4，平均期望杂合度（H_E）分别为 0.828 0 和 0.842 1（表 3-49）。

AK040、AK055、AK057、AK075、AK113 和 AK132 这 6 个位点在 GT1 群体中偏离哈迪 - 温伯格平衡（$P < 0.05$），而 AK055、AK076、AK128、AK132 这 4 个位点在 GT2 群体中偏离哈迪 - 温伯格平衡（$P < 0.05$）。

表 3-49　高体近红鲌 20 个微卫星位点在两个遗传谱系的遗传信息

群体	座位	样本量	观测等位基因数（A）	有效等位基因数（A_e）	观测杂合度（H_O）	期望杂合度（H_E）	哈迪-温伯格平衡偏离指数（d）	多态信息含量（PIC）
GT1	AK001	64	7	2.553 6	0.531 2	0.618 1	0.001 15	0.580
	AK004	64	16	9.022	0.812 5	0.903 3	0.001 11	0.880
	AK007	64	16	7.907 3	0.843 8	0.887 4	0.001 08	0.863
	AK032	64	11	5.375 3	0.812 5	0.826 9	0.047 93	0.795
	AK037	64	12	7.340 5	0.75	0.877 5	0.112 16	0.850
	AK040	64	7	3.512 9	0.5	0.726 7	< 0.001	0.684
	AK055	64	10	6.131 7	0.218 8	0.850 2	< 0.001	0.818
	AK057	64	13	8.827 6	0.593 8	0.900 8	< 0.001	0.876
	AK065	64	14	8.359 2	0.75	0.894 3	0.013 02	0.870
	AK067	64	6	3.512 9	0.562 5	0.726 7	0.058 69	0.668
	AK075	64	10	7.211 3	0.593 8	0.875 0	< 0.001	0.846
	AK076	64	18	9.706 2	0.656 2	0.911 2	0.001 58	0.890
	AK095	64	14	3.730 4	0.531 2	0.743 6	0.001 02	0.715
	AK113	64	13	8	0.5	0.888 9	< 0.001	0.862
	AK122	64	7	3.567 9	0.593 8	0.731 2	0.005 43	0.673
	AK128	64	8	4.461 9	0.906 2	0.788 2	0.728 11	0.744
	AK127	62	7	3.906 5	0.709 7	0.756 2	0.070 1	0.716
	AK132	62	14	9.856 4	0.258 1	0.913 3	< 0.001	0.890
	AK138	64	10	7.288 3	0.75	0.876 5	0.312 16	0.848
	AK145	62	9	6.650 5	0.741 9	0.863 6	0.034 88	0.832
平均值		64	11.1	6.346 1	0.630 8	0.828 0		0.795
标准误差			3.552 6	2.343 7	0.180 7	0.083 8		
GT2	AK001	32	9	6.649 4	0.562 5	0.877 0	0.007 15	0.831
	AK004	32	10	6.095 2	0.5	0.862 9	0.002 96	0.820
	AK007	32	16	10.449	0.75	0.933 5	0.017 84	0.897
	AK032	32	9	6.826 7	0.75	0.881 0	0.256 64	0.837
	AK037	32	10	8.393 4	0.75	0.909 3	0.179 93	0.869
	AK040	32	13	7.420 3	0.687 5	0.893 1	0.008 78	0.853
	AK055	30	7	4.545 5	0.2	0.806 9	< 0.001	0.752
	AK057	32	13	9.846 2	0.812 5	0.927 4	0.162 02	0.890
	AK065	32	6	3.580 4	0.562 5	0.744 0	0.040 22	0.682

群体	座位	样本量	观测等位基因数（A）	有效等位基因数（A_e）	观测杂合度（H_O）	期望杂合度（H_E）	哈迪 - 温伯格平衡偏离指数（d）	多态信息含量（PIC）
GT2	AK067	32	7	4.339	0.562 5	0.794 4	0.084 24	0.736
	AK075	32	7	3.710 1	0.437 5	0.754 0	0.009 32	0.688
	AK076	30	18	15	0.6	0.965 5	< 0.001	0.929
	AK095	32	6	3.820 9	0.437 5	0.762 1	0.005 93	0.708
	AK113	32	12	6.918 9	0.812 5	0.883 1	0.214 54	0.840
	AK122	30	4	2.284 3	0.533 3	0.581 6	0.790 31	0.465
	AK128	32	7	5.12	0.625	0.830 6	< 0.001	0.777
	AK127	32	10	3.436 2	0.75	0.731 9	0.951 97	0.687
	AK132	32	15	10.24	0.562 5	0.931 5	< 0.001	0.895
	AK138	32	9	5.953 3	0.812 5	0.858 9	0.540 61	0.812
	AK145	32	12	8.678	1	0.913 3	0.159 58	0.874
平均值		32	10	6.665 3	0.635 4	0.842 1		0.792 1
标准误差			3.685	3.107 4	0.177 9	0.092 8		

使用 Arlequin v3.1 对两个谱系的高体近红鲌进行分子方差变异分析（AMOVA）。根据分析结果可知，两群体之间的遗传分化系数为 F_{ST}=0.070 41（P =0），有显著性的中度分化（表 3-50）。

表 3-50　2016—2018 年两个谱系的高体近红鲌的分子方差变异分析

变异来源	平方和	变异分量	变异百分比（%）
群体间	37.132	0.634 10	7.041 26
群体内个体间	475.782	2.044 87	22.707 07
个体间	302.000	6.326 46	70.251 67
总计	814.914	9.005 43	

2011—2013 年赤水市江段高体近红鲌的平均观测杂合度 H_O 和平均期望杂合度 H_E 分别为 0.990 6 和 0.910 6，而 2016—2018 年赤水市江段高体近红鲌的平均观测杂合度 H_O 和平均期望杂合度 H_E 分别为 0.633 1 和 0.835 1。相比之下，平均期望杂合度没有明显的变化，而平均观测杂合度明显下降。

3.2.6　小结

高体近红鲌是一种仅分布于长江上游的特有鱼类，历史上曾广泛分布于长江上游干流、岷江、沱江、嘉陵江、乌江和金沙江等水系（丁瑞华，1994）。野外调查表明，高体近红鲌目前仅在赤水河维持有一定的群体规模，其他江段或支流较为少见。

本研究根据 2011—2012 年和 2016—2018 年在赤水河采集的样本，对高体近红鲌的基础生物学特征与遗传多样性及其变化特征进行了研究。结果显示，近年来赤水河高体近红鲌种群中高龄个体的比例明显上升，并且退算体长、生长系数 k 值、极限体长和极限体重等均有所上升，这可能与赤水河全面禁渔之后其种群得以恢复有关。

（翟东东、刘春池）

3.3 半䱗

半䱗（*Hemiculterella sauvagei* Warpachowsky）隶属于鲤形目（Cypriniformes）鲤科（Cyprinidae）鲌亚科（Cultrinae）半䱗属（*Hemiculterella*），俗称蓝片子、䱗条或蓝刀皮，是一种适应流水生活的长江上游特有鱼类，历史上曾广泛分布于长江上游干流、沱江、岷江、嘉陵江、青衣江和大渡河等水系。受水工程建设等人类活动影响，目前长江上游半䱗的种群数量明显下降，仅在赤水河等支流维持有较大的种群规模。

体长形，侧扁，背部较平直，腹部在腹鳍后具腹棱。头中大，侧扁，头背平直，头长一般大于体高。吻稍尖，吻长稍大于眼径。口端位，口裂斜，上下颌等长，上颌骨末端伸达鼻孔后缘的下方；下颌中央具一小突起，与上颌中央缺刻相吻合。眼中大，侧位，眼后缘至吻端的距离约等于眼后头长。眼间宽，稍凸；眼间距稍大于眼径。鳞片中大。侧线自头后向下倾斜，至胸鳍后端弯折而与腹部平行，至臀鳍基后方又折而向上，深入尾柄正中（图 3-52）。

图 3-52　半䱗活体照（吴金明　拍摄）

目前，对于半䱗的基础生物学特征已经开展了一些研究。例如，王芊芊（2008）对半䱗的早期发育进行了观察，对半䱗早期发育的特点进行总结，并指出其胚胎发育和䱗非常相似；王俊等（2012）以鳞片为年龄的鉴定材料，对赤水河半䱗的年龄结构与生长特征进行了研究；Wang（2014）对赤水河半䱗的繁殖生物学进行了研究，包括体长与体重关系、性比、繁殖期、初次性成熟大小以及繁殖力等；He（2015）对半䱗线粒体全基因序列进行了测定。

本研究根据 2011—2013 年和 2015—2018 年赤水河流域采集的样本，对半䱗的基础生物学特征，包括年龄与生长、食性、繁殖、种群动态和遗传多样性等进行了研究，旨在为本种资源保护提供数据支撑。

3.3.1　年龄与生长

3.3.1.1　体长与体重

1. 体长与体重结构

2011—2013 年在赤水河中上游的赤水市、土城镇、太平镇、茅台镇和清池镇等江段采集半𩾃706 尾。样本体长范围为 57 ~ 145mm，平均体长为 101.6mm；绝大部分个体体长在 90 ~ 120mm 之间，占总样本量的 69.8%；体长大于 120mm 的个体比例较低，仅占总样本量的 11.2%（图 3-53）。体重范围为 1.5 ~ 39.1g，平均体重为 15.1g，其中以 5 ~ 25g 为优势体重范围，占总样本量的 86.1%；大于 25g 的个体仅占总样本量的 8.1%（图 3-54）。

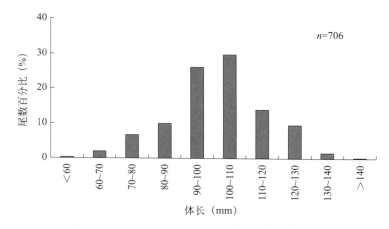

图 3-53　2011—2013 年赤水河半𩾃的体长分布

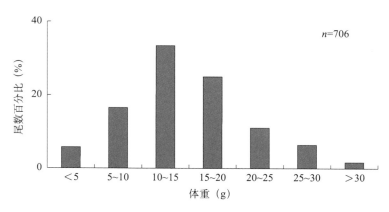

图 3-54　2011—2013 年赤水河半𩾃的体重分布

2015—2018 年在赤水市、大同镇、太平镇、茅台镇和清池镇等江段采集半𩾃321 尾。样本体长范围为 36 ~ 202mm，其中优势体长范围为 80 ~ 120mm，占总样本量的 61.0%，体长在 120mm 以上的个体比例较低（图 3-55）；体重范围为 0.3 ~ 147.6g，大部分个体的体重在 20g 以下，占总样本量的 53.0%（图 3-56）。

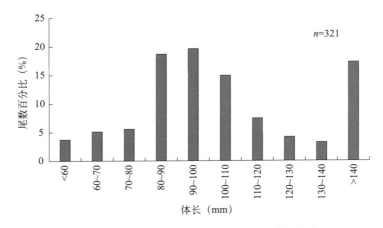

图 3-55　2015—2018 年赤水河半𰀁的体长分布

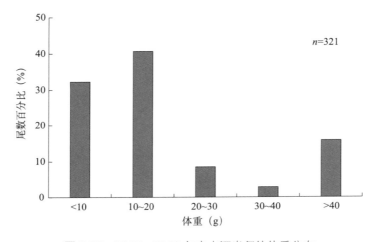

图 3-56　2015—2018 年赤水河半𰀁的体重分布

比较发现，随着时间的推移，赤水河半𰀁种群中大个体的比例明显增加。

2. 体长与体重关系

对 2011—2013 年 706 尾半𰀁中可辨别性别的 695 尾样本的体长与体重关系进行分析，结果表明，幂函数关系相关程度最高，表达式为：

雌性，$W=3 \times 10^{-5} L^{2.818}$（$R^2=0.836$，$n=423$），

雄性，$W=1 \times 10^{-5} L^{3.009}$（$R^2=0.868$，$n=272$）。

经残差平方和检验，雌雄个体间无显著差异（$P > 0.05$），因此半𰀁种群体长和体重的关系可以用一个总的关系式表达：

$W=2 \times 10^{-5} L^{2.928}$（$R^2=0.881$，$n=695$）。

t 检验显示，b 值与 3 之间无显著性差异（$P > 0.05$）。

对 2015—2018 年采集的 321 尾半𰀁作体长与体重关系散点图分析，结果显示其

体长与体重关系可以用一个总的关系式表达：

　　$W=3 \times 10^{-5} L^{2.781\,5}$（$R^2$=0.893，$n$=321）。

　　t 检验显示，b 值与 3 之间无显著性差异（$P > 0.05$）。

　　综上所述，半䱻的生长符合匀速生长类型，可用 Von Bertalanffy 生长方程描述生长特性。

3.3.1.2　年龄

　1. 年轮特征

　　半䱻的鳞片为圆鳞，中等大，较薄且易脱落。鳞片的形状为椭圆形或近菱形［图 3-57（a）］，鳞焦基位（即环片的中心）位于前区。前后区环片突出呈半弧形，后区被辐射的放射沟所截断，形成一圈圈间断的瘤状突起。在光学显微镜下鉴定年龄，可以清晰发现环片排列的密带和疏带，密带和疏带的交界面形成较为完整的轮环，即年轮。半䱻年轮以普通疏密型为主，内外缘的环片基本呈闭合的同心圆排列，内缘环片纤细而紧密，外缘环片疏松，有时伴随 1 ～ 2 个环片的破碎、分歧，基区和上下侧区均可见疏密现象［图 3-57（b）］。此外，还有疏密切割型，侧区和前后区交界处可见明显的疏密和切割特征，主要表现为环片在基区的疏密和两侧区的切割，内缘的环片被外缘 2 ～ 3 个疏松的环片所截，而使内外缘的环片轨迹不一致［图 3-57（c）］。

　　如图 3-57 所示，箭头表示半䱻各种鳞片特征，鳞片除了正常的年龄外，还存在幼轮、副轮和生殖轮。幼轮出现在部分鳞片中，一般靠近鳞焦，但经鳞径测量可以明显加以区分［图 3-57（d）］。副轮不完整或不连续，透光较弱且不均匀［图 3-57（e）］；生殖痕迹在生殖季节比较明显，表现为侧区环片的断裂、分歧和不规则的排列，或者几个环片连续的断裂［图 3-57（f）］。

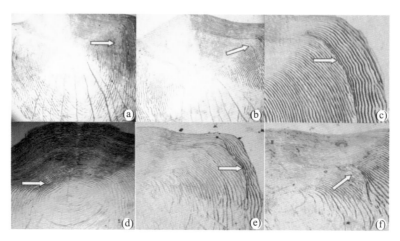

图 3-57　半䱻鳞片年轮标志

（a）完整形态；（b）疏密年轮；（c）切割年轮；（d）幼轮；（e）副轮；（f）生殖轮

　2. 年龄结构

　　对 2011—2013 年采集的 706 尾半䱻的年龄结构进行了分析。结构显示，其种群包括1～5龄共5个年龄组，其中以2龄比例最高，占总样本量的52.6%；其次为3龄，占38.5%；4龄和5龄仅占4.1%和0.4%（图3-58）。

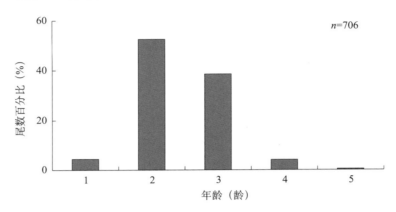

图 3-58　2011—2013 年赤水河半𩾃的年龄结构

对2015—2018年采集的半𩾃样本进行的年龄结构分析显示，半𩾃种群包括1～4龄共4个年龄组，其中以2～3龄个体占明显优势；4龄以上个体比例很小（图3-59）。

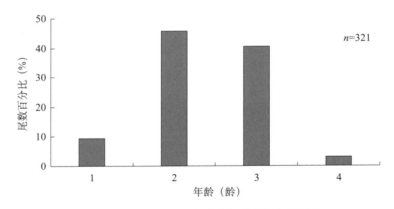

图 3-59　2015—2018 年赤水河半𩾃的年龄结构

比较发现，随着时间的推移，赤水河半𩾃种群中高龄个体的比例有所增加。

3.3.1.3　生长特征

1. 体长与鳞径的关系

对2011—2013年采集的371尾半𩾃样本的鳞径进行了测量，采取不同的方程进行拟合，选择相关系数最大者为最佳回归方程。结果表明，直线方程的相关性最高，从而得到半𩾃体长和鳞径的关系式为：

雌性，$L=40.168R+24.431$（$R^2=0.781$，$n=222$），

雄性，$L=35.658R+31.647$（$R^2=0.667$，$n=141$）。

残差平方和检验，半𩾃雌雄个体体长和鳞径的关系无显著差异（$P>0.05$），故此关系可以用一个总的公式表达为：

L=39.522R+25.403（R^2=0.813，n=371）。

对 2015—2018 年采集的 270 尾半𩾃样本的体长和鳞径数据进行不同方程拟合的比较，选择相关系数最大者为最佳回归方程。结果表明，仍以直线方程的相关性最高，从而得到半𩾃体长和鳞径的关系式为：

L=34.24R+35.357（R^2=0.653，n=270）。

2. 退算体长

对 2011—2013 年 371 尾半𩾃样本采用 Rose Lee 公式进行体长退算得到各龄组的退算体长（表 3-51）。对各龄组的实测平均体长和退算体长进行配对的 t 检验，结果表明各龄组实测体长和退算体长较为接近，其差异没有达到显著水平（$P > 0.05$）。

表 3-51　2011—2013 年赤水河半𩾃的实测体长与退算体长

年龄（龄）	样本量（尾）	实测平均体长（mm）	退算体长（mm）			
			L_1	L_2	L_3	L_4
1	12	75.92 ± 8.12	68.87			
2	122	90.27 ± 8.22	62.94	90.21		
3	203	103.45 ± 8.37	64.13	91.40	109.97	
4	34	121.35 ± 7.62	62.55	83.10	100.49	119.85
退算体长均值（mm）			64.62	88.24	105.23	119.85

同样对 2015—2018 年 270 尾样本采用 Rose Lee 公式进行体长退算得到各龄组的退算体长（表 3-52）。对各龄组的实测平均体长和退算体长进行配对的 t 检验，结果表明各龄组实测体长和退算体长较为接近，其差异没有达到显著水平（$P > 0.05$）。

表 3-52　2015—2018 年赤水河半𩾃的实测体长和退算体长

年龄（龄）	样本量（尾）	实测平均体长（mm）	退算体长（mm）			
			L_1	L_2	L_3	L_4
1	24	81.99 ± 8.90	67.28			
2	124	95.80 ± 9.12	61.44	85.13		
3	110	113.44 ± 9.24	60.99	85.77	103.71	
4	12	120.66 ± 7.88	59.91	80.59	99.98	118.08
退算体长均值（mm）			62.41	83.83	101.85	118.08

比较发现，不同调查时期，半𩾃各龄退算体长并没有发生明显的变化。

3. 生长方程

根据 2011—2013 年采集样本的各龄退算体长，采用最小二乘法求得生长参数：L_∞=176.10mm；k=0.275/a；t_0=-1.129 龄；W_∞=59.54g。

将各参数代入 von Bertalanfy 方程得到半𩾃体长和体重生长方程：

L_t=179.10[1-e$^{-0.275（t+1.129）}$]，

W_t=59.54[1-e$^{-0.275（t+1.129）}$]$^{2.872}$。

根据 2015—2018 年采集样本的各龄退算体长，采用最小二乘法求得生长参数：L_∞=153.165 mm；k=0.272/a；t_0=-1.772 龄；W_∞=46.50 g。

将各参数代入 von Bertalanfy 方程得到半䱗体长和体重生长方程：

$L_t = 153.165[1 - e^{-0.272(t+1.772)}]$，

$W_t = 46.500[1 - e^{-0.272(t+1.772)}]^{2.782}$。

体长和体重生长曲线均显示，半䱗的体长生长曲线没有拐点，逐渐趋向于渐近体长；体重生长曲线则呈非对称的 S 形，在拐点年龄以前，体重生长呈加速趋势，在拐点处增长速度最大，而后生长速度逐渐下降并趋向于渐近体重。

4. 生长速度和加速度

对 2011—2013 年半䱗的体长和体重生长方程求一阶导数和二阶导数，分别得到体长、体重的生长速度和生长加速度相关方程：

$dL / dt = 48.43e^{-0.275(t+1.13)}$，

$d^2L / dt^2 = -13.32e^{-0.275(t+1.13)}$；

$dW / dt = 47.02e^{-0.275(t+1.13)}[1 - e^{-0.275(t+1.13)}]^{1.872}$，

$d^2W / dt^2 = 12.93e^{-0.275(t+1.13)}[1 - e^{-0.275(t+1.13)}]^{0.872}[2.872e^{-0.275(t+1.13)} - 1]$。

对 2015—2018 年半䱗种群的体长和体重生长方程求一阶和二阶导数，分别得到体长、体重的生长速度和生长加速度相关方程：

$dL / dt = 42.457e^{-0.2772(t+1.7719)}$，

$d^2L / dt^2 = -11.769e^{-0.2772(t+1.7719)}$；

$dW / dt = 35.853e^{-0.2772(t+1.7719)}[1 - e^{-0.2772(t+1.7719)}]^{1.7815}$，

$d^2W / dt^2 = 9.938e^{-0.2772(t+1.7719)}[1 - e^{-0.2772(t+1.7719)}]^{0.7815}[2.7815e^{-0.2772(t+1.7719)} - 1]$。

5. 生长参数的时空变化

2011—2013 年半䱗的体长生长速度和生长加速度都不具有拐点，生长的速度随年龄的增长呈递减趋势，并且逐渐趋于 0；体长生长的加速度逐渐递增，但加速度的增加一直小于 0，表明其生活史的早期体长生长的速度较高，年龄越大，体长生长越缓慢（图 3-60）；体重的生长速度和加速度曲线均具有明显的拐点（图 3-61）。当体重加速度为 0 时（$d^2W/dt^2 = 0$），体重的生长速度达最大值，此时即体重的生长拐点。拐点年龄 $t_i = \ln b/k + t_0 = 2.706$ 龄，该拐点年龄所对应的体长和体重分别为：$L_t = 114.78$mm，$W_t = 17.41$g。其后体重生长速度和生长加速度均下降，生长速度曲线逐渐变缓，并趋向于 0，此时体重生长加速度为负值，为体重增长递减阶段。

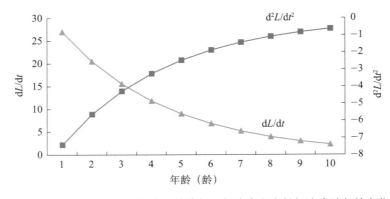

图 3-60　2011—2013 年赤水河半䱗的体长生长速度和生长加速度随年龄变化曲线

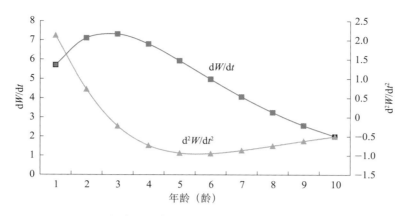

图 3-61　2011—2013 年赤水河半𬶏的体重生长速度和生长加速度随年龄变化曲线

　　2015—2018 年半𬶏的体长生长速度和加速度都不具有拐点，生长的速度随年龄的增长呈递减趋势，并且逐渐趋于 0；体长生长的加速度逐渐递增，但加速度的增加一直小于 0，表明其生活史的早期体长生长的速度较高，年龄越大，体长生长越缓慢（图 3-62）；体重的生长速度和生长加速度曲线均具有明显的拐点。当体重加速度为 0 时（$d^2W/dt^2=0$），体重的生长速度达最大值，此时即体重的生长拐点。拐点年龄 $t_i=\ln b/k+t_0=1.987$ 龄，该拐点年龄所对应的体长和体重分别为：$L_t=99.134$mm，$W_t=13.37$g。其后体重生长速度和加速度均下降，生长速度曲线逐渐变缓，并趋向于 0，此时体重生长加速度为负值，为体重增长递减阶段（图 3-63）。

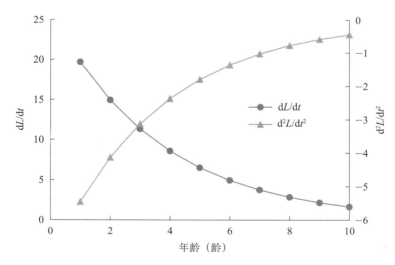

图 3-62　2015—2018 年赤水河半𬶏的体长生长速度和生长加速度随年龄变化曲线

　　比较发现，2015—2018 年赤水河半𬶏的极限体长（L_∞）和生长参数（k）等均较 2011—2013 年有所下降（表 3-53）。

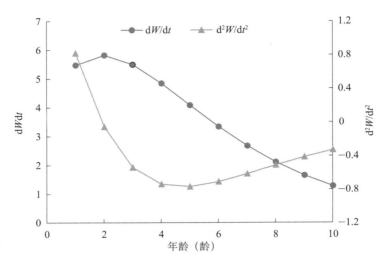

图 3-63   2015—2018 年赤水河半𩾃的体重生长速度和生长加速度随年龄变化曲线

表 3-53   不同调查时期赤水河半𩾃的生长参数

生长参数	2011—2013 年	2015—2018 年
L_∞	176.1	153.165
k	0.275	0.272
t_0	−1.129	−1.772
t_i	2.706	1.987

3.3.2 食性

3.3.2.1 食物组成

对 2011—2012 年采集的 78 尾样本的食物组成进行了研究。结果显示，半𩾃的食物种类主要有藻类、植物、原生动物、毛翅目昆虫、鞘翅目昆虫、双翅目昆虫、食糜、蛙卵和鱼鳞等，其中以水生昆虫的出现率最高（表 3-54）。据此推测，半𩾃是一种偏肉食性的杂食性鱼类。

表 3-54   2011—2012 年半𩾃食物组成及各类群食物的出现率

食物类群	分类	代表生物	出现率（%）	出现次数百分比（%）
藻类	硅藻	针杆藻、舟形藻	11.87	12.82
	绿藻	鼓藻、水绵	3.63	3.85
植物		草籽、枯叶、轮叶黑藻	17.58	11.54
原生动物	纤毛纲	钟虫、累枝虫	3.12	2.56
水生昆虫	鞘翅目	龙虱	10.32	10.26
	膜翅目	蜂、蚂蚁	27.56	20.51
	双翅目	蚊蝇幼虫	26.86	19.23
	毛翅目	纹石蛾	20.35	12.82
其他		食糜、蛙卵、鱼鳞	6.55	6.41

3.3.2.2　摄食强度

对 2011—2012 年 706 尾半䱻样本的摄食强度及其季节变化进行了分析（图 3-64），结果显示，半䱻空肠率最高值出现在 10 月（81.25%），最低值出现在 4 月（9.52%）。

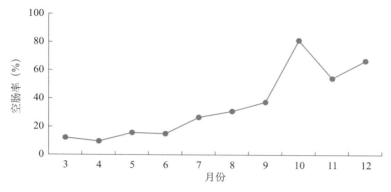

图 3-64　2011—2012 年赤水河半䱻空肠率的季节变化

3.3.3　繁殖

3.3.3.1　性比

根据 2011 年 7 月至 2012 年 7 月周年逐月采样情况，对赤水河半䱻的性比及其季节变化进行了分析。其中雄性 272 尾，雌性 413 尾，雌雄比例为 1.52∶1，雌性的比例显著高于雄性（X^2=31.82，df=1，$P < 0.05$）。除 2011 年 8 月和 2012 年 2 月外，其他月雌性个体的比例均高于雄性（表 3-55）。

表 3-55　2011—2012 年赤水河半䱻性比变化情况

时间	月份	雌性（尾）	雄性（尾）	性比
2011 年	7	80	51	1.57∶1
	8	51	53	0.96∶1
	9	31	19	1.63∶1
	10	19	10	1.90∶1
	11	38	9	4.22∶1
	12	17	16	1.06∶1
2012 年	2	1	1	1.00∶1
	3	44	20	2.20∶1
	4	38	22	1.73∶1
	5	20	12	1.67∶1
	6	23	23	1.00∶1
	7	51	36	1.42∶1
总计		413	272	1.52∶1

对 2015—2018 年 321 尾半䱻的性比进行了分析。其中雄性 137 尾，雌性 154 尾，性别不辨 30 尾，雌雄比例为 1.12∶1，雌性的比例显著高于雄性（X^2=44.71，df=1，$P < 0.01$）。

3.3.3.2 繁殖时间

1. 性腺发育的时间规律

对 2011—2012 年赤水河半𬶟雌性和雄性的性腺发育及其周年变化进行了研究。结果表明，雌性在 10 月到翌年 2 月均处于性腺发育 Ⅱ 期，3 月 Ⅳ～Ⅴ 期个体开始大量出现，4—5 月，性腺成熟（即性腺发育处于 Ⅳ～Ⅴ 期）个体占当月总尾数的 50% 以上。雄性的性腺发育情况与雌性相似，均在 4—8 月有一定比例的个体达到性成熟（图 3-65）。

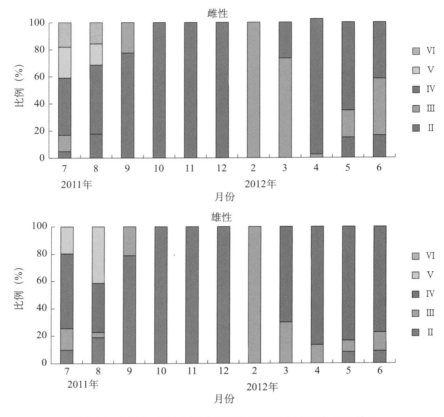

图 3-65 2011—2012 年赤水河半𬶟雌雄性腺发育变化情况

2. 性体指数

对 2011—2012 年赤水河半𬶟的性体指数及其周年变化进行了分析。结果表明，2月之前，雌性和雄性的性体指数均处于较低的水平；3 月性体指数开始升高，到 4 月达到最高值，之后逐渐下降（图 3-66）。

综上所述可以初步推测，半𬶟的繁殖季节为 3—8 月，其中 4—5 月为产卵高峰期。

3.3.3.3 卵径

对 2011—2012 年主要繁殖季节半𬶟的卵径及其季节变化情况进行了分析（图 3-67）。结果显示，半𬶟的卵径为 0.4～1.6 mm，初次成熟阶段包括 Ⅰ、Ⅱ、Ⅲ 期，二次成熟阶段包括 Ⅳ、Ⅴ、Ⅵ 期。Ⅱ、Ⅲ 期的卵径小于 0.7mm，卵黄直径为 0.7～0.9mm，成熟期（Ⅳ、Ⅴ 期）的卵黄直径为 1～1.3mm。不同月卵径均呈单峰分布，表明半𬶟是一次产卵类型。

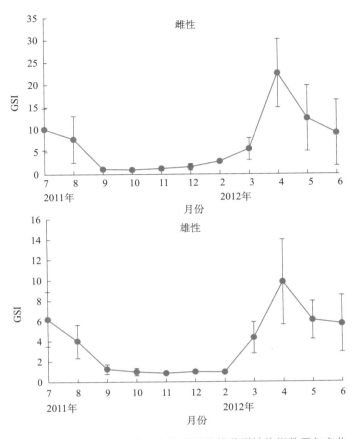

图 3-66　2011—2012 年赤水河半𬶮雌雄种群性体指数周年变化

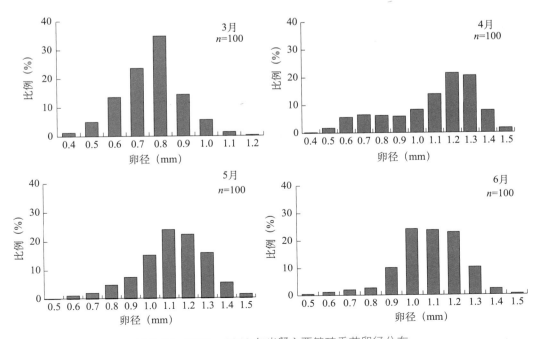

图 3-67　2011—2012 年半𬶮主要繁殖季节卵径分布

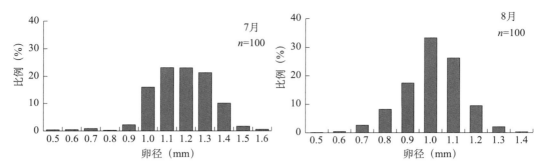

图 3-67　2011—2012 年半鳘主要繁殖季节卵径分布（续）

3.3.3.4　初次性成熟大小

根据 2011—2013 年实际采样数据，半鳘雌性和雄性最小性成熟个体的体长分别为 91mm 和 74mm，年龄均为 1 龄。

对雌雄个体的性成熟比例和体长数据分别进行逻辑斯蒂曲线拟合（图 3-68），方程如下。

雌性：$Pr = 1 / (1 + e^{26.867-0.306SL})$（$R^2 = 0.999$，$n=413$）；

雄性：$Pr = 1 / (1 + e^{10.522-0.142SL})$（$R^2 = 0.999$，$n = 272$）。

根据以上方程，估算的半鳘雌性和雄性个体的初次性成熟体长分别为 88mm 和 74 mm。

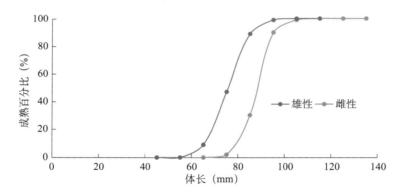

图 3-68　2011—2013 年半鳘雌雄 50% 初次性成熟个体与体长的关系

3.3.3.5　怀卵量

对 2011—2013 年 136 尾半鳘成熟个体的怀卵量进行了统计。结果表明，半鳘的绝对怀卵量在 563 ～ 5 082 粒 / 尾之间，平均值为（2 413 ± 873）粒 / 尾；体重相对怀卵量在 41 ～ 299 粒 /g 之间，平均值为（171 ± 55）粒 /g。

对 2015—2018 年 136 尾半鳘成熟个体的怀卵量进行了统计。结果表明，半鳘的绝对怀卵量在 533 ～ 5 265 粒 / 尾之间，平均值为（2 541 ± 932）粒 / 尾；体重相对怀卵量在 44 ～ 315 粒 /g 之间，平均值为（180 ± 46）粒 /g。

比较发现，赤水河半𬶟的绝对怀卵量和体重相对怀卵量均未表现出明显的年际变化。

3.3.4　种群动态

3.3.4.1　总死亡系数

将 2011—2013 年采集到的标本 706 尾作为估算资料按体长 10mm 分组，根据长度变换渔获曲线法估算半𬶟的总死亡系数。选取其中部分数据点作线性回归，回归数据点的选择以未达完全补充年龄段（最高点左侧）和体长接近 L_∞ 的年龄段不能用作回归为原则，拟合的直线方程为：$\ln(N/\Delta t) = -1.789t + 12.926$（$R^2 = 0.997$）。总死亡系数 $Z = 1.789/\mathrm{a}$。

将 2015—2018 年采集到的标本 321 尾作为估算资料按体长 10mm 分组，根据长度变换渔获曲线法估算半𬶟总死亡系数。选取其中 3 个点（黑色实心点）作线性回归，回归数据点的选择以未达完全补充年龄段（最高点左侧）和体长接近 L_∞ 的年龄段不能用作回归为原则，拟合的直线方程为：$\ln(N/\Delta t) = -1.02t + 13.86$。方程的斜率为 -1.02，故所估算半𬶟的总死亡系数为 $Z = 1.02/\mathrm{a}$。

3.3.4.2　自然死亡系数

自然死亡系数（M）采用 Pauly's 经验公式估算。

根据 2011—2013 年赤水河赤水市江段实测平均水温 $T \approx 17.9℃$ 以及相关的生长参数，估算出 2011—2013 年赤水河半𬶟的自然死亡系数 $M = 0.516/\mathrm{a}$。

根据 2015—2018 年赤水河赤水市江段实测平均水温 $T \approx 17.0℃$ 以及相关生长参数，估算出 2015—2018 年赤水河半𬶟的自然死亡系数 $M = 0.274/\mathrm{a}$。

3.3.4.3　捕捞死亡系数

捕捞死亡系数（F）为总死亡系数（Z）与自然死亡系数（M）之差。

2011—2013 年赤水河半𬶟的捕捞死亡系数 $F = Z - M = 1.789/\mathrm{a} - 0.516/\mathrm{a} = 1.273/\mathrm{a}$。

2015—2018 年赤水河半𬶟的捕捞死亡系数 $F = Z - M = 1.020/\mathrm{a} - 0.746/\mathrm{a} = 0.274/\mathrm{a}$。

3.3.4.4　开发率

开发率 $E_{\mathrm{cur}} = F/Z$。

2011—2013 年赤水河半𬶟的当前开发率为 $E_{\mathrm{cur}} = F/Z = 0.71$。

2015—2018 年赤水河半𬶟的当前开发率为 $E_{\mathrm{cur}} = F/Z = 0.269$。

3.3.4.5　实际种群

2011—2013 年实际种群分析结果显示，在当前渔业形势下半𬶟体长超过 90mm 时捕捞死亡系数明显增加，种群被捕捞的概率明显增大，捕捞死亡系数也在此时超过了自然死亡，渔业资源种群主要分布在 100～130mm。平衡资源生物量随体长的增加呈先升后降趋势，最低为 0.000 1t（体长组 50～70mm），最高为 0.25t（体长组 100～110mm）。捕捞死亡系数最大出现在体长组 130～150mm，为 1.27/a，此时平衡资源生物量极大（图 3-69）。

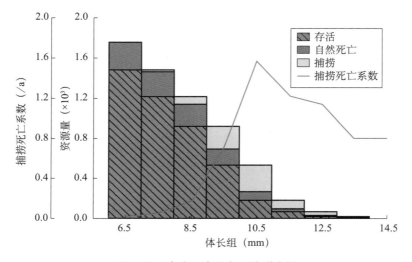

图 3-69　赤水河半𰂏实际种群分析

2015—2018 年实际种群分析结果显示，在当前渔业形势下半𰂏体长超过 110mm 时捕捞死亡系数明显增加，种群被捕捞的概率明显增大，捕捞死亡系数也在此时远超过了自然死亡系数，渔业资源种群主要分布在 70 ～ 110mm。平衡资源生物量随体长的增加呈先升后降趋势。捕捞死亡系数最大出现在体长组 120 ～ 130mm，为 0.32/a（图 3-70）。

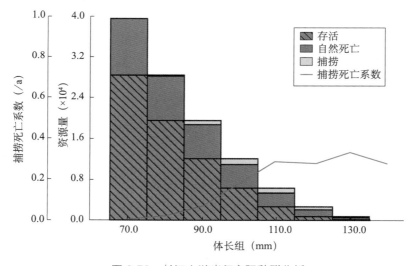

图 3-70　长江上游半𰂏实际种群分析

3.3.4.6　资源动态

针对赤水河半𰂏目前的开发程度，利用 FiSAT II 软件分别估算出 2011—2013 年赤水河半𰂏的最大开发率 E_{max}、$E_{0.1}$ 及 $E_{0.5}$，其中生长系数 k=0.257，自然死亡系数 M=0.516/a，开捕体长（L_c）与渐近体长（L_∞）比值 L_c/L_∞=0.345（L_c 根据赤水河半𰂏渔获物组成求得，即渔获物中第一次大量渔获物体长平均值 101.81mm）。建立相对单位补充量渔获量（Y'/R）与开发率（E）关系曲线（图 3-71），估算出 $E_{max} = 0.747$，$E_{0.1} = 0.655$，$E_{0.5} = 0.369$。利用 FiSAT Ⅱ 软件建立相对单位补充量渔获量等值曲线图，相对单位补充量渔获量等值曲线常被用作预测相对单位补充量渔获量随开捕体长（L_c）和开发率（E）而变化的趋势（图 3-72）。开发率（E）为 0.710，$L_c/L_\infty = 0.578$［即开捕年龄（t_c）为 1.9 龄，开捕体长（L_c）为 101 mm］，这意味着目前半鳘种群资源面临较高的捕捞压力。

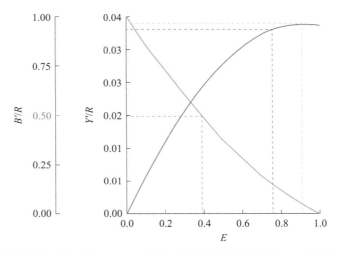

图 3-71　半鳘相对单位补充量渔获量（Y'/R）和相对单位补充量生物量（B'/R）与开发率（E）的关系

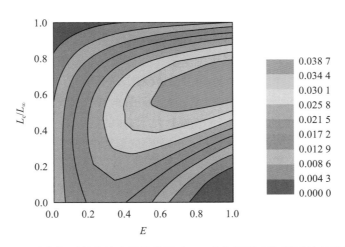

图 3-72　半鳘相对单位补充量渔获量（Y'/R）与开发率和开捕体长的关系

　　对于 2015—2018 年的调查数据，经变换体长渔获曲线分析，半鳘补充体长为 100mm，目前半鳘捕捞强度稍稍偏大，刚刚补充的幼鱼就有可能被捕获上来，开捕体长与补充体长趋于一致，因此认为半鳘当前开捕体长 L_c=100mm。采用 Beverton-Holt 动态综合模型分析，由相对单位补充量渔获量与开发率关系作图估算出理论开发率

$E_{max} = 0.752$，$E_{0.1} = 0.752$，$E_{0.5} = 0.404$，而当前开发率 $E_{cur} = 0.269$，低于理论最佳开发率（图 3-73）。

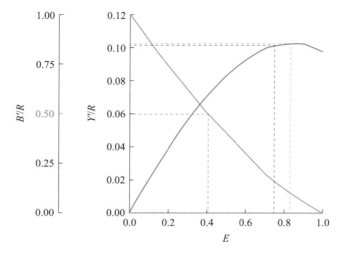

图 3-73　半𫚒相对单位补充量渔获量（Y'/R）和相对单位补充量生物量（B'/R）与开发率的关系

与 2011—2013 年种群动态分析结果比较分析，2015—2018 年调查总死亡系数、自然死亡系数、捕捞死亡系数和开发率均有显著下降，2011—2013 年调查结果显示半𫚒当前开发率为 $E_{cur} = 0.71$，已过度捕捞；而 2015—2018 年调查结果显示当前开发率 $E_{cur} = 0.269$，说明近几年由于禁渔措施的实施，赤水河半𫚒资源得以保护。

3.3.5　遗传多样性

3.3.5.1　线粒体 DNA 遗传多样性

对 2011—2013 年赤水河 33 尾 1～3 龄半𫚒的 Cyt b 基因序列进行了测量，采用 SeqMan 拼接、MegAlign 比对、Seview 手工校对去除首尾不可信位点后得到的 Cyt b 基因序列片段长 1 100bp，片段中 T、C、A、G 的平均含量分别为 27.81%、29.38%、26.86% 和 15.95%，A+T 的含量（54.67%）大于 G+C 的含量（45.33%）。在 Cyt b 基因序列片段中共发现个 30 个变异位点，占分析位点总数的 2.73%，其中 19 个为简约信息位点，11 个为单一突变位点。不同年龄组中，3 龄的变异位点数最多，为 18 个；2 龄次之，为 14 个；1 龄最少，为 10 个。

所有 33 个样本的 Cyt b 基因序列共识别出 10 个单倍型，单倍型多样性指数（Hd）为 0.708，核苷酸多样性指数（Pi）为 0.003 97。各年龄组中，无论单倍型多样性指数还是核苷酸多样性指数均以 3 龄最高，11 个样本有 7 个单倍型，单倍型多样性指数为 0.909，核苷酸多样性指数为 0.005 29；其次为 2 龄，11 个样本含有 6 个单倍型，单倍型多样性指数为 0.727，核苷酸多样性指数为 0.003 49；1 龄 11 个样本中单倍型个数仅为 3，单倍型多样性指数为 0.473，核苷酸多样性指数为 0.002 83（表 3-56）。

表 3-56 基于线粒体 DNA Cyt *b* 基因的 2011—2013 年赤水河半𪾢的遗传多样性

年龄组	样本量（*N*）	单倍型个数（*h*）	变异位点数（*S*）	单倍型多样性（Hd）	核苷酸多样性（Pi）
1 龄	11	3	10	0.473	0.002 83
2 龄	11	6	14	0.727	0.003 49
3 龄	11	7	18	0.909	0.005 29
合计	33	10	21	0.708	0.003 97

采用 Mega 软件的 Kimura-2 参数模型对各年龄组间的遗传距离进行分析。结果表明，各年龄组间的遗传距离较小，变异范围为 0.003 ～ 0.005（表 3-57）。

表 3-57 基于线粒体 DNA Cyt *b* 基因的 2011—2013 年赤水河半𪾢各年龄组间及组内的遗传距离

年龄组	1 龄	2 龄	3 龄	各年龄组内平均遗传距离
1 龄				0.003
2 龄	0.003			0.003
3 龄	0.004	0.005		0.006

使用 Arlequin v3.1 对半𪾢各年龄组间遗传分化系数（F_{ST}）进行分析。结果表明，各年龄组间不存在显著的遗传分化（$P > 0.05$）（表 3-58）。

表 3-58 基于线粒体 DNA Cyt *b* 基因的 2011—2013 年赤水河半𪾢各年龄组间的遗传分化系数

年龄组	1 龄	2 龄	3 龄
1 龄		0.810 81	0.081 08
2 龄	−0.049 98		0.243 24
3 龄	0.064 24	0.002 8	

注：对角线下为年龄组间的遗传分化系数（F_{ST}），对角线上为 P 值。

同样对 2015—2018 年 168 尾样本的线粒体 Cyt *b* 基因序列进行分析，比对后得到序列长度为 1 137bp。序列中无碱基的插入和缺失。在 168 条序列中，共有 42 个变异位点，占总位点数的 3.69%，其中单一突变位点有 13 个，占总位点数的 1.14%，简约信息位点有 29 个，占总位点数的 2.55%。

168 个样本的平均碱基组成：A 的含量为 27.5%，T 的含量为 27.3%，C 的含量为 29.1%，G 的含量为 16.0%。A+T 的含量为 54.8%，C+G 的含量为 45.1%，A+T 的含量高于 C+G 的含量。5 个江段的总体单倍型多样性（Hd）和核苷酸多样性（Pi）分别为 0.895 ± 0.012 和 0.004 87 ± 0.006 95，表现出较高的单倍型多样性和较低的核苷酸多样性。

168 条序列共检测到 38 种单倍型。其中，水潦乡江段 22 条序列检测到 11 个单倍型，茅台镇江段 45 条序列检测到 11 个单倍型，赤水市江段 40 条序列检测到 25 个单倍型，二合镇江段 39 条序列检测到 9 个单倍型，太平镇江段 22 条序列中检测到 11 个单倍型。在所检测到的 38 个单倍型中，单倍型 Hap1 、Hap2 和 Hap6 的分布最广，为全部江段所共享。其中有 24 个单倍型为某一个江段所独有，其余 11 个单倍型则被 2 ～ 4 个江段共享。

以䱗（*Hemiculter leucisculus*）和蒙古鲌（*Culter mongolicus*）为外类群，利用邻接法（Neighbor joining，NJ）和最大似然法（median-joining，ML）构建单倍型系统发育树。结果显示根据两种方法做出的系统发育树拓扑结构一样。38 个单倍型大致可以分为 5 个谱系，其中谱系 1 由 Hap9、Hap33、Hap37 等 12 个单倍型组成；谱系 2 由 Hap15、Hap13、Hap14、Hap21、Hap24 等 5 个单倍型组成；谱系 3 由 Hap18、Hap38、Hap17、Hap8、Hap32 等 5 个单倍型组成；谱系 4 由 Hap22、Hap6、Hap35 等 12 个单倍型组成；谱系 5 则由 Hap23、Hap29、Hap12、Hap34 等 4 个单倍型组成。

从遗传多样性指数来看，在这 5 个江段中，赤水市江段的单倍型多样性最高，为 0.922，茅台镇江段的单倍型多样性最低，为 0.842；水潦乡江段的核苷酸多样性最高，为 0.004 95，茅台镇江段核苷酸多样性最低，为 0.003 86（表 3-59）。

表 3-59　基于线粒体 Cyt *b* 基因的 2015—2018 年赤水河半䱗各地理群体遗传多样性

群体	序列数	单倍型数	多态位点数	单倍型多样性	核苷酸多样性
水潦乡	22	11	18	0.900 ± 0.043	0.004 95 ± 0.004 34
茅台镇	45	11	17	0.842 ± 0.032	0.003 86 ± 0.003 42
二合镇	39	9	20	0.845 ± 0.038	0.004 66 ± 0.004 16
太平镇	22	11	17	0.883 ± 0.053	0.004 58 ± 0.004 10
赤水市	40	25	35	0.922 ± 0.032	0.004 77 ± 0.007 86
合计	168	38	42	0.895 ± 0.012	0.004 87 ± 0.006 95

将 5 个采样江段划分为上游（水潦乡、茅台镇）、中游（二合镇、太平镇）、下游（赤水市）3 个组，然后采用 Arlequin 3.11 软件进行分子方差分析（AMOVA）（表 3-60），结果显示：赤水河半䱗群体内存在较高的遗传变异（88.81%），而组间变异占种群遗传变异的 11.76%，组内群体间的变异占 -0.57%，由此可见，赤水河半䱗的遗传变异主要来源于群体内部。

表 3-60　基于线粒体 Cyt *b* 基因对 2014—2018 年赤水河半䱗不同地理群体的 AMOVA 分析

变异来源	自由度	变异分量	变异百分比（%）
组间	2	0.338 59	11.76
组内群体间	2	-0.016 45	-0.57
群体内	163	2.557 42	88.81
合计	167	2.879 56	

运用 Arlequin 3.11 软件进行群体间遗传分化（F_{ST}）分析。结果表明，赤水市群体与茅台镇、二合镇和水潦乡群体之间存在高度分化（$F_{ST} > 0.15$），且差异很显著（$P < 0.01$），赤水市群体与太平镇群体之间有中度遗传分化（$F_{ST}=0.116\ 92$，$0.05 < F_{ST} < 0.15$），差异也很显著（$P < 0.01$）。除赤水市群体外，其他 4 个群体之间均未出现分化（$F_{ST} < 0.05$）（表 3-61）。

表 3-61　基于 Cyt b 序列单倍型频率的 2015—2018 年赤水河半䱻不同地理群体间成对 F_{ST} 值（对角线下）和校正 P 值（对角线上）

群体	水潦乡	茅台镇	二合镇	太平镇	赤水市
水潦乡		0.630 63	0.981 98	0.378 38	0.000 00
茅台镇	-0.015 69		0.693 69	0.234 23	0.000 00
二合镇	-0.029 85	-0.012 96		0.279 28	0.000 00
太平镇	-0.002 77	0.008 08	0.003 07		0.000 00
赤水市	0.193 29	0.222 92	0.180 73	0.116 92	

采用 Mega 6.0 软件计算 5 个地理群体的遗传距离。结果显示，5 个地理群体之间的平均净遗传距离范围为 0.004 ~ 0.006，两两群体之间的遗传距离相差很小（表 3-62）。

表 3-62　2015—2018 年赤水河半䱻各地理群体间的遗传距离

群体	水潦乡	茅台镇	二合镇	太平镇
茅台镇	0.004			
二合镇	0.005	0.004		
太平镇	0.005	0.004	0.005	
赤水市	0.006	0.006	0.006	0.005

使用 Arlequin 3.11 软件对 5 个群体所有的 168 个半䱻个体进行 Tajima's D 检验和 Fu's Fs 检验，并估算种群扩张时间（表 3-63）。结果表明，Tajima's D 检验只有赤水市群体为负值，但并未达到显著性水平（$P > 0.05$）。在 Fu's Fs 检验中，赤水市群体和太平镇群体的 Fs 值均为负。以上结果表明，水潦乡、太平镇和赤水市群体都可能经历了种群扩张，但只有赤水市群体达到显著性水平（$P < 0.01$）。

表 3-63　基于 cyt b 基因的 2015—2018 年赤水河半䱻群体中性检验及种群扩张时间估算

	水潦乡	茅台镇	二合镇	太平镇	赤水市
Tajima's D	0.513 98	0.412 05	0.402 48	0.430 21	-1.189 78
P 值	0.730 00	0.691 00	0.704 00	0.736 00	0.121 00
Fu's Fs	-0.895 93	0.330 97	2.193 92	-1.171 08	-12.743 01
P 值	0.356 00	0.595 00	0.835 00	0.288 00	0.000 00

比较显示，2011—2013 年赤水河半䱻的单倍型多样性为 0.708，核苷酸多样性为 0.003 97；而 2015—2018 年赤水河半䱻的单倍型多样性为 0.895，核苷酸多样性为 0.004 87（表 3-64）。比较可知，近些年赤水河半䱻的遗传多样性水平明显提高。

表 3-64　赤水河半䱻遗传多样性的年际变化

调查时间	单倍型多样性	核苷酸多样性
2011—2013 年	0.708	0.003 97
2015—2018 年	0.895	0.004 87

3.3.5.2　微卫星 DNA 遗传多样性

利用自主开发的多态性微卫星引物对赤水河赤水市江段 2011—2013 年采集的 30 尾半𬶨样本的微卫星遗传多样性进行了分析（表 3-65）。

表 3-65　半𬶨多态性微卫星引物

位点	引物序列	重复序列	片段大小（bp）	退火温度（℃）
Hs1	ACCCATGAGCCTTTGTGTTT	（TTGA）$_3$	233 ～ 269	51
	TGAGTAAGAGGGGCATCAGG	（ATTG）$_4$		
Hs5	AGCAGCACAAGGAAAGGAAA	（AG）$_{25}$	185 ～ 270	51
	TGTGATCGGATCTGAGGTGA			
Hs6	GTGTTGTTGCGCTGGTATTG	（AATC）$_6$	120 ～ 140	53
	CAGGACATGAGACCCGAAGT			
Hs12	ATGAACCCAAGGGGAGAAGT	（AC）$_{14}$	130 ～ 190	51
	TCACAGCTTGGAGATTCACG			
Hs53	CACCTGCTCTCTCGCTCTCT	（CT）$_{10}$（CA）$_{12}$	180 ～ 240	53
	CCCATGGACAGCTCTTTACC			
Hs17	CATTGTGGTCCAATGTTTCCT	（TG）$_{28}$（GT）$_{25}$	127 ～ 163	51
	TCTCATAAGTCACCCTCTCCTTG			
Hs18	GAGGCCATTTGGAATCAGAA	（ATCC）$_{15}$	171 ～ 273	51
	GGGGTCGTATAGCCTCTGTG			
Hs24	ACACAGCCATCAGCTCACAG	（GT）$_{27}$（GA）$_6$	204 ～ 270	59
	GGGAATGCAGAGCAGGTTAC			
Hs43	TGTTCTGGGAAGGAAAGTTTG	（GT）$_{34}$	140 ～ 242	51
	CACACAAACCCTTTATTGCAC			
Hs45	AGAGTGAAGCCAAGGCAGAA	（AC）$_{14}$	203 ～ 267	53
	CCTGTGACTCGGAGGATGAT			
Hs51	TCTGCACCTCCTCTTCAGTG	（AC）$_{15}$	170 ～ 222	51
	TGGGTGAAAGGATAGGCAAT			
Hs57	AAACCAAACACCCACACAAAA	（GT）$_{12}$（GTGC）$_3$	140 ～ 168	50
	TGAGGAATGGACTGCTTTCA			
Hs68	TGACTCCAGCAGTGACTTTTT	（AAAAG）$_{14}$	238 ～ 311	54
	GGAGCTGGGAATAACATGGA			
Hs72	AGTTTGAATCGGGCAGTCAC	（AC）$_{13}$（CA）$_{12}$	135 ～ 203	53
	ACTGCAGCAGAGTTGCACAT			
Hs73	GCCCTGGCAACATCTGAG	（AG）$_6$（AG）$_{13}$	192 ～ 258	57
	TGGCCTTCAGCGAGTCTATT			
Hs77	CTGGGGTGTTTGCTCTGTTT	（AG）$_7$（GA）$_{16}$	145 ～ 240	57
	CAGCTGAGTAACCCCATCCT			
Hs78	CAGCAAACGGTATGTTTGAA	（TG）$_{14}$	201 ～ 274	49
	CCCACAAGGACAAGGATTTC			

位点	引物序列	重复序列	片段大小（bp）	退火温度（℃）
Hs80	CGGAGAAGACAATGGACACA TCGACACACGTTCCTCTCAG	（GA）$_{16}$（AC）$_{12}$	123 ～ 190	57
Hs82	GCAAAATTCCTGTTGGCTTT AAGACCCTGATGGACTACGG	（GT）$_{11}$	142 ～ 201	49
Hs83	GAGAGCCCGACACAAACAAT ACAGTGCCCAGGAATAATGC	（CA）$_{31}$	120 ～ 238	59
Hs85	TGGAAATGAATGGAGAACCA TATATGCATGAGCCGTTCCA	（ATCC）$_{19}$	160 ～ 270	48
Hs89	TGGTTTTTGAAACAACATGAGT GCCACCTTGTGTCCTGAAAT	（TG）$_{22}$	180 ～ 300	50
Hs98	TCCACCAGCAGGTACAGTCA TGTGAACAGCACATTTTGAGC	（CA）$_{30}$	147 ～ 246	51
Hs100	TATCCAGGCTCTGTCCGAGT CTTGTGCTTTCAATGGCAGA	（GT）$_9$（TG）$_7$ （TG）$_9$	203 ～ 273	51
Hs102	TGACAAACACTGGCTCTGGA AAATCATTCAATGCGCAAAA	（TCAA）$_{14}$ （TCAA）$_{13}$	162 ～ 315	49
Hs111	GGGGCAAGACTGAGTGTGAG ACACAAATCTGCGTGTGCTC	（GA）$_{12}$（GA）$_6$	144 ～ 217	59
Hs115	AACGCTCACCATTGCCTATT CCACAAAAGGCAAGAACACA	（TG）$_{11}$	160 ～ 217	55
Hs128	ATGCTGTGCTCATCCCTTCT CCAACAAACAATGGAATCTGC	（GA）$_8$（AG）$_7$ （TCTA）$_{32}$	203 ～ 270	52
Hs131	CAGCAGGCAAGCTCTCTTTT ACTTGAGGACGGCAGTGTTT	（TCTT）$_4$（CA）$_{24}$ （CACACG）$_3$（CA）$_6$	153 ～ 222	55
Hs144	TGTGTCATCCCAGCTGAAAG TGAGCTTCTGCGCTTATCAA	（TG）$_{46}$	141 ～ 242	53

经软件 PopGen32 计算，每个微卫星座位分别检测到 14 ～ 37 个等位基因，平均等位基因数为 26.4 个；观测杂合度 0.250 00 ～ 1.000 00，平均 0.822 80；期望杂合度 0.836 36 ～ 0.980 39，平均 0.942 80。哈迪 - 温伯格平衡偏离指数（d）依次为 −0.701 1 ～ 0.150 8。实验得到半𫚈的观测杂合度、期望杂合度以及哈迪 - 温伯格平衡偏离指数（表 3-66）。

表 3-66　2011—2013 年赤水河赤水市江段半𫚈的遗传多样性分析

位点	等位基因数（A）	观测杂合度（H_O）	期望杂合度（H_E）	哈迪 - 温伯格平衡偏离指数（d）
Hs1	24	0.666 67	0.941 24	−0.291 7
Hs5	32	0.807 69	0.980 39	−0.176 2
Hs6	31	0.840 00	0.978 78	−0.141 8

位点	等位基因数（A）	观测杂合度（H_O）	期望杂合度（H_E）	哈迪 - 温伯格平衡偏离指数（d）
Hs10	15	0.250 00	0.836 36	-0.701 1
Hs17	16	0.440 00	0.903 67	-0.513 1
Hs18	37	0.800 00	0.978 53	-0.182 4
Hs24	23	0.833 33	0.934 46	-0.108 2
Hs43	27	0.600 00	0.960 00	-0.375 0
Hs45	19	1.000 00	0.868 93	0.150 8
Hs51	25	0.689 66	0.943 13	-0.268 8
Hs57	14	0.433 33	0.872 32	-0.503 2
Hs68	22	0.758 62	0.928 61	-0.183 1
Hs72	23	1.000 00	0.966 67	0.034 5
Hs73	26	0.900 00	0.954 80	-0.057 4
Hs77	26	0.866 67	0.948 02	-0.085 8
Hs78	27	0.965 52	0.952 21	0.014 0
Hs80	23	0.964 29	0.937 66	0.028 4
Hs82	26	0.966 67	0.951 41	0.016 0
Hs83	31	1.000 00	0.976 33	0.024 2
Hs85	31	0.758 62	0.965 52	-0.214 3
Hs89	26	0.962 96	0.868 62	0.108 6
Hs98	35	1.000 00	0.974 01	0.026 7
Hs100	26	1.000 00	0.940 11	0.063 7
Hs102	34	0.533 33	0.952 54	-0.440 1
Hs111	21	0.966 67	0.949 15	0.018 5
Hs115	33	1.000 00	0.974 58	0.026 1
Hs128	30	0.900 00	0.948 59	-0.051 2
Hs131	36	1.000 00	0.980 23	0.020 2
Hs144	27	0.956 52	0.972 95	-0.016 9
平均值	26.4	0.822 80	0.942 80	-0.127 3

挑选 10 对多态性微卫星引物对 3 个年龄组的微卫星遗传多样性进行了分析。结果显示，整个种群中，每个微卫星座位分别检测到 21 ～ 38 个等位基因，平均等位基因数为 32.1 个，观测杂合度 0.945 2 ～ 1.000 0，平均 0.990 9；期望杂合度 0.901 9 ～ 0.958 6，平均 0.938 9。10 个位点全部符合哈迪 - 温伯格平衡。近交系数 -0.108 7 ～ -0.007 6，平均 -0.055 8。3 个年龄组的等位基因数（A）、期望杂合度（H_E）、观测杂合度（H_O）和近交系数（F_{IS}）值无明显差异，说明遗传多样性基本处于同一水平（表 3-67）。

表 3-67　2011—2013 年赤水河赤水市江段半𩾌 3 个年龄组的遗传多样性

年龄组	微卫星位点										平均值
1 龄	Hs05	Hs06	Hs18	Hs43	Hs73	Hs77	Hs83	Hs98	Hs115	Hs131	
A	15	22	25	19	15	21	21	20	17	18	19.3
H_O	1.000 0	1.000 0	0.913 0	0.833 3	1.000 0	1.000 0	1.000 0	1.000 0	1.000 0	1.000 0	0.974 6
H_E	0.907 2	0.936 5	0.931 9	0.924 4	0.880 2	0.935 7	0.944 4	0.919 3	0.907 1	0.925 3	0.921 2
F_{IS}	-0.102 3	-0.067 8	0.020 3	0.098 5	-0.136 1	-0.068 7	-0.058 8	-0.087 8	-0.102 4	-0.080 7	-0.058 6
2 龄	Hs05	Hs06	Hs18	Hs43	Hs73	Hs77	Hs83	Hs98	Hs115	Hs131	
A	16	23	19	23	21	22	23	24	14	22	20.7
H_O	1.000 0	1.000 0	0.966 7	0.960 0	1.000 0	1.000 0	1.000 0	1.000 0	1.000 0	1.000 0	0.992 7
H_E	0.917 7	0.941 1	0.813 3	0.909 6	0.912 2	0.935 6	0.931 6	0.941 7	0.866 7	0.933 9	0.910 3
F_{IS}	-0.089 7	-0.062 6	-0.188 5	-0.055 4	-0.096 2	-0.068 9	-0.073 4	-0.061 9	-0.153 8	-0.070 8	-0.092 1
3 龄	Hs05	Hs06	Hs18	Hs43	Hs73	Hs77	Hs83	Hs98	Hs115	Hs131	
A	20	24	22	24	14	20	22	23	14	21	20.4
H_O	1.000 0	1.000 0	1.000 0	1.000 0	1.000 0	1.000 0	1.000 0	1.000 0	1.000 0	1.000 0	1.000 0
H_E	0.934 3	0.941 7	0.921 1	0.936 7	0.883 9	0.929 4	0.938 3	0.944 4	0.904 5	0.927 8	0.926 2
F_{IS}	-0.070 3	-0.061 9	-0.085 6	-0.067 6	-0.131 4	-0.075 9	-0.065 7	-0.058 8	-0.105 7	-0.077 8	-0.080 1
总计	Hs05	Hs06	Hs18	Hs43	Hs73	Hs77	Hs83	Hs98	Hs115	Hs131	
A	27	35	33	38	29	35	34	38	21	31	32.1
H_O	1.000 0	1.000 0	0.963 9	0.945 2	1.000 0	1.000 0	1.000 0	1.000 0	1.000 0	1.000 0	0.990 9
H_E	0.944 5	0.950 9	0.925 5	0.952 4	0.914 2	0.946 1	0.958 6	0.952 6	0.901 9	0.941 6	0.938 9
F_{IS}	-0.058 8	-0.051 6	-0.041 4	0.007 6	-0.093 9	-0.057 0	-0.043 2	-0.048 7	-0.108 7	-0.062 0	-0.055 8

使用 Arlequin 软件计算 3 个年龄组间的 F_{ST} 值，均显示并不存在遗传分化（$F_{ST} < 0.015$，$P > 0.05$）。其中 1 龄和 2 龄组间分化系数最大，为 0.014 75（表 3-68）。

表 3-68　2011—2013 年赤水河赤水市江段半𩾌 3 个年龄组的遗传分化

年龄组	1 龄	2 龄
2 龄	0.014 75	
3 龄	0.004 93	0.011 84

根据 2015—2018 年水潦乡、茅台镇、二合镇、太平镇和赤水市 5 个江段采集的样本对不同江段的微卫星遗传多样性进行了研究，其中平均有效等位基因数以太平镇江段最大，最小为水潦乡江段；平均观测杂合度（H_O）以二合镇最大，水潦乡江段最小（表 3-69）。

各座位地理群体的固定指数（F_{IS}）均小于总群体的固定指数（F_{IT}），地理群体间的基因分化率（F_{ST}）因微卫星座位不同而各有差异，其中 Ht6 座位最高（0.055），Hs80 座位最低（0.014）；各微卫星座位的平均 F_{IS} 为 0.224，平均 F_{IT} 为 0.250，平均基因分化率 F_{ST} 为 0.033。不同微卫星座位的群体基因流也不同，Ht6 座位的基因流

表3-69 赤水河半䲢 5 个群体在 22 个微卫星位点上的样本量（N）、观测等位基因数（A）、有效等位基因数（A_e）、观测杂合度（H_O）、期望杂合度（H_E）

群体		Ht6	Ht12	Hs17	Hs18	Hs24	Hs43	Hs45	Hs51	Hs53	Hs57	Hs68	Hs72	Hs77	Hs78	Hs80	Hs83	Hs89	Hs102	Hs111	Hs115	Hs128	Hs144	平均值
赤水市																								
	N	37	37	34	37	37	37	37	37	37	37	37	37	37	37	37	37	37	37	37	37	37	37	36.86
	A	6	1	7	16	12	17	7	12	8	8	14	13	13	14	12	16	17	16	8	9	18	14	12.18
	A_e	4.56	6.38	5.16	11.04	10.29	10.45	5.28	6.15	6.11	4.77	8.45	9.41	8.35	8.50	7.87	8.61	11.18	10.37	6.18	6.55	5.89	8.45	7.73
	H_O	0.41	0.30	0.50	0.89	0.92	0.84	0.32	0.54	0.65	0.62	0.73	0.81	1.00	0.51	0.84	0.76	0.76	0.54	1.00	0.46	0.76	0.43	0.66
	H_E	0.78	0.84	0.81	0.91	0.90	0.90	0.81	0.84	0.84	0.79	0.88	0.89	0.88	0.88	0.87	0.88	0.91	0.90	0.84	0.85	0.83	0.88	0.86
茅台镇																								
	N	48	48	48	47	48	48	48	48	48	48	48	48	48	48	48	47	48	48	45	48	48	48	47.77
	A	7	11	8	16	11	17	6	14	8	8	15	15	16	18	13	21	12	16	12	11	16	15	13.00
	A_e	3.13	4.15	5.99	11.49	6.10	7.44	4.62	9.40	4.46	6.63	10.79	7.10	11.16	7.72	8.61	10.44	5.40	7.27	7.08	5.47	9.74	7.44	7.35
	H_O	0.25	0.27	0.42	0.90	0.92	0.46	0.31	0.38	1.00	0.69	0.75	0.65	1.00	0.75	0.88	0.49	0.65	0.60	0.98	0.54	0.92	0.67	0.66
	H_E	0.68	0.76	0.83	0.91	0.84	0.87	0.78	0.89	0.77	0.85	0.91	0.86	0.91	0.87	0.88	0.90	0.82	0.86	0.86	0.82	0.90	0.87	0.85
水潦乡																								
	N	23	20	23	23	23	23	23	23	23	23	23	23	23	23	23	23	23	23	23	23	22	23	22.82
	A	6	7	7	9	11	7	7	8	8	7	12	11	12	14	11	13	8	13	10	8	13	11	9.91

续表

微卫星位点

群体	Ht6	Ht12	Hs17	Hs18	Hs24	Hs43	Hs45	Hs51	Hs53	Hs57	Hs68	Hs72	Hs77	Hs78	Hs80	Hs83	Hs89	Hs102	Hs111	Hs115	Hs128	Hs144	平均值
A_e	3.92	3.52	5.44	10.27	6.57	6.26	5.34	6.26	3.52	5.04	7.40	6.53	9.45	8.67	7.61	7.25	5.66	8.14	6.70	5.43	8.35	6.34	6.53
H_O	0.44	0.48	0.30	0.78	0.96	0.22	0.26	0.30	0.87	0.44	0.61	0.57	1.00	0.70	0.70	0.61	0.83	0.48	1.00	0.35	0.96	0.61	0.61
H_E	0.75	0.72	0.82	0.90	0.85	0.84	0.81	0.84	0.72	0.80	0.87	0.85	0.89	0.89	0.87	0.86	0.82	0.88	0.85	0.82	0.88	0.84	0.83
一合镇																							
N	39	39	39	39	39	39	39	39	39	39	39	39	39	39	39	37	39	39	39	39	39	39	38.91
A	7	10	10	16	12	13	6	9	8	8	16	14	12	18	12	15	11	13	9	8	16	10	11.55
A_e	4.49	4.90	6.42	11.88	7.82	7.92	4.35	4.24	4.97	5.56	9.57	8.03	9.48	10.24	7.66	7.24	4.59	7.82	6.31	5.38	9.81	6.60	7.06
H_O	0.39	0.44	0.54	0.95	1.00	0.44	0.39	0.51	0.95	0.62	0.85	0.77	1.00	0.74	0.87	0.73	0.51	0.67	1.00	0.59	0.85	0.46	0.69
H_E	0.78	0.80	0.84	0.92	0.87	0.87	0.77	0.76	0.80	0.82	0.90	0.88	0.89	0.90	0.87	0.86	0.78	0.87	0.84	0.81	0.90	0.85	0.84
太平镇																							
N	35	35	35	35	35	31	35	35	35	35	35	35	35	35	35	35	35	35	33	33	35	33	34.55
A	9	10	11	16	10	15	6	9	9	7	15	13	12	14	11	17	13	18	10	10	14	15	12.00
A_e	4.82	4.89	8.63	10.70	7.19	9.61	4.55	4.48	4.82	5.26	8.88	8.60	10.47	8.85	8.09	11.19	6.20	13.39	7.24	4.64	10.99	8.51	7.82
H_O	0.49	0.40	0.43	0.97	0.97	0.61	0.34	0.37	0.86	0.69	0.66	0.66	0.97	0.69	0.86	0.66	0.74	0.66	0.91	0.46	0.77	0.55	0.67
H_E	0.79	0.80	0.88	0.91	0.86	0.90	0.78	0.78	0.79	0.81	0.89	0.88	0.90	0.89	0.88	0.91	0.84	0.93	0.87	0.79	0.91	0.88	

最小（4.285），Hs80座位的基因流最大（17.360），各座位的平均基因流为7.390（表3-70）。

表3-70 2015—2018年赤水河半𩾃不同地理群体间的 F 值和基因流

微卫星位点	地理群体的固定指数（F_{IS}）	总群体的固定指数（F_{IT}）	地理群体的基因分化率（F_{ST}）	基因流（N_m）
Ht6	0.480	0.508	0.055	4.285
Ht12	0.518	0.538	0.041	5.868
Hs17	0.478	0.501	0.043	5.540
Hs18	0.013	0.031	0.019	13.259
Hs24	−0.096	−0.068	0.026	9.514
Hs43	0.415	0.438	0.039	6.154
Hs45	0.589	0.600	0.027	9.202
Hs51	0.493	0.519	0.052	4.559
Ht53	−0.103	−0.044	0.054	4.354
Hs57	0.252	0.268	0.022	11.271
Hs68	0.190	0.207	0.021	11.724
Hs72	0.209	0.230	0.026	9.240
Hs77	−0.113	−0.095	0.016	15.534
Hs78	0.234	0.261	0.036	6.798
Hs80	0.051	0.064	0.014	17.360
Hs83	0.267	0.299	0.044	5.376
Hs89	0.164	0.196	0.038	6.283
Hs102	0.336	0.353	0.025	9.677
Hs111	−0.151	−0.113	0.033	7.333
Hs115	0.413	0.438	0.044	5.487
Hs128	0.036	0.059	0.024	10.365
Hs144	0.371	0.389	0.028	8.775
平均值	0.224	0.250	0.033	7.390

对5个地理群体半𩾃的 Nei's 遗传距离和相似性指数进行分析。结果显示，水潦乡江段和赤水市江段遗传距离最远，为0.335 6；太平镇江段和茅台镇江段遗传距离最近，为0.153 1（表3-71）。

表3-71 2015—2018年赤水河半𩾃不同地理群体间的遗传距离和遗传相似系数

群体	赤水市	茅台镇	水潦乡	二合镇	太平镇
赤水市		0.772 3	0.714 9	0.722 5	0.770 0
茅台镇	0.258 3		0.853 5	0.823 4	0.858 0
水潦乡	0.335 6	0.158 4		0.813 6	0.801 1
二合镇	0.325 1	0.194 4	0.206 3		0.847 6
太平镇	0.261 4	0.153 1	0.221 8	0.165 3	

注：右上角为遗传相似系数；左下角为遗传距离。

基于 Nei's 遗传距离构建的 UPGMA 树显示，茅台镇先与水潦乡聚为一小支，再与二合镇聚为一支，再与太平镇聚为一大支，最后与赤水市聚为更大一支，这与它们实际地理距离一致（图 3-74）。

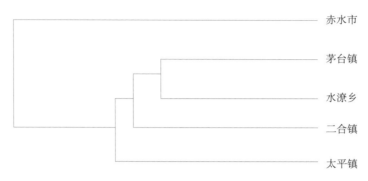

图 3-74　2015—2018 年赤水河不同江段半鰲遗传距离的聚类分析

种群的固定系数为 0.25，表明群体间存在一定程度的分化。利用 Alequin 软件分析得出：赤水河 5 个地理群体两两间的 F_{ST} 值均小于 0.05，即未出现遗传分化（表 3-72）。

表 3-72　基于 SSR 标记的 2015—2018 年赤水河半鰲不同地理群体间成对 F_{ST} 值（对角线下）和校正 P 值（对角线上）

群体	赤水市	茅台镇	水潦乡	二合镇	太平镇
赤水市		0.000 00	0.000 00	0.000 00	0.000 00
茅台镇	0.030 42		0.000 00	0.000 00	0.000 00
水潦乡	0.038 05	0.017 39		0.000 00	0.000 00
二合镇	0.037 48	0.024 34	0.023 47		0.000 00
太平镇	0.027 25	0.016 97	0.023 88	0.017 86	

比较发现，随着时间的推移，赤水河半鰲的平均等位基因数和平均期望杂合度明显减少，而平均观测杂合度增大（表 3-73）。

表 3-73　赤水河半鰲微卫星遗传多样性的年际变化

时间	平均等位基因数	平均观测杂合度	平均期望杂合度
2011—2013 年	26.4	0.823	0.943
2015—2018 年	14.86	0.947	0.879

3.3.6　小结

半鰲是一种适应长江上游急流生活的小型特有鱼类，历史上曾广泛分布于长江上游干流、岷江、沱江、嘉陵江、大渡河以及青衣江等水系（丁瑞华，1994）。调查表明，目前长江上游半鰲的资源量明显下降，仅在赤水河等支流维持有较大的种群规模。本研究根据 2011—2013 年和 2015—2018 年在赤水河采集的样本，对半鰲的基础生物学特征及其变化趋势进行了研究。结果表明，半鰲的体长与体重组成和年龄组成在研究期间无显著下降趋势，但是极限体长、体重及拐点年龄、体长、体重等指标均有所下降。种群动态方面，2015—2018 年的总死亡系数、捕捞死亡系数和开发率均较 2011—2013 年有显著下降。例如，2011—2013 年的开发率 E_{cur} = 0.71，表明其处于过度捕捞；而 2015—2018 年开发率 E_{cur} = 0.27，开发程度明显下降。遗传多样性方面，2015—2018 年的观测杂合度较 2011—2013 年增加，期望杂合度相对下降；单倍型多样性和核苷酸多样性均增加，表明半𩾃的遗传多样性有所增加，说明半𩾃的资源量正在得到有效恢复。建议继续严格实施禁渔政策，同时实施生态修复，确保鱼类正常生长与繁殖。

（李文静、王俊）

3.4 张氏𩷕

张氏𩷕（*Hemiculter tchangi* Fang）隶属于鲤形目（Cypriniformes）鲤科（Cyprinidae）鲌亚科（Culterinae）𩷕属（*Hemiculter*），因其尾鳍末端为灰黑色，又名黑尾𩷕，主要分布于长江上游干支流，为长江上游水系特有鱼类。

体侧扁，较厚，背部平直，腹部略呈弧形，自胸鳍基部下方至肛门具腹棱。头尖形，侧扁，头背部平直，头长与体高约等大。吻稍尖，吻长大于眼径。眼中大，位于头侧，眼后缘至吻端的距离与眼后头长约等大。眼间宽，微凸，眼间距大于眼径。口端位，口裂斜；上颌骨末端伸达鼻孔下方。鳞中大，薄而易脱落，胸、腹部鳞片较体侧鳞为小。侧线完全，自头后向下倾斜，至胸鳍后部弯折成与腹部平行，行于体之下半部，至臀鳍基末端又转而向上，深入尾柄正中（图 3-75）。

图 3-75　张氏𩷕活体照（吴金明　拍摄）

目前，对于张氏𩷕的基础生物学特征已有一些研究。例如，邓其祥等（1993）对张氏𩷕的年龄与生长、食性、性腺发育方面进行了初步研究；张国华等（1999）对耳石形态进行了研究；罗毅平、陈谊谊（2009）对鱼体的化学组成及能量密度进行了研究；孙宝柱（2010）对张氏𩷕的年龄与生长、繁殖生物学、形态学、资源现状与保护方面进行了研究；母红霞（2011）对张氏𩷕的食性进行了研究；Zou（2017）对张氏𩷕的线粒体全基因组进行了研究。

本研究根据 2011—2013 年和 2015—2018 年赤水河以及木洞河和龙溪河等长江上游支流采集的样本，对张氏𩷕的基础生物学特征，包括年龄与生长、食性、繁殖、种群动态及遗传多样性等进行了研究。

3.4.1　年龄与生长

3.4.1.1　体长与体重

1. 体长与体重结构

2011—2013 年在赤水河采集 676 尾张氏𬶨。样本体长范围为 45 ~ 215mm，平均体长为 129.8mm；其中大部分个体体长介于 100 ~ 160mm，占总样本量的 72.9%；体长大于 180mm 的个体仅占 2.7%（图 3-76）；体重范围为 1.1 ~ 136.8g，平均体重为 30.4g；绝大部分个体体重在 60g 以下，占总样本量的 93.1%，体重大于 100g 的个体很少，仅占 0.3%（图 3-77）。

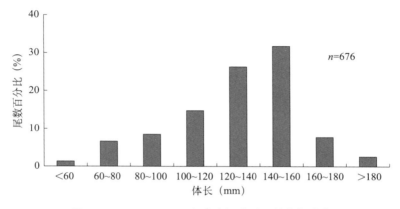

图 3-76　2011—2013 年赤水河张氏𬶨的体长分布

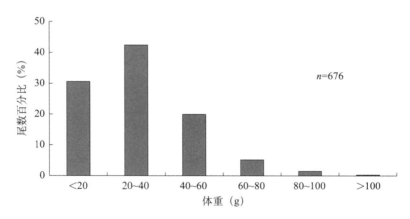

图 3-77　2011—2013 年赤水河张氏𬶨的体重分布

2015—2018 年在赤水河采集张氏𬶨 373 尾。样本体长范围为 42 ~ 209mm，其中优势体长范围为 100 ~ 160mm，占总样本量的 61.9%（图 3-78）。体重范围为 1.0 ~ 147.6g。绝大部分个体体重在 60g 以下，占总样本量的 90.7%；体重大于 100g 的个体仅占 1.4%（图 3-79）。

比较发现，随着时间的推移，赤水河张氏𬶨的体长与体重结构发生了一定的变化，种群中大个体的比例有所增加。

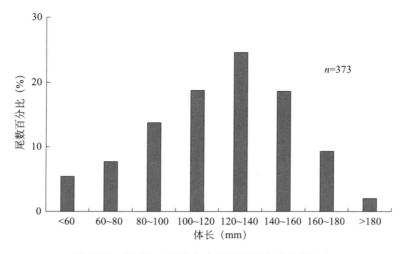

图 3-78　2015—2018 年赤水河张氏䱗的体长分布

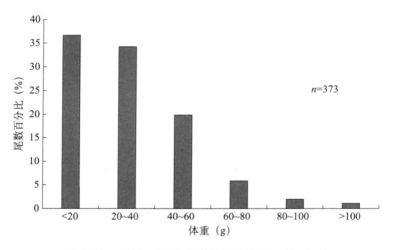

图 3-79　2015—2018 年赤水河张氏䱗的体重分布

2. 体长与体重关系

对 2011—2013 年赤水河 676 尾张氏䱗的体长与体重关系进行拟合，结果表明幂函数相关程度最高。残差平方和检验表明雌雄种群间无显著性差异（$P > 0.05$），因此用雌雄种群总体来表达体长与体重关系，其表达式为：

$W = 0.6 \times 10^{-5} L^{3.196}$（$R^2 = 0.967$，$n = 676$）。

对 2015—2018 年赤水河 373 尾张氏䱗的体长和体重关系进行拟合，同样表明幂函数的相关程度最高，因而得到其关系表达式为：

$W = 1 \times 10^{-5} L^{3.054}$（$R^2 = 0.908$，$n = 373$）。

孙宝柱（2010）对 2005—2009 年赤水河河口江段张氏䱗进行的研究显示，张氏䱗同龄雌雄个体间，体长体重差异不显著，体长和体重关系符合以下幂函数公式。

雌性：$W = 8 \times 10^{-6} L^{3.108}$（$R^2 = 0.952$，$n = 518$）；

雄性：$W=5 \times 10^{-6}L^{3.180}$（$R^2=0.952$，$n=383$）；

雄性：$W=6 \times 10^{-6}L^{3.145}$（$R^2=0.956$，$n=1\,023$）。

邓其祥（1993）对 1985—1987 年嘉陵江中游 120 尾张氏䱗进行的研究表明，其体重与体长关系为：

$W=7.33 \times 10^{-5}L^{2.666}$（$R^2=0.987$，$n=120$）。

综上所述，不同研究均表明张氏䱗属于匀速生长型鱼类。相较而言，赤水河张氏䱗的体长与体重关系 b 值明显高于嘉陵江，表明赤水河张氏䱗在生长过程中体重瞬时增长率与体长瞬时增长率之比高于嘉陵江。

3.4.1.2　年龄

1. 年轮特征

张氏䱗的鳞片为圆鳞，中等大，轻薄而易脱落，近菱形。埋入皮肤囊的部位为前区，裸露于皮肤外的部分为后区。前区特别短而且宽，后区延长，鳞焦位于前区，近侧线一侧稍宽。环片在前区内排列致密，侧区稍松散，两侧区的环片近似同心圆排列，鳞片后区的环片被放射沟分隔而破碎，仅在近鳞焦部分呈现部分的波纹环状结构，大部分后区除放射沟外仅有稀疏的颗粒状突起。

年轮特征主要为疏密切割型，即疏密和切割结构同在一个年轮处出现，切割面的内缘呈密环，外缘呈疏环。在前区和上下侧区均可见疏密现象，在前侧位可见明显的切割现象。年轮处有时伴随 1～2 个环片破碎、分歧（图 3-80）。宽窄带交替出现，窄带和紧接的宽带共同构成一个生长年带。个体较小的鱼第一个年轮表现为不显著的疏密结构，较大的鱼疏密切割型年轮清晰可见（邓其祥，1993；孙宝柱，2010）。

（a）　　　　　　　　　　　　（b）

（c）　　　　　　　　　　　　（d）

图 3-80　张氏䱗鳞片形态和年轮（孙宝柱等，2010）

（a）鳞片完整结构，数字表示年轮（2+），F 表鳞焦；（b）箭头所示为幼轮（1+）；
（c）（d）前侧区年轮的环片特征（2+、3+）

2. 年龄结构

对 2011—2013 年赤水河 676 尾张氏鲨进行的年龄结构分析显示，其年龄组成包括 2～6 龄共 5 个年龄组，其中以 3 龄比例最大，占 47.87%；其次为 4 龄组，占 35.06%；5 龄及 6 龄个体所占比例较小（图 3-81）。

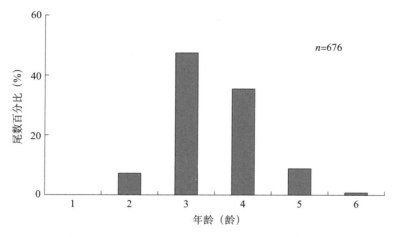

图 3-81　2011—2013 年赤水河张氏鲨的年龄结构

对 2015—2018 年赤水河 106 尾张氏鲨进行的年龄结构分析显示，其年龄组成包括 1～8 龄共 8 个年龄组，其中以 2 龄比例最大，占总样本量的 30.8%；其次为 1 龄，占 21.5%；6 龄及以上个体比例较低（图 3-82）。

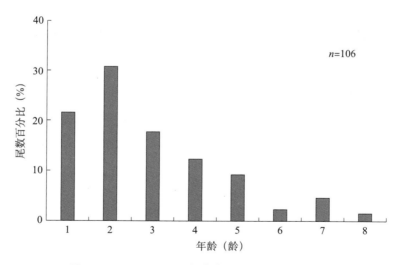

图 3-82　2015—2018 年赤水河张氏鲨的年龄结构

孙宝柱等（2010）对 2005—2009 年赤水河河口江段 1 023 尾张氏鲨的年龄结构进行了分析。结果表明，其种群由 1～4 龄组成，其中以 2 龄的比例最高，占 43.9%；其次为 1 龄，占 40.0%；3 龄及 4 龄个体所占比例较低（图 3-83）。

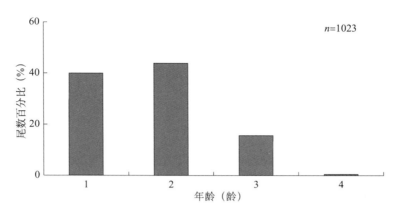

图 3-83　2005—2009 年赤水河张氏𬶟种群年龄结构（孙宝柱等，2010）

邓其祥（1993）对 1985—1987 年嘉陵江中游 324 尾张氏𬶟进行的年龄结构分析显示，该江段张氏𬶟以 1 龄比例最高，占 44.7%；其后依次为 2 龄（25.1%）、3 龄（17.0%）和 4 龄（13.2%）（图 3-84）。

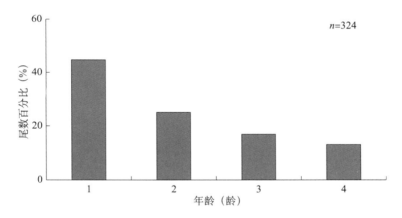

图 3-84　1985—1987 年嘉陵江中游张氏𬶟种群年龄结构（邓其祥，1993）

比较发现，随着时间的推移，赤水河张氏𬶟的年龄结构逐渐变得复杂，并且高龄个体的比例明显增加。

3.4.1.3　生长特征

1. 体长与鳞径关系

对 2011—2013 年赤水河 227 尾张氏𬶟的体长与鳞径的数据进行不同方程的拟合比较，选择相关系数最大者为最佳回归方程。结果表明，直线方程的相关性最高，且经残差平方和分析，雌雄个体之间无显著性差异（$P > 0.05$），故可以用一个总的关系式表达：

$L=32.08R+43.08$（$R^2=0.815$，$n=227$）。

对 2015—2018 年赤水河 106 尾张氏𬶟的体长与鳞径的数据进行拟合，结果同样表明直线方程的相关系数最高，关系式为：

$L=33.376R+47.635$（$R^2=0.827$，$n=106$）。

孙宝柱等（2010）将2005—2009年赤水河河口江段1 001尾可辨性别个体按雌性、雄性分别进行体长和鳞径关系拟合。结果表明，直线方程的相关系数最大，为最佳回归方程。

雌性：$L=0.021R-0.568$（$R^2=0.707$，$n=518$）；

雄性：$L=0.020R-0.514$（$R^2=0.656$，$n=483$）。

雌雄个体差异不显著（$P>0.05$），因此将雌雄个体汇总后的方程为：

$L=0.020R-0.477$（$R^2=0.688$，$n=1\ 001$）。

综上所述，不同研究均表明，张氏鳘的体长和鳞径呈直线相关。

2. 退算体长

根据2011—2013年赤水河227尾张氏鳘样本的体长与鳞径关系，采用 Rose Lee公式得到各龄组的退算体长（表3-74）。t检验显示，各龄实测体长与退算体长差异不显著（$P>0.05$）。

表3-74　2001—2013年赤水河张氏鳘的实测体长和退算体长

年龄（龄）	样本量（尾）	实测体长（mm）	退算体长（mm）				
			L_1	L_2	L_3	L_4	L_5
1	15	112.5	98.6				
2	81	135.6	105.3	131.6			
3	106	145.5	102.4	137.1	153.1		
4	22	159.3	107.6	123.3	146.7	158.6	
5	3	179.3	103.1	127.5	138	153.1	179.7
退算体长均值（mm）			103.3	129.9	145.9	155.8	179.7

孙宝柱等（2010）对2005—2009年赤水河河口江段1 021尾张氏鳘进行了体长退算，得到相应的退算体长（表3-75）。

表3-75　2005—2009年赤水河张氏鳘的实测体长和退算体长

年龄（龄）	样本量（尾）	实测体长（mm）	退算体长（mm）			
			L_1	L_2	L_3	L_4
1	408	110.36 ± 19.21	112.53			
2	448	133.82 ± 21.11	95.39	133.43		
3	160	155.83 ± 23.09	76.98	129.53	151.50	
4	5	165.80 ± 31.96	88.71	124.05	144.21	171.50
退算体长均值（mm）			93.30	129.04	147.86	171.50

比较发现，随着时间的推移，赤水河张氏鳘的各龄退算体长均有一定程度的增加。

3. 生长方程

根据2011—2013年赤水河张氏鳘的各龄退算体长，用最小二乘法求得各生长参数：L_∞= 242.69mm，k = 0.164/a，t_0 = -2.710，W_∞ = 170.66g。

将各生长参数代入 Von Bertalanffy 方程中，得到张氏䱗体长和体重生长方程：

L_t = 242.69[1-e$^{-0.164(t+2.71)}$]；

W_t = 170.66[1-e$^{-0.164(t+2.71)}$]$^{3.035}$。

根据 2015—2018 年采集的张氏䱗的各龄退算体长，用最小二乘法求得各生长参数：L_∞= 220.84mm，k = 0.254/a，t_0 = -1.135，W_∞ = 160.81g。

将各生长参数代入 Von Bertalanffy 方程中，得到张氏䱗体长和体重生长方程：

L_t = 220.84[1-e$^{-0.254(t+1.135)}$]；

W_t =160.81[1-e$^{-0.254(t+1.135)}$]$^{3.0536}$。

孙宝柱等（2010）根据 2005—2009 年赤水河河口江段张氏䱗退算的各龄组平均体长，采用最小二乘法求得生长参数：L_∞=196.05mm；k=0.36/a；t_0=-1.26 龄；W_∞=97.195g。

将上述参数代入 Von Bertalanffy 方程，得到张氏䱗的生长方程：

L_t = 196.05[1-e$^{-0.36(t+1.26)}$]；

W_t = 97.195[1-e$^{-0.36(t+1.26)}$]$^{3.145}$。

上述研究均显示，张氏䱗的体长生长曲线没有明显的拐点，随着年龄的增长逐渐趋向于渐近体长；体重生长曲线呈非对称的 S 形，体重的生长先呈加速趋势，在拐点处生长速度最大，而后生长速度逐渐下降并趋向于渐近体重，总体呈现一个慢—快—慢的生长过程。

比较发现，随着时间的推移，赤水河张氏䱗的生长系数有所降低，而极限体长和极限体重有所增加。

4. 生长速度和加速度

对 2011—2013 年张氏䱗的体长和体重生长方程求一阶和二阶导数，分别求得体长和体重的生长速度和加速度相关方程。

dL/dt = 39.81e$^{-0.164(t+2.71)}$，

d^2L/dt^2 =-6.53 e$^{-0.164(t+2.71)}$；

dW/dt = 84.94e$^{-0.164(t+2.71)}$[1-e$^{-0.164(t+2.71)}$]$^{2.035}$，

d^2W/dt^2 = 13.93e$^{-0.164(t+2.71)}$[1-e$^{-0.164(t+2.71)}$]$^{1.035}$[3.035e$^{-0.164(t+2.71)}$-1]。

如图 3-85 所示，张氏䱗体长生长的速度和加速度都不具有拐点，生长的速度随着年龄的增加呈递减趋势，并且逐渐趋于 0；体长生长的加速度逐渐递增，但加速度的增长一直都小于 0，表明生活史早期体长生长的速度较高，年龄越大，体长生长越缓慢。

如图 3-86 所示，体重的生长速度和加速度曲线均具有拐点。当体重加速度为 0时（d^2W/dt^2 = 0），体重的生长速度达最大值，此时即体重的生长拐点。拐点年龄 t_i = ln$b$/k + t_0 = 4.04龄，该拐点所对应的体长和体重分别为：L_t = 162.46 mm，W_t = 50.49 g。其后体重生长速度和加速度均下降，生长速度曲线逐渐变缓，并趋向于 0，此时体重生长加速度为负值，为体重增长递减阶段。

赤水河鱼类生物学研究

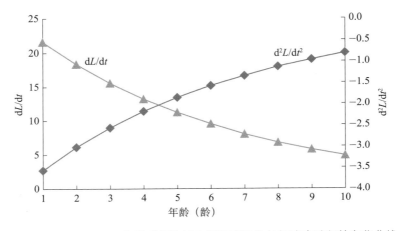

图 3-85　2011—2013 年张氏𩾌体长生长速度和生长加速度随年龄变化曲线

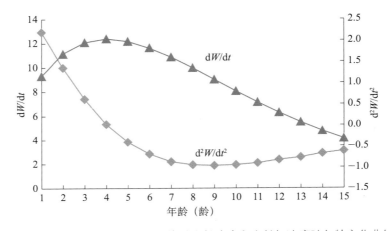

图 3-86　2011—2013 年张氏𩾌体重生长速度和生长加速度随年龄变化曲线

对 2015—2018 年采集的样本的体长和体重生长方程求一阶和二阶导数，分别求得体长和体重的生长速度和加速度相关方程。

$dL/dt = 36.06e^{-0.142(t+3.041)}$，

$d^2L/dt^2 = -5.11e^{-0.142(t+3.041)}$；

$dW/dt = 105.16e^{-0.142(t+3.041)}[1-e^{-0.142(t+3.041)}]^{2.054}$，

$d^2W/dt^2 = 14.89e^{-0.142(t+3.041)}[1-e^{-0.142(t+3.041)}]^{1.054}[3.054e^{-0.142(t+3.041)}-1]$。

如图 3-87 所示，张氏𩾌体长生长的速度和加速度都不具有拐点，生长的速度随着年龄的增加呈递减趋势，并且逐渐趋于 0；体长生长的加速度逐渐递增，但加速度的增长一直都小于 0，表明生活史早期体长生长的速度较高，年龄越大，体长生长越缓慢。

如图 3-88 所示，体重的生长速度和加速度曲线均具有拐点。当体重加速度为 0 时（$d^2W/dt^2 = 0$），体重的生长速度达最大值，此时即体重的生长拐点。拐点年龄 $t_i = \ln b/k + t_0 = 3.25$ 龄，该拐点所对应的体长和体重分别为：$L_t = 148.52$mm，$W_t = 47.88$g。其后体重生长速度和加速度均下降，生长速度曲线逐渐变缓，并趋向于 0，此时体重生长加速度为负值，为体重增长递减阶段。

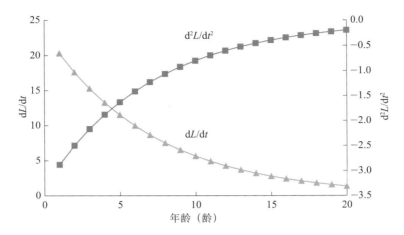

图 3-87　2015—2018 年张氏鳘体长生长速度和生长加速度随年龄变化曲线

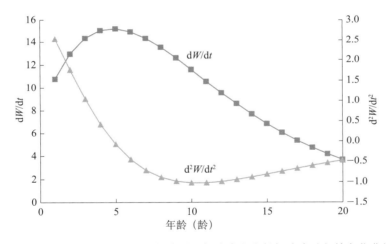

图 3-88　2015—2018 年张氏鳘体重生长速度和生长加速度随年龄变化曲线

孙宝柱等（2010）根据 2005—2009 年赤水河河口江段张氏鳘的生长方程，分别得到张氏鳘体长、体重的生长速度和生长加速度方程。

$dL/dt=70.58e^{-0.36(t+1.26)}$，

$dW/dt=110.04e^{-0.36(t+1.26)}[1-e^{-0.36(t+1.26)}]^{2.145}$；

$d^2L/dt^2=-25.41e^{-0.36(t+1.26)}$，

$d^2W/dt^2=39.62e^{-0.36(t+1.26)}[1-e^{-0.36(t+1.26)}]^{1.145}[3.145e^{-0.36(t+1.26)}-1]$。

当体重生长加速度为 0 时，体重生长速度达到最大值，此为体重生长拐点。设拐点年龄为 t_i，由于 $d^2W/dt^2=0$，则 $t_i=\ln b/k+t_0$，求得拐点年龄为 1.92 龄。当 $t<1.92$ 龄时，体重的生长速度是随年龄增长而上升的，上升速度随年龄增长而减小；当 $t>1.92$ 龄时，体重的生长速度随年龄的增长而下降，下降速度随年龄的增长而减小。在 $t=1.92$ 时，鱼体体重为 $W_{ti}=29.13g$，体长为 $L_{ti}=133.4mm$。

3.4.2 食性

3.4.2.1 食物组成

对 2011—2013 年采集的 30 尾张氏䱻样本的食物组成进行了分析。结果显示，张氏䱻的食物种类较为复杂，包括藻类、植物类、甲壳类、软体动物、水生昆虫（毛翅目昆虫、鞘翅目昆虫、双翅目昆虫）、食糜、蛙卵等（表 3-76）。

表 3-76　2011—2013 年赤水河张氏䱻的食物种类组成

食物类群	分类	代表种类
藻类	蓝藻、硅藻	鱼腥藻、针杆藻、舟形藻
	绿藻	鼓藻、水绵、小球藻、鞘藻
植物类		草籽、枯叶
甲壳类		小虾
软体动物		贝类
昆虫	鞘翅目	龙虱
	膜翅目	蜂、蚂蚁
	双翅目	蚊蝇幼虫
	毛翅目	纹石蛾
其他		食糜、蛙卵

母红霞等（2011）根据 2005—2008 年赤水河河口采集的 72 尾样本对张氏䱻的食物组成进行了分析。结果显示，张氏䱻食谱较广，其食物种类包括藻类、植物类、枝角类、甲壳类、贝类、双翅目昆虫成虫、膜翅目昆虫、鞘翅目昆虫、环节动物门寡毛纲、鱼卵、小鱼、幼蛙等，其中以双翅目昆虫（主要是蚊的幼虫、蝇的成虫及幼虫）、草本植物、藻类三大类群的出现率最高；其次是环节动物门寡毛纲、膜翅目昆虫（蚂蚁、蜂类）和甲壳类等（表 3-77）。

表 3-77　2005—2008 年赤水河河口江段张氏䱻的食物组成及各类群食物的出现率（母红霞等，2011）

食物类群	代表种类	出现次数	出现率（%）
藻类	蓝藻门：鱼腥藻、胶鞘藻； 绿藻门：水绵、鼓藻、小球藻、鞘藻； 硅藻门：直链藻、舟形藻、针杆藻、脆杆藻、桥弯藻	14	22.22
植物类	草本植物、碎叶片、草籽、辣椒籽	16	25.40
枝角类	潘类	4	6.35
甲壳类	小虾	9	14.29
软体动物	贝类	2	3.17
双翅目昆虫	蚊（幼虫）、蝇（幼虫及成虫）		
膜翅目昆虫	蚂蚁、蜂类	11	17.46
鞘翅目昆虫	龙虱	3	4.76
环节动物门寡毛纲	水蚯蚓	12	19.05
鱼卵		2	3.17
小鱼		4	6.35
蛙类		1	1.59
砂		7	11.11

邓其祥（1993）根据 1985—1987 年嘉陵江中游 285 尾样本对张氏䱗的食物组成进行了分析。结果显示，张氏䱗食物中出现率最高的是种子植物碎屑，占 36.63%，其次是藻类，占 27.23%，然后是昆虫、水溞和小鱼等（表 3-78）。

表 3-78　1985—1987 年嘉陵江水系中游张氏䱗的食物组成及各类群食物的出现率（邓其祥，1993）

食物种类	出现次数	出现率（%）	出现百分比（%）
种子植物碎屑	152	62.55	36.63
藻类	113	46.5	27.23
昆虫	86	35.39	20.72
水溞	26	10.7	6.27
小鱼	13	6.17	3.13
其他	25	10.29	6.02

综上所述，张氏䱗是一种可塑性较强的杂食性鱼类，其食物组成随栖息环境而有所不同。

3.4.2.2　摄食强度

母红霞等（2011）研究表明：张氏䱗的年均摄食率为 87.5%；平均充塞度和摄食率均以春季最高，秋季最低，且冬季无停食现象。

3.4.3　繁殖

3.4.3.1　性比

对 2011—2013 年 139 尾成熟样本的性比进行了统计，其中雌性 91 尾，雄性 48 尾，雌雄比例为 1：0.53，雌性个体显著多于雄性个体（X^2=9.643，$P < 0.05$）。

对 2015—2018 年 312 尾张氏䱗成熟样本的性比进行了统计，其中雌性 159 尾，雄性 121 尾，雌雄比例为 1：0.76，雌性个体显著多于雄性个体（X^2=5.175，$P < 0.05$）。

孙宝柱等（2010）对赤水河河口江段 361 尾成熟个体的性比进行了统计，其中雌性 210 尾，雄性个体 151 尾，雌雄比例为 1：0.72，雌性比例明显高于雄性（X^2=9.643，$P < 0.05$）。

邓其祥（1993）发现嘉陵江水系中游 302 尾样本的性比为 1：0.961，基本符合 1：1 的比例。

3.4.3.2　繁殖时间

1. 性腺发育的时间规律

对 2011—2013 年张氏䱗的性腺发育及其周年变化情况进行了分析（表 3-79）。结果表明，张氏䱗Ⅳ和Ⅴ期样本主要出现于 4—8 月；雌性产后性腺最早在 6 月出现，9 月达到最高值；9 月以后多数性腺已经完成了退化吸收过程，重新回到Ⅱ～Ⅲ期。

表 3-79　2011—2013 年张氏䱗性腺发育周年变化情况

月份	雌性（%）					雄性（%）			
	样本量	Ⅱ	Ⅲ	Ⅳ、Ⅴ	Ⅵ	样本量	Ⅱ	Ⅲ	Ⅳ、Ⅴ
4	2	0	0	100.0	0	9	11.1	55.5	33.3
5	6	0	16.7	83.3	0	4	0	0	100.0
7	56	0	1.8	94.6	3.6	30	13.3	23.3	63.3
8	35	5.7	8.6	85.7	0	29	10.3	13.8	75.9
9	6	33.3	0	0	66.6	3	100.0	0	0
10	15	80.0	20.0	0	0	5	100.0	0	0
12	3	100.0	0	0	0	3	100.0	0	0

孙宝柱等（2010）研究表明，赤水河河口江段张氏䱗在 10 月至次年 3 月绝大多数个体性腺发育处于Ⅱ期，而 4—9 月Ⅳ～Ⅴ期个体所占的比例显著升高（表 3-80）。

表 3-80　2005—2009 年赤水河河口江段张氏䱗性腺发育周年变化情况（孙宝柱等，2010）

月份	雌性（%）					雄性（%）			
	样本量	Ⅱ	Ⅲ	Ⅳ～Ⅴ	Ⅵ	样本量	Ⅱ	Ⅲ	Ⅳ～Ⅴ
1	7	100.0	0	0	0	20	75.0	25.0	0
2	71	97.2	0	2.8	0	36	97.2	2.8	0
3	38	97.4	0	2.6	0	39	94.9	5.1	0
4	14	78.6	0	21.4	0	28	13.6	28.6	57.1
5	90	35.6	13.3	51.1	0	81	28.4	12.3	59.3
6	47	23.3	10.6	66.0	0	88	63.6	15.9	20.5
7	87	2.3	16.1	73.6	8.0	27	18.5	0	81.5
8	54	11.1	16.7	61.1	11.1	48	20.8	18.8	56.3
9	24	33.3	12.5	54.2	0.0	24	25.0	0	75.0
10	27	92.6	7.4	0	0.0	30	83.3	16.7	0
11	43	90.7	2.3	2.3	4.7	41	100.0	0	0
12	16	93.8	0	6.3	0	21	95.2	4.8	0

2. 性体指数

对 2011—2013 年赤水河张氏䱗的性体指数（GSI）及其周年变化情况进行了分析（图 3-89）。结果显示，雌性和雄性的性体指数均从 4 月开始升高，并且一直持续到 8 月，以 5—7 月性体指数最高。

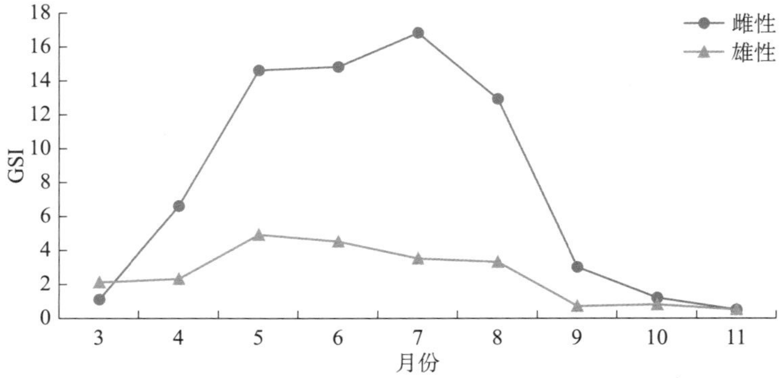

图 3-89　2011—2013 年赤水河张氏䱗性体指数周年变化

孙宝柱等（2010）研究表明，张氏鳘繁殖种群雄性的性体指数 3 月开始增大，7月达到全年最大值，为 5.97 ± 3.84，12 月则降到最小值，为 0.55 ± 0.36。雌性的性体指数从 5 月开始增大，6—8 月为全年最高，9 月以后则减小。雄性的性体指数除 6 月和 7 月外，变化趋势与雌性基本相同。5—9 月均可采到性成熟的雌、雄性个体，平均性体指数分别为 6.86 ± 1.33 和 1.48 ± 0.39（图 3-90）。

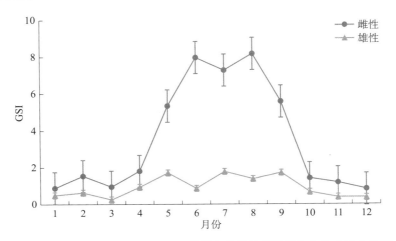

图 3-90 2005—2009 年赤水河张氏鳘雌、雄性个体性体指数周年变化（孙宝柱等，2010）

综上所述可以初步推测，张氏鳘的繁殖季节为 4—9 月，其中以 6—8 月为繁殖高峰期。

3.4.3.3 卵径

对 2011—2013 年 36 尾Ⅳ期张氏鳘样本的卵径进行了测量（图 3-91）。结果表明，其卵径范围为 0.50 ～ 0.91mm，平均卵径为（0.72 ± 0.05）mm。从图中可以看出，卵径分布仅有一个峰值，分布区间为 0.6 ～ 0.8mm，占样本总体的 92.7%，且均接近成熟的卵母细胞。

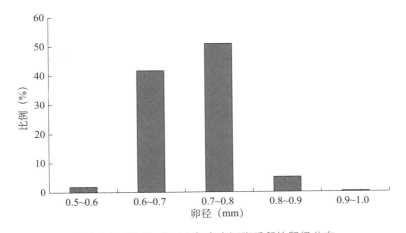

图 3-91 2011—2013 年赤水河张氏鳘的卵径分布

对 2015—2018 年 125 尾张氏䱗成熟个体的卵径进行了测量。结果表明，其卵径范围为 0.46～0.98mm，随性腺发育时期的增加，卵径有增加的趋势，Ⅳ期卵巢成熟卵平均卵径为 0.78mm。从同一卵巢（Ⅳ期）卵径的变化趋势看，卵径变化仅一个峰（图 3-92），卵巢中卵粒的发育基本同步。

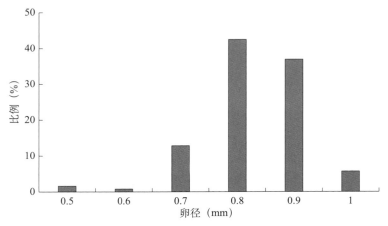

图 3-92　2015—2018 年赤水河张氏䱗的卵径分布

孙宝柱等（2010）测量了 2005—2009 年赤水河河口江段 96 尾Ⅳ期张氏䱗卵巢的卵径（图 3-93）。结果表明，其卵径分布范围为 0.35～1.35mm，平均值为（0.75±0.14）mm，卵径分布呈单峰型。4 月卵径的平均值较小，为（0.62±0.09）mm，5—9 月卵径的平均值较大，分布范围为 0.71～0.79mm。

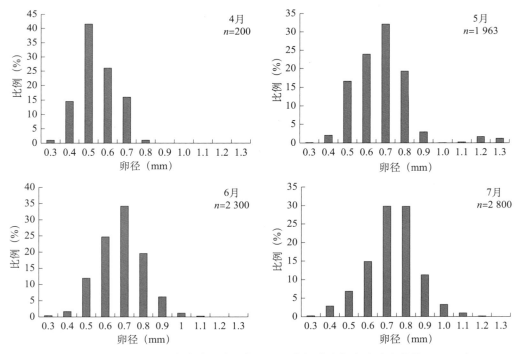

图 3-93　2005—2009 年赤水河张氏䱗不同月卵径分布频率（孙宝柱等，2010）

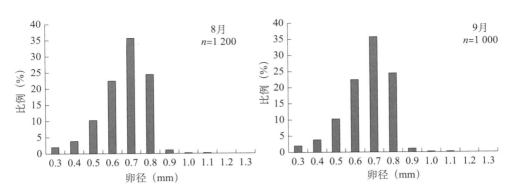

图 3-93　2005—2009 年赤水河张氏鳘不同月卵径分布频率（孙宝柱等，2010）（续）

上述研究均表明，张氏鳘的卵径分布呈单峰型，据此可以判断其为一次产卵类型。

3.4.3.4　怀卵量

对 2011—2013 年采集的 51 尾成熟张氏鳘的怀卵量进行了统计，样本体长 110 ～ 169mm，体重 28.7 ～ 69.4g。结果表明，张氏鳘的绝对怀卵量（F）为 9 614 ～ 64 356 粒 / 尾，平均值为（32 688 ± 11 426）粒 / 尾；体长相对怀卵量（F_L）为 68 ～ 421 粒 /mm，平均值为（219 ± 76）粒 /mm；体重相对怀卵量（F_W）为 234 ～ 1 193 粒 /g，平均值为（680 ± 215）粒 /g。怀卵量与体长和体重相关性不高，但是与年龄呈正相关，即随着年龄的升高而增加（表 3-81）。

表 3-81　2011—2013 年赤水河张氏鳘不同年龄怀卵量的比较

年龄（龄）	样本量（尾）	F（粒 / 尾）	F_L（粒 /mm）	F_W（粒 /g）
1	6	26 084 ± 13 568	210 ± 117	743 ± 385
2	11	28 707 ± 9 733	201 ± 67	697 ± 202
3	27	33 512 ± 9 841	218 ± 63	659 ± 181
4	7	43 332 ± 13 806	277 ± 95	742 ± 243

对 2015—2018 年采集的 125 尾张氏鳘样本的怀卵量进行了统计。结果表明，张氏鳘的绝对怀卵量为 5 289 ～ 46 875 粒 / 尾，平均值为 21 494 粒 / 尾；体长相对怀卵量为 50 ～ 300 粒 /mm，平均值为 153 粒 /mm；体重相对怀卵量为 321 ～ 1 393 粒 /g，平均值为 744 粒 /g。

孙宝柱等（2010）对 2005—2009 年赤水河河口江段 141 尾Ⅳ期个体的怀卵量进行了统计，样本体长 77 ～ 200mm，体重 5.3 ～ 123.9g，年龄 1 ～ 4 龄。结果表明，张氏鳘的绝对怀卵量为 1 164 ～ 41 030 粒 / 尾，平均值为（11 010 ± 7 723）粒 / 尾；体重相对怀卵量为 24.4 ～ 721.4 粒 /g，平均值为（275.1 ± 138.4）粒 /g。

邓其祥（1993）对嘉陵江中游 49 尾Ⅳ期样本的怀卵量进行了统计。结果表明，该江段张氏鳘的绝对怀卵量为 11 724 ～ 54 142 粒 / 尾，平均值为 31 515 粒 / 尾；体重相对怀卵量为 496～633 粒 / g，平均值为 554 粒 / g。

综上所述，张氏䱗的繁殖力相对较高；随着时间的推移，赤水河张氏䱗的体重相对繁殖力明显增加。

3.4.4 种群动态

3.4.4.1 总死亡系数

将 2011—2013 年采集到的张氏䱗样本作为估算资料按体长 10mm 分组，根据长度变换渔获曲线法估算张氏䱗的总死亡系数。总死亡系数（Z）根据变换体长渔获曲线法通过 FiSAT Ⅱ软件包中的 length-converted catch curve 子程序估算，估算数据来自体长频数分析资料。选取其中 8 个点（黑点）作线性回归（图 3-94），回归数据点的选择以未达完全补充年龄段和体长接近 L_∞ 的年龄段不能用作回归为原则，拟合的直线方程为：$\ln (N/\Delta t) = -0.650t + 8.738$（$R^2 = 0.908$），总死亡系数 $Z=0.65/a$。

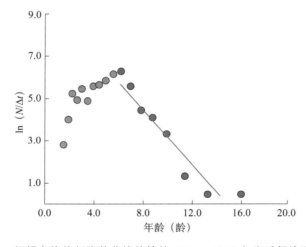

图 3-94　根据变换体长渔获曲线估算的 2011—2013 年张氏䱗总死亡系数

将 2015—2018 年采集到的 730 尾张氏䱗样本作为估算资料按体长 10 mm 分组，根据长度变换渔获曲线法估算张氏䱗总死亡系数。选取其中 3 个点（黑色实心点）作线性回归（图 3-95），回归数据点的选择以未达完全补充年龄段（最高点左侧）和体长接近 L_∞ 的年龄段不能用作回归为原则，拟合的直线方程为：$\ln (N/\Delta t) = -0.78t + 9.025$。估算张氏䱗的总死亡系数为 $Z = 0.78/a$。

3.4.4.2 自然死亡系数

自然死亡系数（M）采用 Pauly's 经验公式估算。

根据 2011—2013 年赤水河赤水市江段实测平均水温 $T \approx 17.9℃$以及相关的生长参数，估算出 2011—2013 年赤水河张氏䱗的自然死亡系数 $M = 0.487/a$。

根据 2015—2018 年赤水河赤水市江段实测平均水温 $T \approx 17.0℃$以及相关生长参数，估算出 2015—2018 年赤水河张氏䱗的自然死亡系数 $M = 0.331/a$。

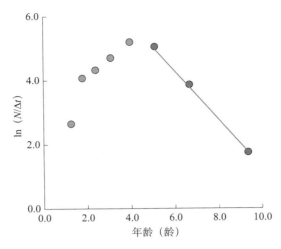

图 3-95　根据变换体长渔获曲线估算的 2015—2018 年张氏𩽾总死亡系数

3.4.4.3　捕捞死亡系数

捕捞死亡系数（F）为总死亡系数（Z）与自然死亡系数（M）之差，即 $F = Z - M$。

2011—2013 年赤水河张氏𩽾的捕捞死亡系数 $F = Z - M = 0.650/a - 0.487/a = 0.163/a$。

2015—2018 年赤水河张氏𩽾的捕捞死亡系数 $F = Z - M = 0.78/a - 0.33/a = 0.45/a$。

3.4.4.4　开发率

2011—2013 年赤水河张氏𩽾的当前开发率为 $E_{cur} = F/Z = 0.25$。

2015—2018 年赤水河张氏𩽾的当前开发率为 $E_{cur} = F/Z = 0.69$。

3.4.4.5　实际种群

2011—2013 年实际种群分析结果显示，在当前渔业形势下张氏𩽾体长超过 100mm 时捕捞死亡系数明显增加，种群被捕捞的概率明显增大，捕捞死亡在数值上也在此时超过了自然死亡，渔业资源种群主要分布在 110 ~ 220mm。平衡资源生物量随体长的增加呈先升后降趋势，最低为 0.5×10^{-6}t（40 ~ 80mm 体长组），最高为 0.42×10^{-4}t（140 ~ 190mm 体长组）。捕捞死亡系数最大出现在 140 ~ 150 mm 体长组，为 0.31/a，此时平衡资源生物量极大下降（图 3-96）。

2015—2018 年实际种群分析结果显示，在当前渔业形势下张氏𩽾体长超过 110mm 时捕捞死亡系数明显增加，种群被捕捞的概率明显增大，捕捞死亡在数值上也在此时超过了自然死亡，渔业资源种群主要分布在 110 ~ 220mm。平衡资源生物量随体长的增加呈先升后降趋势，最低为 0.005t（0 ~ 60mm 体长组），最高为 0.047t（120 ~ 140mm 体长组）。捕捞死亡系数最大出现在 180 ~ 220mm 体长组，为 0.45/a，此时平衡资源生物量极大下降（图 3-97）。

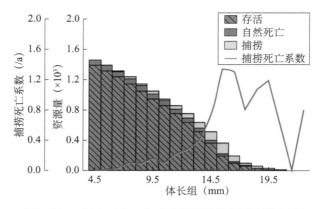

图 3-96 2011—2013 年赤水河张氏鳘实际种群分析

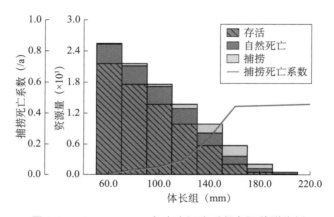

图 3-97 2015—2018 年赤水河张氏鳘实际种群分析

3.4.4.6 种群动态

利用 FiSAT Ⅱ 软件分别估算出 2011—2013 年赤水河张氏鳘的最大开发率 E_{max}、$E_{0.1}$ 及 $E_{0.5}$，其中生长系数 k=0.164，自然死亡系数 M=0.487/a，开捕体长（L_c）与渐近体长（L_∞）比值 L_c/L_∞=0.534（L_c 根据赤水河张氏鳘渔获物组成求得，即渔获物中第一次大量渔获物体长平均值 129.62mm）。建立由相对单位补充量渔获量（Y'/R）与开发率（E）关系曲线（图 3-98），估算出 E_{max} = 0.805，$E_{0.1}$ = 0.702，$E_{0.5}$ = 0.371。利用 FiSAT Ⅱ 软件建立相对单位补充量渔获量等值曲线图，相对单位补充量渔获量等值曲线常被用作预测相对单位补充量渔获量随开捕体长（L_c）和开发率（E）而变化的趋势（图 3-99）。开发率（E）为 0.25，L_c/L_∞=0.534［即开捕年龄（t_c）为 2.01 龄，开捕体长（L_c）为 129.62 mm］，这意味着目前张氏鳘种群没有被过度捕捞。

2015—2018 年，经变换体长渔获曲线分析，当前张氏鳘补充体长为 140mm，目前捕捞强度大，刚刚补充的幼鱼就有可能被捕获上来，开捕体长与补充体长趋于一致，因此认为赤水河张氏鳘当前开捕体长 L_c=140mm。采用 Beverton-Holt 动态综合模型分析，由相对单位补充量渔获量（Y'/R）与开发率（E）关系作图估算出理论开发率 E_{max} = 0.873，$E_{0.1}$ = 0.768，$E_{0.5}$ = 0.400（图 3-100），而当前开发率 E_{cur} = 0.69，处于过度捕捞状态。

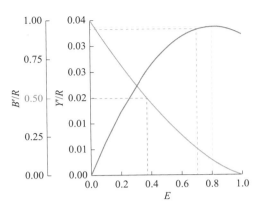

图 3-98 2011—2013 年赤水河张氏䱁相对单位补充量渔获量（Y'/R）和相对单位补充量生物量（B'/R）

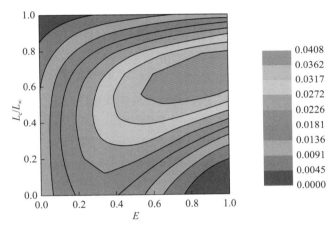

图 3-99 2011—2013 年赤水河张氏䱁相对单位补充量渔获量（Y'/R）与开发率（E）和开捕体长
（L_c）的关系

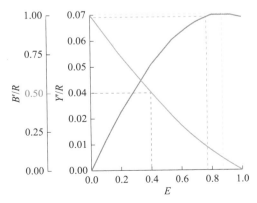

图 3-100 开捕体长 L_c=140mm 时张氏䱁相对单位补充量渔获量（Y'/R）和相对单位补充量生物量
（B'/R）与开发率（E）的关系（E_{max} = 0.873，$E_{0.1}$ = 0.768，$E_{0.5}$ = 0.400）

对 2015—2018 年种群动态与 2011—2013 年种群动态进行比较分析，结果显示：2015—2018 年调查总死亡系数及捕捞死亡系数均有显著上升，当前开发率显著提高。2011—2013 年调查结果显示张氏䱗当前开发率为 E_{cur} = 0.25，张氏䱗种群没有被过度捕捞；而 2015—2018 年调查结果显示，当前开发率 E_{cur} = 0.69，说明近些年张氏䱗的捕捞量总体上升。

3.4.5 遗传多样性

3.4.5.1 线粒体 DNA 遗传多样性

对 2011—2013 年赤水河采集的 34 尾张氏䱗的 Cyt b 基因序列进行了测量，采用 SeqMan 拼接、MegAlign 比对、Seview 手工校对去除首尾不可信位点后得到的 Cyt b 基因序列片段长 1 109bp，片段中 T、C、A、G 的平均含量分别为 28.4%、28.4%、27.8% 和 15.4%，A+T 的含量（56.2%）大于 G+C 的含量（43.8%）。在 Cyt b 基因序列片段中共发现 66 个变异位点，占分析位点总数的 5.95%，其中 57 个为简约信息位点，9 个为单一突变位点。4 个年龄组中，2 龄组的变异位点个数最多，为 55 个，1 龄组的变异位点数最少，为 24 个，3 龄和 4 龄组的变异位点个数分别为 53 个和 50 个。

所有 34 个样本的 Cyt b 基因序列共识别出 8 个单倍型，单倍型多样性指数（Hd）为 0.688，核苷酸多样性指数（Pi）为 0.010 54。各年龄组中，1 龄组 9 个样本共含有 4 个单倍型，单倍型多样性指数为 0.750，核苷酸多样性指数为 0.010 82；2 龄组 11 个样本含有 4 个单倍型，单倍型多样性指数为 0.764，核苷酸多样性指数为 0.015 28；3 龄组 11 个样本含有 4 个单倍型，单倍型多样性指数为 0.600，核苷酸多样性指数为 0.014 54；4 龄组 3 个样本含有 2 个单倍型，单倍型多样性指数为 0.667，核苷酸多样性指数为 0.030 06（表 3-82）。

表 3-82　基于线粒体 DNA Cyt b 基因的 2011—2013 年赤水河张氏䱗遗传多样性参数

年龄组	样本量（尾）	单倍型数（h）	变异位点数（S）	单倍型多样性（Hd）	核苷酸多样性（Pi）
1 龄	9	4	24	0.750	0.010 82
2 龄	11	4	55	0.764	0.015 28
3 龄	11	4	53	0.600	0.014 54
4 龄	3	2	50	0.667	0.030 06
合计	34	8	57	0.688	0.010 54

采用 Mega 软件的 Kimura-2 模型对不同年龄组间的遗传差异进行分析。结果表明，张氏䱗各年龄组间的遗传距离变异范围为 0.012 ～ 0.024。各年龄组内的个体间的平均遗传距离在 4 龄组内最大，为 0.033（表 3-83）。

表 3-83　基于线粒体 DNA Cyt b 基因的 2011—2013 年赤水河张氏䱗年龄组间及组内的遗传距离

年龄组	1 龄	2 龄	3 龄	4 龄	各年龄组内平均遗传距离
1 龄					0.011
2 龄	0.012				0.016
3 龄	0.013	0.016			0.015
4 龄	0.023	0.024	0.021		0.033

使用 Arlequin v3.1 对张氏䱗各年龄组两两间遗传差异（F_{ST}）进行分析，结果表

明，各年龄组间的遗传差异不存在显著分化（$P > 0.05$）（表 3-84）。

表 3-84　基于线粒体 DNA Cyt b 基因的 2011—2013 年赤水河张氏𬶟各年龄组间的遗传分化系数

年龄组	1 龄	2 龄	3 龄	4 龄
1 龄		0.981 98	0.396 40	0.333 33
2 龄	−0.079 10		0.387 39	0.198 20
3 龄	−0.004 37	0.009 13		0.711 71
4 龄	0.181 51	0.078 63	−0.089 57	

注：对角线下为年龄组间的遗传分化系数（F_{ST}），对角线上为 P 值。

　　继续研究了 2015 年 9 月至 2017 年 11 月 212 条张氏𬶟线粒体 Cyt b 基因序列，采用 SeqMan 拼接、MegAlign 比对、Seview 手工校对去除首尾不可信位点后得到的 Cyt b 基因序列片段长 1 141bp。序列中无碱基的插入和缺失。在 212 条序列中，共有 116 个变异位点，占总位点数的 10.17%，其中单突变位点有 56 个，占总位点数的 4.91%，简约信息位点有 60 个，占总位点数的 5.26%。

　　212 条序列共检测到 71 种单倍型。其中，合江群体 100 条序列检测到 38 个单倍型，木洞群体 67 条序列检测到 29 个单倍型，赤水群体 45 条序列检测到 15 个单倍型。在所检测到的 71 个单倍型中，单倍型 Hap1 分布最广，为全部群体所共享。大多数单倍型为某一个群体所独有，其余 8 个单倍型则被 2 ～ 3 个群体共享。

　　以𬶟（*Hemiculter leucisculus*）和蒙古鲌（*Culter mongolicus*）为外类群，利用邻接法（Neighbor joining, NJ）和最大似然法（median-joining, ML）构建单倍型系统发育树。结果显示两种方法做出的系统发育树拓扑结构一样（图 3-101 和图 3-102）。

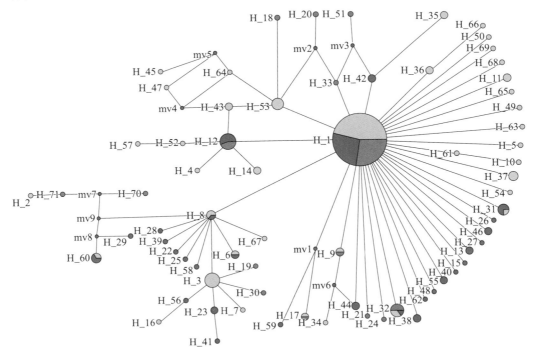

图 3-101　张氏𬶟各地理群体的单倍型网络

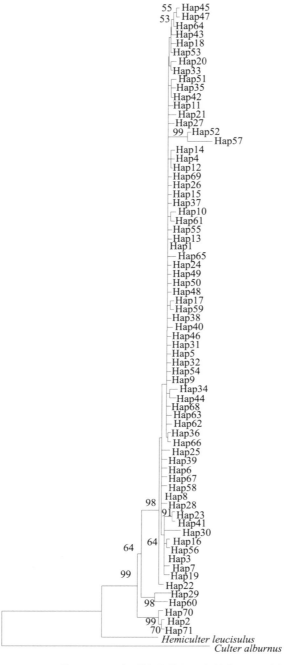

图 3-102　基于 Cyt b 序列构建的张氏𬶟单倍型 NJ 树

　　所有 212 个样本的 Cyt b 基因序列共识别出 71 个单倍型，单倍型多样性指数（Hd）为 0.795，核苷酸多样性指数（Pi）为 0.002 95。在这 3 个群体中，木洞群体的单倍型多样性最高，为 0.883，核苷酸多样性也最高，为 0.003 27；赤水群体的单倍型多样性最低，为 0.663；合江群体的核苷酸多样性最低，为 0.002 79（表 3-85）。

表 3-85　基于线粒体 Cyt b 基因的 2015—2017 年张氏鳘各地理群体遗传多样性

群体	样本量	单倍型数目	多态位点数目	单倍型多样性	核苷酸多样性
合江	100	38	79	0.801 ± 0.042	0.002 79 ± 0.013 71
木洞	67	29	55	0.883 ± 0.041	0.003 27 ± 0.010 10
赤水	45	15	42	0.663 ± 0.079	0.002 81 ± 0.008 42
合计	212	71	116	0.795 ± 0.030	0.002 95 ± 0.017 73

采用 Mega 6.0 软件计算 3 个地理群体的遗传距离：合江和赤水群体间的遗传距离为 0.003，赤水和木洞群体间的遗传距离为 0.003，合江和木洞群体间的遗传距离为 0.003（表 3-86）。

表 3-86　基于线粒体 DNA Cyt b 基因的 2015—2017 年张氏鳘各地理群体间的遗传距离

群体	合江	赤水
赤水	0.003	
木洞	0.003	0.003

运用 Arlequin 3.11 软件进行群体间遗传分化（F_{ST}）分析，结果表明：3 个群体之间并未分化（$P > 0.05$）（表 3-87）。

表 3-87　基于 Cyt b 序列单倍型频率的 2015—2017 年张氏鳘不同地理群体间成对 F_{ST} 值（对角线下）和校正 P 值（对角线上）

群体	合江	赤水	木洞
合江		0.252 25 ± 0.035 3	0.117 12 ± 0.019 4
赤水	0.002 48		0.099 10 ± 0.021 2
木洞	0.004 56	0.011 45	

使用 Arlequin 3.11 软件对 3 个地理群体所有的 212 个张氏鳘个体进行 Tajima's D 检验和 Fu's Fs 检验。结果表明，Tajima's D 检验 3 个地理群体均为负值，并达到显著性水平（$P < 0.05$）。在 Fu's Fs 检验中，3 个地理群体均为负值，并达到显著性水平（$P < 0.05$）（表 3-88）。另外，图 3-103 各个地理群体的错配分布图均为单峰。以上结果表明，木洞、合江、赤水 3 个地理群体的张氏鳘均发生种群扩张。

表 3-88　基于 Cyt b 基因的 2015—2017 年张氏鳘地理群体中性检验

群体	合江	木洞	赤水	平均值
Tajima's D	−2.580 65	−2.260 00	−2.310 39	−2.383 68
P 值	0.000 00	0.001 00	0.002 00	0.001 00
Fu's Fs	−26.347 44	−17.677 03	−4.099 35	−16.041 27
P 值	0.000 00	0.000 00	0.055 00	0.018 33

赤水河鱼类生物学研究

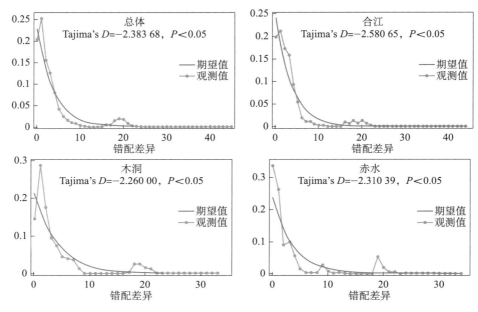

图 3-103　2015—2017 年张氏䱜不同地理群体的错配分布图

将 3 个地理群体分为两组，合江和赤水为一组，木洞单独一组，然后采用
Arlequin 3.11 软件进行分子方差分析（AMOVA）（表 3-89），结果显示：张氏䱜群体
内存在较高的遗传变异（99.27%），而组间变异占种群遗传变异的 0.58%，组内群体
间的变异占 0.15%，由此可见，张氏䱜的遗传变异主要来源于群体内部，且在 $P=0.01$
水平上显著，3 个地理群体之间存在基因交流。

表 3-89　基于线粒体 Cyt b 基因对 2015—2017 年张氏䱜不同地理群体的 AMOVA 分析

变异来源	自由度	变异分量	变异百分比（%）
组间	1	0.009 78	0.58
组内群体间	1	0.002 56	0.15
群体内	209	1.679 85	99.27
总计	211	1.692 20	

与 2011—2013 年相比，赤水河张氏䱜单倍型多样性增加，而核苷酸多样性降低
（表 3-90）。基于 Cyt b 标记的结果显示，2015—2018 年赤水河张氏䱜单倍型多样性为
0.795，核苷酸多样性为 0.002 95。单倍型多样性较高（Hd > 0.5），核苷酸多样性较
低（$P < 0.005$），表示种群受到瓶颈效应数量迅速扩张。

表 3-90　赤水河张氏䱜遗传多样性的年际比较

年份	单倍型多样性	核苷酸多样性
2011—2013	0.688	0.010 54
2015—2018	0.795	0.002 95

3.4.5.2　微卫星 DNA 遗传多样性

开发了 29 对微卫星多态引物（表 3-91）。利用 21 对多态性微卫星引物对 2009—2013 年泸州龙溪河的 30 尾张氏鳘样本进行了分析。经软件 PopGen32 计算，每个微卫星座位在泸州龙溪河张氏鳘中分别检测到 13 ～ 33 个等位基因，平均等位基因数为 23.4 个；观测杂合度为 0.181 8 ～ 1.000 0，平均为 0.730 3；期望杂合度为 0.791 0 ～ 0.969 5，平均为 0.935 7。哈迪 - 温伯格平衡偏离指数（d）为 −0.838 6 ～ 0.069 5。试验得到张氏鳘的观测杂合度、期望杂合度以及哈迪 - 温伯格平衡偏离指数（表 3-92）。

表 3-91　张氏鳘多态性微卫星引物

引物编号	引物 F	引物 R	退火温度（℃）	片段大小（bp）
Ht3	TCACAAGCCCAACATGTGAT	GAGAGGACGTTTGGGATGAA	51	110 ～ 147
Ht4	TGAGTAACCCCCTTGAGCTG	GAATATGGAAACGAACGGTCA	51	240 ～ 350
Ht6	GTGTTGTTGCGCTGGTATTG	CAGGACATGAGACCCGAAGT	53	120 ～ 140
Ht8	GGCACTAATAGGCCTCCACA	TTTCACATCCCTTGCATTGA	49	140 ～ 180
Ht9	CACACAAAACCCTCTTTTACAGC	TGCACCAGAGCTGTTCTGAC	54	190 ～ 230
Ht12	ATGAACCCAAGGGGAGAAGT	TCACAGCTTGGAGATTCACG	53	130 ～ 190
Ht17	GACCGTAAGACCCTGCGTAA	AGGGGTAGGGTTGGTGTAGG	55	160 ～ 240
Ht24	CAGGCCTGCTCAAACATACA	GTCCAACTGGCAAAATGCTT	51	123 ～ 175
Ht29	GCGAGCATTTGGTTTTCTGT	CATTTTCGCACAAACTTCCA	49	150 ～ 250
Ht31	AATTGTGCAGCCCTAACGAT	TCGTGAGTTTCCCCAATCAT	51	110 ～ 210
Ht35	AACACTGTGGGATTTCCTGTT	TGGCCAACTGCTGTTGTAAT	51	120 ～ 160
Ht37	CTGTGGTGTGCAGTGGAAAG	CCATTTGAAGCTGCAGTGAA	51	190 ～ 240
Ht42	TTATAGCGTGTTCCGCATGA	ACAGCTGAGGCCTTGATGAC	51	200 ～ 250
Ht44	GACACAAAATTGCCACCTCA	ATTGCACACCAATGTTCAGC	51	110 ～ 150
Ht45	GTTTGCGCTCAACACACACT	GGTAAAGTGGCCGTGAAGAA	53	150 ～ 210
Ht53	CACCTGCTCTCTCGCTCTCT	CCCATGGACAGCTCTTTACC	55	180 ～ 240
Ht67	GGCTTGACAAAGCCATGTTT	TTTGAACTGGATAGAAATTGACCA	51	120 ～ 190
Ht68	GCCAAAGTCTCGCTATCCTC	AAAGAAAGCAGCCAAACCTG	51	110 ～ 180
Ht70	TTCCATGAAAATATGAAGCTCTTG	TTTATGCTCCGATGCTTCCT	51	115 ～ 160
Ht82	TGTGCAGGGAGGAAGTCTCT	GTGCAGCAGTCTCACACACA	55	150 ～ 190
Ht90	TGTGAGCATTCCAGTGAAGC	CCATTTGCATTGTGGAGCTA	51	110 ～ 240
Ht91	CTGAAGCCCTCAGATGTGGT	GACGCAAAACTCAAACGTGA	51	190 ～ 310
Ht93	TCTTCAGGAATGCGAGGTCT	TCGCTCACTGGCTTCCTAAT	53	150 ～ 190
Ht94	TGGCACTATTCCAGATTCAGA	AGACCAGCCAATAGGGAACC	51	160 ～ 240
Ht102	GCCACGTGGAGGTCAGTAGT	CCCGGACTACTCAATGGAAA	53	180 ～ 250
Ht104	CAGACTCGTGTGTTTCTGTCAA	GTGGGGACATGGGTATTGTC	53	240 ～ 270
Ht107	AGGCGTGAGAGTTCGTAACC	ATCTTGGATATCCGCTGTGG	53	110 ～ 200
Ht120	TCCTTCTCCCTCATCATTGC	GGGGGAGAAAAGGGAAAGA	52	110 ～ 160
Ht121	TTTGGTCCATTTTCATGGTG	ATGGATTTGGTCCACCCTTT	49	240 ～ 370

表 3-92　龙溪河张氏鳘群体的遗传多样性分析

位点	等位基因数（A）	观测杂合度（H_O）	期望杂合度（H_E）	哈迪 - 温伯格平衡偏离指数（d）
Ht3	20	0.965 5	0.908 7	0.062 6
Ht4	29	0.500 0	0.969 5	−0.484 3
Ht5	27	0.689 7	0.949 8	−0.273 9

位点	等位基因数（A）	观测杂合度（H_O）	期望杂合度（H_E）	哈迪 - 温伯格平衡偏离指数（d）
Ht6	13	0.433 3	0.791 0	−0.452 1
Ht9	23	0.966 7	0.937 9	0.030 7
Ht12	18	0.862 1	0.894 7	−0.036 5
Ht17	26	1.000 0	0.956 5	0.045 5
Ht24	22	0.766 7	0.949 2	−0.192 3
Ht31	21	0.181 8	0.960 9	−0.810 8
Ht35	19	0.185 2	0.942 7	−0.803 6
Ht37	14	0.142 9	0.885 1	−0.838 6
Ht44	22	0.866 7	0.947 5	−0.085 3
Ht53	23	0.966 7	0.928 8	0.040 8
Ht82	22	0.965 5	0.951 0	0.015 3
Ht90	30	0.833 3	0.966 1	−0.137 4
Ht91	24	0.642 9	0.957 1	−0.328 4
Ht94	28	0.633 3	0.953 7	−0.335 9
Ht102	19	0.900 0	0.929 9	−0.032 2
Ht104	27	1.000 0	0.935 0	0.069 5
Ht107	32	1.000 0	0.967 8	0.033 3
Ht120	33	0.833 3	0.966 7	−0.137 9
平均值	23.4	0.730 3	0.935 7	−0.219 5

使用 Arlequin 3.11 软件计算 4 个年龄组间的 F_{ST} 值，均显示存在微弱的遗传分化但并不显著（$0.01 < F_{ST} < 0.05$，$P > 0.05$），其中 1 龄和 2 龄组间分化系数最大为 0.048 43（表 3-93）。

表 3-93　龙溪河张氏𩾃不同年龄组的遗传分化

年龄组	1 龄	2 龄	3 龄
2 龄	0.048 43		
3 龄	0.038 71	0.010 99	
4 龄	0.036 99	0.027 85	0.022 24

4 个年龄组遗传多样性参数见表 3-94。

表 3-94　龙溪河张氏𩾃不同年龄组的遗传多样性分析

年龄组	微卫星位点										平均值
1 龄	Ht04	Ht05	Ht17	Ht53	Ht82	Ht90	Ht91	Ht94	Ht107	Ht120	
A	10	10	9	11	9	4	11	12	9	10	9.5
H_O	0.333 3	0.777 8	1.000 0	1.000 0	1.000 0	0.000 0	1.000 0	1.000 0	1.000 0	0.555 6	0.766 7
H_E	0.870 4	0.882 7	0.839 5	0.888 9	0.814 8	0.666 7	0.882 7	0.901 2	0.839 5	0.851 9	0.843 8
F_{IS}	0.617 0	0.118 9	−0.191 2	−0.125 0	−0.227 3	1.000 0	−0.132 9	−0.109 6	−0.191 2	0.347 8	0.110 7

年龄组	微卫星位点										平均值
2 龄	Ht04	Ht05	Ht17	Ht53	Ht82	Ht90	Ht91	Ht94	Ht107	Ht120	
A	19	22	21	23	16	20	15	16	20	20	19.2
H_O	0.538 5	0.678 6	1.000 0	1.000 0	1.000 0	0.857 1	0.800 0	0.900 0	1.000 0	0.880 0	0.865 4
H_E	0.918 6	0.929 2	0.916 1	0.931 1	0.916 1	0.934 9	0.883 3	0.896 7	0.914 5	0.932 0	0.917 3
F_{IS}	0.413 8	0.269 7	-0.091 6	-0.074 0	-0.091 6	0.083 2	0.094 3	-0.003 7	-0.093 4	0.055 8	0.056 3
3 龄	Ht04	Ht05	Ht17	Ht53	Ht82	Ht90	Ht91	Ht94	Ht107	Ht120	
A	17	22	19	21	25	22	20	25	23	16	21.0
H_O	0.720 0	0.500 0	1.000 0	0.965 5	1.000 0	0.733 3	0.900 0	0.966 7	1.000 0	0.826 1	0.861 2
H_E	0.914 4	0.927 9	0.905 6	0.907 8	0.940 0	0.915 0	0.915 6	0.941 7	0.933 9	0.913 0	0.921 5
F_{IS}	0.212 6	0.461 2	-0.104 3	-0.063 5	-0.063 8	0.198 5	0.017 0	-0.026 5	-0.070 8	0.095 2	0.065 6
4 龄	Ht04	Ht05	Ht17	Ht53	Ht82	Ht90	Ht91	Ht94	Ht107	Ht120	
A	8	9	10	9	8	9	12	11	11	10	9.7
H_O	0.833 3	0.222 2	1.000 0	0.875 0	1.000 0	0.000 0	0.800 0	0.900 0	1.000 0	0.555 6	0.718 6
H_E	0.847 2	0.851 9	0.870 0	0.851 6	0.840 0	0.880 0	0.885 0	0.890 0	0.875 0	0.858 0	0.864 9
F_{IS}	0.016 4	0.739 1	-0.149 4	-0.027 5	-0.190 5	1.000 0	0.096 0	-0.011 2	-0.142 9	0.352 5	0.168 3
总体	Ht04	Ht05	Ht17	Ht53	Ht82	Ht90	Ht91	Ht94	Ht107	Ht120	
A	32	41	26	34	29	31	32	32	32	27	31.6
H_O	0.606 1	0.567 6	1.000 0	0.973 7	1.000 0	0.597 4	0.860 8	0.936 7	1.000 0	0.772 7	0.831 5
H_E	0.940 0	0.960 1	0.932 1	0.941 4	0.935 4	0.932 3	0.932 0	0.941 1	0.939 8	0.948 3	0.940 3
F_{IS}	0.355 2	0.408 8	-0.072 8	-0.034 3	-0.069 0	0.359 2	0.076 4	0.004 7	-0.064 1	0.185 2	0.114 9

　　收集 2017 年张氏䱻样本 64 尾，其中合江 32 尾，木洞 32 尾。基于 15 对微卫星引物，对其进行遗传多样性分析。表 3-95 为利用 15 个微卫星位点分析得到的张氏䱻遗传多样性主要统计值。结果显示，合江群体所检测到的微卫星平均观测等位基因数为 13.466 7，平均有效等位基因数为 7.224 7，平均观测杂合度为 0.671 8，平均期望杂合度为 0.771 8，平均多态信息含量为 0.823 0；木洞群体所检测到的微卫星平均观测等位基因数为 19.533 3，平均有效等位基因数为 10.264 9，平均观测杂合度为 0.695 5，平均期望杂合度为 0.913 0，平均多态信息含量为 0.870 7。

表 3-95　张氏䱻不同地理群体遗传多样性主要统计值

位点	A	A_e	H_O	H_E	PIC	P
合江						
Ht003	11	7.086 5	0.656 25	0.872 52	0.843	0.000 05
Ht006	5	2.822 3	0.387 10	0.656 27	0.590	0.000 25
Ht009	9	5.084 7	0.548 39	0.816 50	0.778	0.008 46
Ht012	12	5.309 4	0.612 90	0.824 96	0.789	0.003 58
Ht017	15	4.653 8	0.612 90	0.797 99	0.766	0.011 95
Ht024	13	9.023 5	0.419 35	0.903 75	0.880	0.000 00
Ht042	13	5.801 7	0.593 75	0.840 77	0.809	0.000 00

位点	A	A_e	H_O	H_E	PIC	P
Ht044	19	9.625 7	0.700 00	0.911 30	0.888	0.004 99
Ht053	16	8.789 7	0.593 75	0.900 30	0.876	0.000 00
Ht082	14	7.909 5	0.806 45	0.887 89	0.861	0.067 36
Ht090	17	6.522 3	0.781 25	0.860 12	0.833	0.009 05
Ht094	13	4.252 2	0.483 87	0.777 37	0.746	0.000 00
Ht104	12	8.672 1	0.173 91	0.904 35	0.874	0.000 00
Ht107	17	10.975 6	0.800 00	0.924 29	0.902	0.001 91
Ht120	16	11.842 1	0.933 33	0.931 07	0.909	0.735 30
木洞						
Ht003	21	12.167 6	0.575 76	0.931 93	0.895	0.000 00
Ht006	20	10.502 6	0.937 50	0.919 15	0.889	0.453 84
Ht009	14	8.000 0	0.823 53	0.888 06	0.845	0.000 00
Ht012	25	12.728 5	0.903 23	0.936 54	0.901	0.147 80
Ht017	19	11.377 8	0.531 25	0.926 59	0.887	0.000 00
Ht024	15	7.642 1	0.606 06	0.882 52	0.827	0.000 00
Ht042	17	8.939 5	0.677 42	0.902 70	0.861	0.000 00
Ht044	21	10.556 7	0.750 00	0.919 64	0.879	0.012 22
Ht053	25	11.062 2	0.764 71	0.923 18	0.892	0.004 27
Ht082	20	9.766 8	0.666 67	0.911 42	0.876	0.000 00
Ht090	18	7.118 5	0.741 94	0.873 61	0.828	0.000 76
Ht094	20	10.138 6	0.593 75	0.915 67	0.875	0.000 00
Ht104	15	8.080 8	0.300 00	0.898 72	0.818	0.000 00
Ht107	16	9.836 1	0.766 67	0.913 56	0.866	0.104 53
Ht120	27	16.055 6	0.794 12	0.951 71	0.923	0.023 74

合江和木洞群体的 Nei's 遗传距离和相似性指数分析显示，这两个群体的遗传距离为 0.990 3，遗传相似指数为 0.371 5（表 3-96）。

表 3-96　张氏鳘不同地理群体的 Neis 遗传距离（对角线下）和相似性指数（对角线上）

群体	合江	木洞
合江		0.371 5
木洞	0.990 3	

各群体之间的分化系数结果（表 3-97）显示：合江群体和木洞群体之间存在微弱的分化（$F_{ST} < 0.05$）。

表 3-97　张氏鳘 2 个地理群体的遗传分化系数

群体	合江	木洞
合江		0.000 0
木洞	0.043 96	

各座位地理群体的固定指数（F_{IS}）均小于总群体的固定指数（F_{IT}）（表 3-98），地理群体间的基因分化率（F_{ST}）因微卫星座位不同而各有差异，其中 Ht006 座位最高（0.108 90），Ht120 座位最低（0.015 40）；各微卫星座位的平均 F_{IS} 为 0.250 7，平均 F_{IT} 为 0.285 0，平均基因分化率 F_{ST} 为 0.045 90，不同微卫星座位的基因流也不同，Ht006 座位的基因流最小（2.045 60），Ht120 座位的基因流最大（15.975 70），各座位的平均基因流为 5.201 80。

表 3-98　张氏䱗不同地理群体间的 F 值和基因流

微卫星位点	地理群体的固定指数 （F_{IS}）	总群体的固定指数 （F_{IT}）	地理群体的基因分化率 （F_{ST}）	基因流 （N_m）
Ht003	0.306 6	0.326 6	0.028 80	8.428 30
Ht006	0.145 7	0.238 7	0.108 90	2.045 60
Ht009	0.182 6	0.216 9	0.042 00	5.704 80
Ht012	0.125 2	0.148 1	0.026 20	9.304 50
Ht017	0.325 9	0.365 0	0.058 00	4.059 90
Ht024	0.416 8	0.427 8	0.018 70	13.084 90
Ht042	0.259 1	0.310 5	0.069 30	3.357 70
Ht044	0.195 1	0.213 7	0.023 20	10.522 80
Ht053	0.243 6	0.265 8	0.029 50	8.234 80
Ht082	0.168 3	0.207 0	0.046 60	5.116 10
Ht090	0.107 3	0.169 1	0.069 30	3.358 90
Ht094	0.353 2	0.400 2	0.072 60	3.195 40
Ht104	0.730 9	0.743 7	0.047 60	5.002 10
Ht107	0.133 1	0.163 8	0.035 40	6.805 40
Ht120	0.067 9	0.082 3	0.015 40	15.975 70
平均值	0.250 7	0.285 0	0.045 90	5.201 80

与 2009—2013 年微卫星结果相比，2014—2018 年张氏䱗的平均等位基因数、平均观测杂合度和平均期望杂合度均减小（表 3-99）。根据 De Woody 和 Avise（2000）结论，一般淡水鱼的平均等位基因数为 7.1，平均期望杂合度为 0.58，尽管张氏䱗的遗传多样性有所下降，但是目前张氏䱗的遗传多样性水平还较高，应该加强野生资源的保护。

表 3-99　张氏䱗微卫星遗传多样性比较

年份	平均等位基因数	平均观测杂合度	平均期望杂合度
2013	31.6	0.831 5	0.940 30
2017	16.5	0.683 7	0.842 40

3.4.6　小结

张氏䱗是一种小型的长江上游特有鱼类，历史上曾广泛分布于长江上游干流、金沙江、嘉陵江、涪江、沱江、岷江和赤水河等水系（丁瑞华，1994）。目前，张氏䱗的分布范围已明显缩小，仅在赤水河和龙溪河等支流维持有一定数量的张氏䱗种群。

本研究根据 2011—2013 年和 2015—2018 年在赤水河以及木洞河和龙溪河等长江上游支流采集的样本，对张氏鳘的基础生物学特征及其变化特征进行了研究。结果显示，与 2011—2013 年相比，2015—2018 年张氏鳘的年龄组成、体长与体重组成等并无显著下降趋势，但是极限体长、体重及拐点年龄、体长、体重等指标均逐年下降，种群小型化趋势进一步加剧。此外，自然死亡系数和捕捞死亡系数显著下降，而当前开发率显著提高。例如，2011—2013 年张氏鳘的开发率为 0.25，2015—2018 年则提高至 0.69。这些变化均显示威胁张氏鳘种群恢复的影响并没有消除，亟须加强保护。

（李文静、王俊）

3.5 厚颌鲂

厚颌鲂［*Megaobrama Pellegrini*（Tchang）］隶属于鲤形目（Cypriniformes）鲤科（Cyprinidae）鲌亚科（Cultrinae）鲂属（*Megaobrama*），俗称乌鳊，是长江上游特有的大型经济鱼类。

厚颌鲂体高，侧扁，头后背部隆起，外形呈菱形。腹鳍基部到肛门前具腹棱。头短小，吻短。口端位，口裂较宽，后端伸达鼻孔下方。上下颌等长，均具较短而发达的角质边缘，较厚，略呈三角形。眼较大，侧位，距吻端较近，上眶骨略呈三角形。鼻孔在眼前缘上方，离眼前缘较近。鳃耙短小，排列较密。下咽齿侧扁，齿较平。

背鳍 iii-7，胸鳍 i-16～19，腹鳍 i-8，臀鳍 iii-24～30。侧线鳞 50（10～13）/（8～12-v）59。第一鳃弓鳃耙，外侧 17～21，内侧 25～32。下咽齿 3 行，2.4.5～4.4.2 或 2.4.4～5.4.2。脊椎骨 4+36～37+1。鳔 3 室，前室较短小；中室较长大，大于前室，呈圆锥状；后室最小，略弯，末端尖。肠管长，为标准长的 2.0～2.5 倍。腹腔膜为白色，其上有许多浅灰色斑点。

背鳍较长，具光滑硬刺，其长大于头长，其起点在身体最高处，至吻端较至尾鳍基部为近。胸鳍较长，末端后伸达到或超过腹鳍起点。腹鳍起点在背鳍起点后下方，后伸接近或达到肛门。臀鳍起点在背鳍基部末端的正下方，基部甚长，外缘略内凹。尾鳍深叉形，下叶略比上叶长。肛门在臀鳍起点前方。

鳞片中等大，侧线完全，较直，自鳃孔上方几乎沿身体中线延伸到尾柄末端，仅前段稍向下弯曲。腹鳍基部具三角形腋鳞。在生殖季节性成熟的雌雄个体均有珠星，尾柄两侧和体侧较明显，雄鱼胸鳍第一鳍条变肥厚并弯曲呈 S 形，其上有许多珠星，雌鱼无此特征。

身体背部呈灰黑色，体侧为灰色，有不十分明显的纵条纹。腹部灰白色，各鳍为青灰色（图 3-104）。

目前关于厚颌鲂的研究主要集中在生物学特征、人工繁殖、种群生态及群体遗传学等方面。基础生物学方面，李文静（2006）对厚颌鲂生物学特性和种群动态进行了系统研究。厚颌鲂仅分布于长江上游部分区域，其生活环境与其他鲂属鱼类存在较大的差异，因此在长期的独立演化过程中形成了一系列独特的生活习性和生活史对策。厚颌鲂对流水环境要求相对较高，尤其是繁殖季节，其产卵必须在快速流水环境下完

图 3-104 厚颌鲂活体照（刘飞 拍摄）

成且对水质要求较高，对产卵基质具有选择性等（李文静等，2007）。此外，王剑伟等（2005）和鲁雪报等（2011）分别对厚颌鲂胚后发育及人工繁殖技术进行了介绍和展望。李文静（2006）和高欣等（2009）分别对龙溪河的厚颌鲂种群资源进行了调查和评估，结果显示龙溪河的厚颌鲂资源已经被过度开发，呈明显的下降趋势。关于厚颌鲂遗传多样性的研究，刘焕章和汪亚平（1997）利用同工酶标记对合江厚颌鲂的群体遗传多样性进行了评估，结果显示，厚颌鲂出现了较大的遗传变异。然而，由于同工酶编辑属于生化分子标记，保守程度较高，灵敏度相对较低，随着分子生物学技术的发展，基于 DNA 水平的分子标记也不断发展。Wang 等（2012）和 Luo 等（2015）分别开发了多态性较高的厚颌鲂微卫星位点并实现了鲂属内的跨种扩增。王瑾瑾等（2014）利用微卫星标记、线粒体 Cyt *b* 和 D-loop 基因对厚颌鲂龙溪河和球溪河的两个野生群体进行遗传多样性分析，结果显示厚颌鲂两个地理群体的遗传多样性均处于较低水平且存在显著的遗传分化。这些研究都为厚颌鲂的资源保护和管理提供了更为可靠的科学依据。

本研究根据 2011—2013 年和 2016—2017 年在长江上游合江和木洞等干流江段以及龙溪河和赤水河等支流采集的样本，对厚颌鲂的基础生物学特征，包括年龄与生长、食性、繁殖、种群动态及遗传多样性等进行了研究。

3.5.1 年龄与生长

3.5.1.1 体长与体重

1. 体长与体重结构

2011—2013 年，在长江上游一级支流龙溪河采集厚颌鲂 338 尾，样本体长范围为 95 ~ 286mm，平均体长为（167.4 ± 34.5）mm，优势体长范围为 100 ~ 200mm，占总样本量的 84.0%（图 3-105）；体重范围为 14.0 ~ 544.3g，平均体重为（106.6 ± 69.5）g，绝大部分个体体重在 200g 以下，占总样本量的 91.7%，体重超过 500g 的个体仅占 0.3%（图 3-106）。

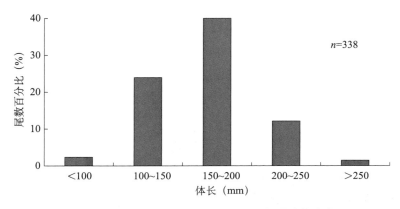

图 3-105　2011—2013 年龙溪河厚颌鲂的体长分布

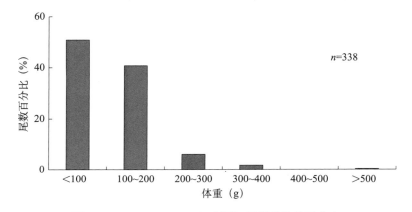

图 3-106　2011—2013 年龙溪河厚颌鲂的体重分布

　　2016—2017 年，在龙溪河采集厚颌鲂 325 尾，样本体长范围为 54～395mm，平均体长为（201.0±42.0）mm，其中优势体长范围为 150～250mm，占总样本量的 77.8%（图 3-107）；体重范围为 4.7～1 335.0g，平均体重为（190.2±124.8）g，绝大部分个体体重在 200g 以下，占总样本量的 64.6%，体重超过 500g 的个体占总样本量的 2.2%（图 3-108）。

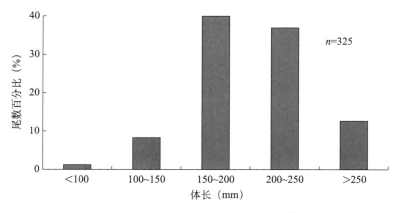

图 3-107　2016—2017 年龙溪河厚颌鲂的体长分布

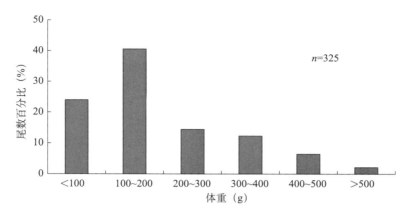

图 3-108 2016—2017 年龙溪河厚颌鲂的体重分布

李文静（2006）研究表明，2001—2003 年龙溪河厚颌鲂的体长范围为 70～365mm，平均体长为（198.5±51.1）mm，其中优势体长范围为 130～250mm，占总样本量的 77.7%；体重范围为 5.3～1 106.2g，平均体重为（167.0±141.6）g，优势体重范围为 50～250g，占总样本量的 64.3%，250～500g 体重范围内的个体比例为 20.9%，体重超过 500g 的个体占总样本量的 2.6%。比较发现，随着时间的推移，龙溪河厚颌鲂的平均体长和体重均表现出先降低随后有所恢复的特点，但是大个体在种群中的比例持续下降。

2. 体长与体重关系

采用不同的方程对 2011—2013 年龙溪河 338 尾厚颌鲂样本的体长与体重进行拟合。结果显示，厚颌鲂的体长和体重关系符合以下幂函数公式。

$W = 6 \times 10^{-6} L^{3.227}$（$R^2 = 0.989$，$n=338$）。

采用不同的方程对 2016—2017 年龙溪河 325 尾厚颌鲂样本的体长与体重关系进行拟合。结果显示，其体长和体重关系符合以下幂函数公式。

$W = 5 \times 10^{-6} L^{3.271}$（$R^2 = 0.992$，$n=325$）。

李文静（2006）将龙溪河厚颌鲂雌鱼、雄鱼和总体的体长和体重关系分别进行拟合。结果幂函数关系相关程度最高，体长和体重的关系符合以下幂函数公式。

性别不辨：$W = 6 \times 10^{-5} L^{2.767\,7}$（$R^2 = 0.979$，$n=293$）；

雌性：$W = 9 \times 10^{-6} L^{3.141}$（$R^2 = 0.992$，$n=522$）；

雄性：$W = 2 \times 10^{-5} L^{3.028\,9}$（$R^2 = 0.987$，$n=540$）；

总体：$W = 9 \times 10^{-6} L^{3.139}$（$R^2 = 0.995$，$n=1\,382$）。

综上所述，不同研究均表明，厚颌鲂体长与体重关系的 b 值接近于 3，说明厚颌鲂的生长基本符合匀速生长类型（t 检验，$t = 1.42 < 2.571$，$P > 0.5$）。

3.5.1.2 年龄

杨明生等（2004）对厚颌鲂的鳞片和骨组织中的耳石、鳃盖骨、匙骨、基枕骨 5 种材料的形态结构及年轮特征进行了比较，认为鳞片是鉴定厚颌鲂年龄的较理想材料。因此，本研究选取鳞片作为年龄鉴定材料，将鳞片经过清洗后在显微镜下拍照观察、鉴定年龄和测量轮径。

对 2011—2013 年龙溪河 338 尾厚颌鲂的年龄进行了鉴定。结果显示，厚颌鲂的年龄组成包含 1～5 龄共 5 个年龄组，1～5 龄呈递减趋势。1 龄所占比例最高，为 50.0%；其次为 2 龄，占 33.8%；3 龄占 12.1；4 龄及 4 龄以上个体所占比例较小（图 3-109 ）。

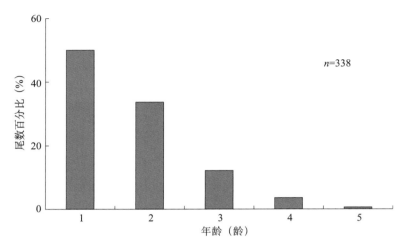

图 3-109　2011—2013 年龙溪河厚颌鲂的年龄结构

对 2016—2017 年龙溪河 175 尾厚颌鲂的年龄进行了鉴定。结果显示，其种群年龄包含 1～6 龄共 6 个年龄组，其中以 2 龄比例最高，占总样本量的 44.6%；其次为 4 龄，占 21.7%（图 3-110 ）。

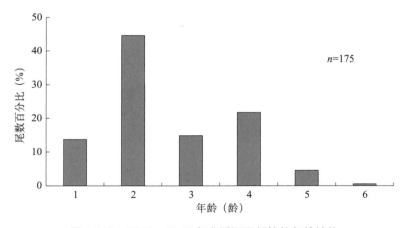

图 3-110　2016—2017 年龙溪河厚颌鲂的年龄结构

李文静（2006）研究显示，2001—2003 年龙溪河厚颌鲂种群的年龄组成为 1～8 龄共 8 个年龄组，其中优势龄组为 2～4 龄，占 84.2%（图 3-111 ）。

比较发现，近年来龙溪河厚颌鲂种群的年龄结构趋于简单，且低龄个体比例有增大的趋势。

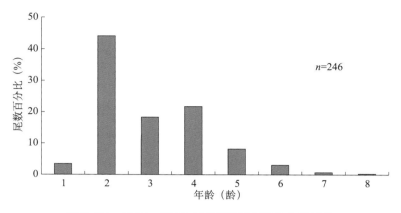

图 3-111 2001—2003 年龙溪河厚颌鲂的年龄结构

3.5.1.3 生长特征

1. 体长与鳞径的关系

对 2011—2013 年龙溪河 338 尾厚颌鲂样本的体长与鳞径数据进行不同方程的拟合比较，选择相关系数最大者为最佳回归方程。结果表明，线性方程的相关性最高，从而得到厚颌鲂体长和鳞径的关系。

雌性：$L=38.79R+70.89$（$R^2=0.791$，$n=75$）；

雄性：$L=30.08R+94.91$（$R^2=0.753$，$n=156$）。

经残差平方和检验，厚颌鲂雌雄个体体长和鳞径的关系无显著差异（$P > 0.05$），故结合未辨别性别个体，将体长与鳞径关系用一个总的关系式表达为：

$L=36.63R+75.25$（$R^2=0.810$，$n=338$）。

对 2016—2017 年龙溪河 325 尾厚颌鲂样本的体长与鳞径数据进行不同方程的拟合比较。结果表明，线性方程的相关性最高，从而得到厚颌鲂体长和鳞径的关系如下。

雌性：$L=25.43R+108.73$（$R^2=0.639$，$n=115$）；

雄性：$L=31.46R+78.70$（$R^2=0.589$，$n=152$）。

经残差平方和检验，厚颌鲂雌雄个体体长和鳞径的关系无显著差异（$P > 0.05$），故结合未辨别性别个体，将体长与鳞径关系用一个总的关系式表达为：

$L=31.82R+79.81$（$R^2=0.612$，$n=325$）。

李文静（2006）将厚颌鲂雌性、雄性和性别不辨的幼鱼分别进行体长与鳞径关系拟合。结果显示，厚颌鲂的体长与鳞径均符合直线关系如下。

雌性：$L=43.46R+30.12$（$R^2=0.975$，$n=522$）；

雄性：$L=42.75R+31.37$（$R^2=0.959$，$n=538$）；

幼鱼：$L=47.21R+13.39$（$R^2=0.970$，$n=292$）；

总体：$L=44.90R+22.57$（$R^2=0.979$，$n=1\ 371$）。

综上所述，不同研究均表明，厚颌鲂的体长与鳞径呈直线相关。

2. 退算体长

采用 Rose Lee 公式对 2011—2013 年龙溪河厚颌鲂的体长进行退算（表 3-100）。

结果显示，厚颌鲂 1～4 龄的退算体长均值分别为 150.31mm、180.66mm、206.90mm 和 231.18mm。配对 t 检验表明，各龄实测体长和退算体长较为接近，其差异没有达到显著水平（$P > 0.05$）。

表 3-100　2016—2017 年龙溪河厚颌鲂的实测体长与退算体长

年龄（龄）	样本量（尾）	实测平均体长（mm）	退算体长（mm）			
			L_1	L_2	L_3	L_4
1	169	154.35				
2	114	179.72	152.01			
3	41	206.68	147.24	177.67		
4	12	235.30	152.38	183.53	210.11	
5	2	266.00	149.63	180.78	203.69	231.18
退算体长均值（mm）			150.31	180.66	206.90	231.18

采用 Rose Lee 公式对 2016—2017 年在龙溪河采集的厚颌鲂样本进行体长退算得到各龄组的退算体长（表 3-101）。结果显示，厚颌鲂 1～5 龄的退算体长均值分别为 137.61mm、178.44mm、203.42mm、232.24mm 和 258.15mm。配对 t 检验表明，各龄实测体长和退算体长较为接近，其差异没有达到显著水平（$P > 0.05$）。

表 3-101　2016—2017 年龙溪河厚颌鲂的实测体长与退算体长

年龄（龄）	样本量（尾）	实测平均体长（mm）	退算体长（mm）				
			L_1	L_2	L_3	L_4	L_5
1	20	164.92 ± 25.61	149.01				
2	109	189.05 ± 25.43	137.14	191.25			
3	49	220.18 ± 20.18	137.44	169.78	208.77		
4	37	247.74 ± 23.06	135.63	171.70	196.55	232.62	
5	10	270.67 ± 12.53	128.82	181.00	204.93	231.86	258.15
退算体长均值（mm）			137.61	178.44	203.42	232.24	258.15

李文静（2006）基于 2002 年 4—6 月龙溪河采集的厚颌鲂样本，对其体长进行了退算。结果显示，1～6 龄退算体长均值分别为 107.79mm、171.15mm、219.72mm、258.13mm、294.59mm 和 316.49mm（表 3-102）。

表 3-102　2002 年 4—6 月龙溪河厚颌鲂的实测体长与退算体长

年龄（龄）	样本量（尾）	实测平均体长（mm）	退算体长（mm）					
			L_1	L_2	L_3	L_4	L_5	L_6
1	62	149.10	108.79					
2	33	192.40	105.95	170.51				
3	27	231.60	116.24	175.56	224.30			
4	14	267.10	108.76	173.29	224.14	260.08		
5	6	305.30	106.57	171.56	222.48	265.87	306.81	
6	2	321.00	100.43	164.83	206.16	248.45	282.36	316.49
退算体长均值（mm）			107.79	171.15	219.72	258.13	294.59	316.49

比较发现，随着时间的推移，厚颌鲂 1 ~ 2 龄的退算体长明显增加，而 3 龄及以上龄组的退算体长明显降低。

3. 生长方程

通过生长退算、SPSS 非线性回归拟合，FiSAT II 软件中的 ELEFAN I 分别估算得出厚颌鲂的生长参数，FiSAT II 估算得最为合理。

2011—2013 年龙溪河厚颌鲂生长参数分别为：$L_\infty = 378.00$ mm，$k = 0.26/a$，$W_\infty = 1\,268.97$g，$t_0 = -0.56$ 龄。

将生长参数代入 von Bertalanffy 方程得到厚颌鲂的体长与体重生长方程（图 3-112）。

$L_t = 378.00[1-e^{-0.26\,(t+0.56)}]$，

$W_t = 1\,268.97[1-e^{-0.26\,(t+0.56)}]^{3.227}$。

由方程绘得其体长、体重生长曲线（图 3-112）。

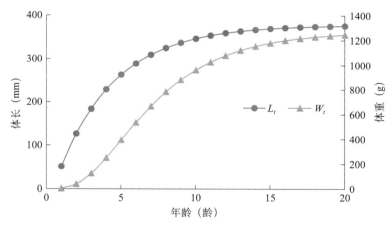

图 3-112　2011—2013 年龙溪河厚颌鲂的体长、体重生长曲线

2016—2017 年龙溪河厚颌鲂生长参数分别为：$L_\infty = 337$ mm，$k = 0.23/a$，$W_\infty = 937.23$g，$t_0 = -1.56$ 龄。

将生长参数代入 von Bertalanffy 方程得到厚颌鲂的体长与体重生长方程。

$L_t = 336.99[1-e^{-0.230\,(t+1.557)}]$，

$W_t = 937.23[1-e^{-0.230\,(t+1.557)}]^{3.271}$。

由方程绘得其体长、体重生长曲线（图 3-113）。

李文静（2006）根据龙溪河厚颌鲂各龄组退算平均体长，采用最小二乘法求得生长参数：$L_\infty=488.89$mm；$k=0.165/a$；$t_0= -0.545$ 龄；$W_\infty=2\,486.96$g。

将各参数代入 von Bertalanffy 方程得到龙溪河厚颌鲂体长和体重生长方程。

$L_t= 488.89[1-e^{-0.165\,(t+0.545)}]$，

$W_t= 2\,486.96[1-e^{-0.165\,(t+0.545)}]^{3.139}$。

对上述体长、体重生长方程求一阶导数和二阶导数，分别得到厚颌鲂体长、体重的生长速度和生长加速度方程。

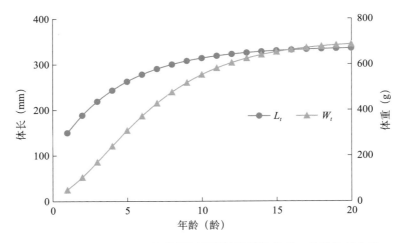

图 3-113 2016—2017 年龙溪河厚颌鲂种群的体长、体重生长曲线

2011—2013 年采集的龙溪河厚颌鲂样本体长、体重的生长速度和生长加速度方程如下。

$$dL/dt = 98.28e^{-0.26\,(t+0.56)},$$

$$dW/dt = 1\,064.786e^{-0.26\,(t+0.56)}[1-e^{-0.26\,(t+0.56)}]^{2.227\,2};$$

$$d^2L/dt^2 = -25.552\,8e^{-0.26\,(t+0.56)},$$

$$d^2W/dt^2 = 276.844\,4e^{-0.26\,(t+0.56)}[1-e^{-0.26\,(t+0.56)}]^{1.227\,3}[3.227\,3e^{-0.26\,(t+0.56)}-1]。$$

2016—2017 年采集的龙溪河厚颌鲂样本体长、体重的生长速度和生长加速度方程如下。

$$dL/dt = 77.34e^{-0.223\,(t+1.557)},$$

$$dW/dt = 703.64e^{-0.223\,(t+1.556\,8)}[1-e^{-0.230\,(t+1.557)}]^{2.271};$$

$$d^2L/dt^2 = -17.75e^{-0.223\,(t+1.557)},$$

$$d^2W/dt^2 = 161.48e^{-0.223\,(t+1.557)}[1-e^{-0.230\,(t+1.557)}]^{1.271}[3.271e^{-0.230\,(t+1.557)}-1]。$$

由上述方程绘得体长和体重生长速度和生长加速度曲线（图 3-114 和图 3-115）。

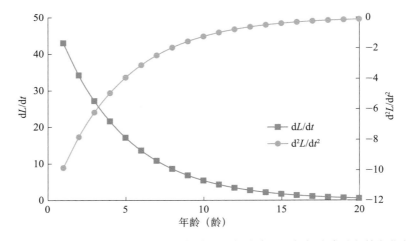

图 3-114 2016—2017 年龙溪河厚颌鲂体长生长速度和生长加速度随年龄变化曲线

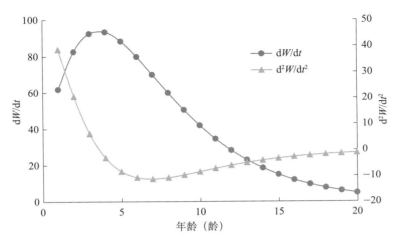

图 3-115　2016—2017 年龙溪河厚颌鲂体重生长速度和生长加速度随年龄变化曲线

李文静（2006）根据龙溪河厚颌鲂的生长方程，分别得到厚颌鲂体长、体重的生长速度和生长加速度方程如下。

$$dL/dt = 80.57e^{-0.165(t+0.545)},$$
$$dW/dt = 1\ 286.52e^{-0.165(t+0.545)}[1-e^{-0.165(t+0.545)}]^{2.139};$$
$$d^2L/dt^2 = -13.28e^{-0.165(t+0.545)},$$
$$d^2W/dt^2 = 212.02e^{-0.165(t+0.545)}[1-e^{-0.165(t+0.545)}]^{1.139}[3.139e^{-0.165(t+0.545)}-1].$$

上述结果显示，厚颌鲂体长生长的速度和加速度都不具有拐点，这说明厚颌鲂的体长生长速度在出生时最大，随着年龄的增长，体长生长速度慢慢减小，并逐渐趋向于 0。体长生长加速度逐渐递增，但加速度一直小于 0，说明其体长生长速度在出生时最高，年龄越大，其递减速度渐趋缓慢。

厚颌鲂体重生长速度呈现先升后降的趋势，当体重生长加速度为 0 时，体重生长速度达到最大值，此即为体重生长拐点。龙溪河不同采样时期的厚颌鲂种群的拐点年龄及其对应的体长体重不同。龙溪河不同采样时期的厚颌鲂种群的拐点年龄及其对应的体长、体重比较见表 3-103。结果表明，厚颌鲂龙溪河种群的极限体长和极限体重以及拐点年龄和其对应的拐点体长、体重较之前的调查结果均明显下降。

表 3-103　龙溪河不同时期厚颌鲂的拐点年龄及其对应的体长、体重

采样时间	2001—2003 年	2011—2013 年	2016—2017 年
拐点年龄 t_i（龄）	6.4	3.9	3.61
拐点体长 L_t（mm）	333.14	259.45	233.97
拐点体重 W_t（g）	746.06	376.71	284.13
数据来源	李文静，2006	本研究	本研究

比较可知，随着时间的推移，龙溪河厚颌鲂的拐点年龄及其对应的体长和体重均明显降低。

3.5.2 食性

3.5.2.1 食物组成

根据 2011—2013 年龙溪河采集的 50 尾厚颌鲂样本的肠道内含物对其食物组成进行了分析。结果显示，龙溪河厚颌鲂主要摄食藻类，如绿藻、硅藻和蓝藻（表 3-104）。

表 3-104　2011—2013 年龙溪河厚颌鲂的食物组成

食物类群	属／种	出现次数	出现率（%）	数量百分比（%）
绿藻	未定属	58	100.00	3.89
	栅藻	57	98.28	2.00
	盘星藻	44	75.86	0.94
	鼓藻	17	29.31	0.07
	月牙藻	16	27.59	0.12
硅藻	未定属	31	53.45	0.44
	舟形藻	58	100.00	7.12
	小环藻	55	94.83	5.15
	等片藻	54	93.10	13.60
	异极藻	53	91.38	23.04
	菱形藻	58	100.00	23.96
蓝藻	桥弯藻	56	96.55	2.68
	颤藻	39	67.24	2.17
	平裂藻	16	27.59	0.09
	微囊藻	2	3.45	0.01

对 2016—2017 年龙溪河 55 尾样本的食物组成进行了分析。结果显示，藻类为厚颌鲂的主要食物种类，其中硅藻的出现率最高，达 75.00%，其次为软体动物，达 48.21%；重量百分比以淡水壳菜最高，占 98.98%；而数量百分比则以藻类最高，其中硅藻占 67.56%，蓝藻占 27.11%（表 3-105）。

表 3-105　2016—2017 年龙溪河厚颌鲂的食物组成

食物类群	分类	代表生物	出现率（%）	重量百分比（%）	数量百分比（%）
藻类	硅藻	直链藻	75.00	0.30	67.56
	绿藻	栅藻	19.64	0.02	5.30
	蓝藻	颤藻	12.50	0.02	27.11
甲壳类	桡足类	剑水蚤	3.57	0.68	0.02
软体动物		淡水壳菜	48.21	98.98	0.01

李文静（2006）根据 2001—2004 年龙溪河采集的 82 份食性材料对厚颌鲂的食物组成进行了分析（表 3-106）。结果显示，厚颌鲂主要摄食藻类和水生植物，其中藻类的出现率很高，主要是硅藻门的舟形藻科、桥弯藻科、菱形藻科，绿藻门的刚毛藻科、绿球藻科，以及蓝藻门的颤藻科等。成鱼食谱中藻类出现率有所下降，但是主要

组成相似。尽管藻类在厚颌鲂的食物组成中有很高的出现率，但是相对于水生植物生物量很小，营养贡献率相对较低。水生微管束植物在消化道中出现的种类和出现率相对较低，但是摄食量较大，是厚颌鲂主要的营养来源之一。厚颌鲂摄食的水生植物主要是沉水植物类群，食物团整体呈深绿色或黄绿色，有很多消化较充分的植物纤维无法鉴定，也是由水生植物消化后形成的，可见水生微管束植物在厚颌鲂营养组成中的重要意义。同时，厚颌鲂也存在食性转换的现象，将体长 100mm 以下和体长 100mm 以上的个体分别统计食物组成，结果显示：100mm 以下个体的食物结构中包括一些动物性成分，主要是浮游动物，其中以桡足类出现率较高，枝角类、轮虫、原生动物偶见，其他的动物性饵料在幼鱼的食谱中基本不出现。100mm 以上个体食谱中浮游动物很少出现，无脊椎动物出现率显著提高。例如，淡水壳菜在幼鱼食谱中属于偶见食物，从体长 100mm 左右开始，食物中逐渐出现淡水壳菜，且出现率和占食物湿重的比例也逐渐增加，在成鱼食谱中属于常见食物，出现率很高。螺类和蚌类食性成分的出现也有相似特点，随着个体增长出现率逐渐上升，在成鱼食谱中是一类重要成分。比较发现，随着个体增大，动物性食物在饵料结构中的比重显著增加。厚颌鲂这一食性变化可能与摄食器官的发展有关：上下颌的发育和角质层的增厚强化了刮食的功能，更利于摄食固着生物，且角质层的发育有利于研磨无脊椎动物的外壳。随着个体的生长发育，个体的生活水域逐渐向深水区域过渡，并转移至水体中下层生活，环境转变可能也是食性转变的原因之一。

表 3-106　2001—2004 年龙溪河厚颌鲂的食物结构和出现率（李文静，2006）

类别	种类	出现率（%）	
		体长 < 100mm	体长 > 100mm
藻类	硅藻	82.98	62.86
	绿藻	68.09	60.00
	蓝藻	23.40	17.14
浮游动物	枝角类	8.51	0.00
	桡足类	23.40	2.86
	轮虫	4.26	0.00
	原生动物	6.38	0.00
水生植物	苦草	25.53	48.57
	轮叶黑藻	21.27	17.14
	聚草	10.64	17.14
	泪草	4.25	11.43
	未检出植物纤维	70.21	82.86
无脊椎动物	淡水壳菜	6.38	80.00
	蚌类	6.38	20.00
	螺类	2.13	11.43
其他	谷粒	0.00	8.57
	砂粒	2.13	5.71
	双子叶植物	4.25	2.86

刘飞（2013）对赤水河厚颌鲂的食物组成进行了分析，结果显示其主要摄食淡水壳菜等底栖无脊椎动物，而藻类仅为偶见。

对不同采样时间以及不同地理群体厚颌鲂的食物组成进行比较发现，龙溪河厚颌鲂主要摄食藻类和水生植物，而赤水河厚颌鲂主要摄食淡水壳菜等无脊椎动物，这可能与不同河流的栖息地环境差异有关。受水电开发和水污染等人类活动影响，龙溪河目前已经变成一个个梯级水库群，流水生境基本丧失，水体富营养化程度日益严重，使得适应急流生活的敏感性底栖动物类群明显减少，而藻类和水生植物相对较为丰富，所以厚颌鲂主要摄食藻类和水生植物。与之相反，赤水河目前仍然维持着自然的流水生境以及天然的石质底质，有利于淡水壳菜、蜉蝣和石蝇等底栖无脊椎动物的生存与发展，因此厚颌鲂以水体中丰富的底栖无脊椎动物为主要食物来源。

3.5.2.2 摄食强度

2011—2013 年研究结果显示，龙溪河厚颌鲂的年均空肠率较低，为 30.0%，表明其摄食情况良好。空肠率逐月变化情况显示，厚颌鲂在 4—6 月的空肠率相对较高，这可能与产前停食有关（图 3-116）。

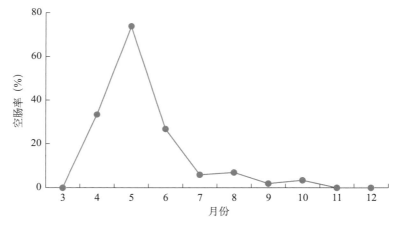

图 3-116　2011—2013 年龙溪河厚颌鲂空肠率的季节变化

李文静（2006）对厚颌鲂种群摄食强度的月变化以及成鱼、幼鱼摄食节律的差异进行了比较。从种群摄食强度的变化来看，厚颌鲂全年有两个摄食高峰，分别出现在春季 4—5 月和秋季 9—11 月，其中秋季肠道充塞度水平最高，是全年摄食的最高峰。冬季的摄食强度不高，但是解剖没有发现明显的冬季停食现象，冬季仍然维持着一定的摄食量。此外，幼鱼的摄食强度高于成鱼，肠充塞度的平均值、最大值均大于成鱼，肠充塞度保持高峰水平的时间也长于成鱼。每年 2 月厚颌鲂幼鱼已经开始大量摄食，一直到 11 月摄食量一直维持在较高水平，6 月相对较低，可能和夏季高温有关。相对于幼鱼，性成熟个体的摄食季节差异更显著。成鱼摄食的高峰主要出现在秋季，初春的摄食强度很低，根据繁殖生物学的研究结果，此阶段是繁殖前夕，说明厚颌鲂亲鱼有产前停食的习性，在亲鱼性腺发育过程中，个体一直维持较低的摄食强度。野外解剖也发现，性腺发育程度越高的个体的摄食强度越低，处于性成熟的亲鱼肠道中很少有食物存在。

3.5.3　繁殖

3.5.3.1　副性征

成熟个体在繁殖季节具有显著的第二特征，可借此鉴定性别。生殖季节，厚颌鲂雄鱼全身体表都被有细小的珠星，略呈淡乳白色，颗粒细小，以鳃盖、胸鳍、尾柄等处最多，繁殖前夕尤其显著，抚摸有明显粗糙感；成熟雄鱼胸鳍第一根鳍条明显增粗并略呈 S 形弯曲，肥满度较小，体型更侧扁，生殖孔不突出；成熟度好的雄鱼轻压腹部有乳白色精液流出。雌鱼体表的珠星不显著，胸鳍鳍条不增粗和弯曲；腹部膨胀松软，肥满度较高，成熟好的雌鱼外观有明显的卵巢轮廓；生殖季节的雌鱼生殖孔圆形、微突，呈粉红色（李文静等，2007）。

3.5.3.2　性比

2011—2013 年，在龙溪河采集厚颌鲂样本 231 尾，其中雄性 75 尾，雌性 156 尾，雌雄比例为 1∶2.08，X^2 检验显示，雄性比例显著高于雌性（X^2=20.55，df=1，$P < 0.05$）。对不同月雌雄性比进行的分析显示，雌雄性比最小值为 1∶8.5，出现在 7 月，而最大值出现在 12 月（表 3-107）。

表 3-107　2011—2013 年厚颌鲂不同月性比

月份	数量（尾）		性比
	雌性	雄性	
3	1	3	1∶3
4	0	2	
5	6	7	1∶1.17
6	0	12	
7	6	51	1∶8.5
8	21	41	1∶1.96
9	30	18	1∶0.6
10	8	17	1∶2.13
12	3	5	1∶1.17
合计	75	156	1∶2.08

2016—2017 年，在龙溪河采集厚颌鲂样本 262 尾，其中雌性 104 尾，雄性 152 尾，

另有 6 尾由于性比无法辨认，雌雄性比为 1∶1.46，雄性比例显著高于雌性（$P < 0.05$）。逐月的雌雄性比（表 3-108）分析显示，雌雄性比以 8 月最小，为 1∶0.97；7 月最大，为 1∶1.97。

表 3-108　2016—2017 年厚颌鲂不同月性比

月份	数量（尾）		性比
	雌性	雄性	
6	9	12	1∶1.33
7	40	79	1∶1.97
8	27	26	1∶0.97
9	4	4	1∶1
10	11	14	1∶1.27
11	13	17	1∶1.31
合计	104	152	1∶1.46

李文静（2006）对不同年龄组的厚颌鲂进行了性别构成的分析，结果显示厚颌鲂种群总性比为 1∶1.03，经 X^2 检验，符合 1∶1 的理论比例（$P > 0.05$）。在低龄阶段（1～3 龄）雌雄数量基本持平，雄性略占优势；4 龄雌性数量开始超出雄性，5 龄以上个体多为雌性。

相比而言，近年来龙溪河厚颌鲂种群中雄性个体的比例有升高的趋势，表明目前有效繁殖种群特别是雌性性成熟个体减少的情况，种群现状不容乐观。

3.5.3.3　繁殖时间

1. 性腺发育的时间规律

对 2011—2013 年龙溪河厚颌鲂的性腺发育及其周年变化进行了研究。结果表明，雌性在 10—12 月均处于性腺发育 Ⅱ 期，3 月 Ⅲ 期个体开始大量出现，5—7 月，性腺成熟个体（即性腺发育处于 Ⅳ～Ⅴ 期）占当月总尾数的 50% 以上。雄性的性腺发育情况与雌性相似，均在 4—8 月有一定比例的个体达到性成熟（图 3-117）。

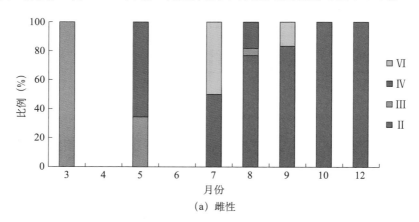

(a) 雌性

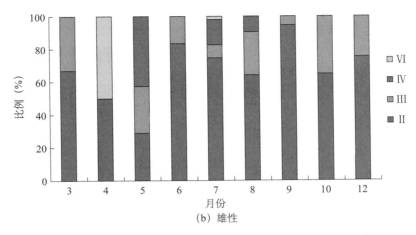

图 3-117　2011—2013 年龙溪河厚颌鲂性腺发育的周年变化情况

根据李文静（2006）对厚颌鲂个体不同性腺发育期的研究结果表明，从 4 月开始Ⅳ、Ⅴ期个体大量出现，4 月，性成熟个体（即性腺发育处于Ⅳ～Ⅴ期）占当月总尾数的 67.6%，5—7 月，也有 21.8%～41.9% 的性腺成熟的个体。对雄性个体而言，其性成熟情况与雌性相似，均在 4—8 月有一定比例的个体达到性成熟。

2. 性体指数

对 2011—2013 年龙溪河厚颌鲂性体指数（GSI）的变化趋势进行了分析。结果表明，雌性的 GSI 从 4 月开始上升，7 月达到最高值，之后开始下降，9 月以后一直保持在较低水平；雄性 GSI 的季节变化趋势与雌性基本一致，但是 GSI 值明显低于雌性（图 3-118）。

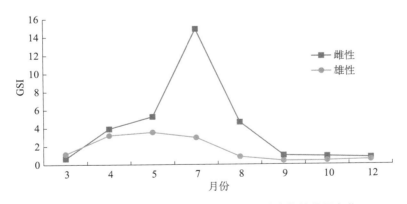

图 3-118　2011—2013 年龙溪河厚颌鲂性体指数的月变化

李文静（2006）对 2001—2003 年龙溪河厚颌鲂性体指数的季节变化情况进行了分析。结果显示，厚颌鲂雌、雄的 GSI 季节变化趋势基本一致。其中，2—4 月是性腺急速发育的阶段，GSI 显著上升，并在 4 月达到峰值并一直持续到 7 月。在此阶段，雌雄 GSI 都维持在较高水平；7 月以后繁殖期结束后性腺退化吸收，GSI 急速下降（图 3-119）。

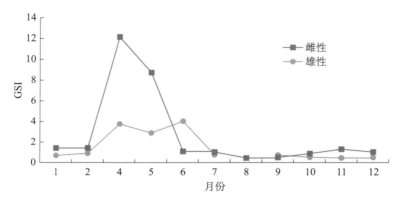

图 3-119　2001—2003 年龙溪河厚颌鲂性体指数的月变化

结合性腺发育和性体指数的变化规律，可以推断厚颌鲂的繁殖季节为 4—7 月。

3.5.3.4　卵径

对 2011—2013 年龙溪河 7 尾厚颌鲂的卵径进行了测量。结果显示，厚颌鲂Ⅳ期卵径范围为 0.8 ～ 1.4mm，均值为（1.13±0.89）mm。从同一卵巢（Ⅳ期）卵径的变化趋势看，卵径变化仅一个峰，卵巢中卵粒的发育基本同步（图 3-120）。

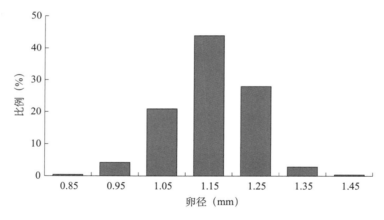

图 3-120　2011—2013 年龙溪河厚颌鲂的卵径分布

对 2016—2017 年龙溪河 22 尾厚颌鲂的卵径进行了测量。结果显示，厚颌鲂Ⅳ期卵径范围为 0.68 ～ 1.44mm，均值为（1.12±0.14）mm。卵径变化同样为单峰（图 3-121）。

因此，可以初步判断厚颌鲂为一次性产卵类型。

李文静（2006）测量了厚颌鲂不同龄组Ⅳ期卵巢的卵径，结果显示厚颌鲂Ⅳ期卵巢的卵径分布出现 2 个峰值，第一个峰值卵径为 0.1 ～ 0.3mm，占全部卵数的 50% 以上，主要为 2 时相的卵母细胞，尚未沉积卵黄，解剖镜下细胞核清晰可见，当年不能发育成熟。第 2 个峰值范围是 0.9 ～ 1.3mm，占全部卵数的 30% ～ 40%，为接近成熟的卵母细胞，它们代表了当年的怀卵量。因此，根据卵径分布状况可推断厚颌鲂为单次产卵类型。

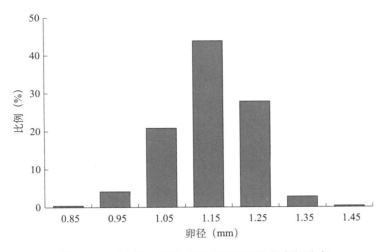

图 3-121　2016—2017 年龙溪河厚颌鲂的卵径分布

3.5.3.5　初次性成熟大小

按 20mm 组距划分体长组，统计繁殖期厚颌鲂不同体长组内性成熟个体比例。结果显示，2011—2013 年厚颌鲂 50% 个体达性成熟的平均体长为 222mm，由生长方程换算得出对应性成熟年龄为 2.84 龄，初次性成熟体重为 227.77g。2016—2017 年厚颌鲂 50% 个体达性成熟的平均体长为 211mm，由对应体长、体重关系函数退算出初次性成熟体重为 200.85g，初次性成熟年龄为 2.73 龄。

李文静等（2007）研究表明，2001—2003 年龙溪河性腺发育达 Ⅳ 期的厚颌鲂样本中，雌性最小性成熟全长 189.0mm，体长 158.0mm，体重 72.1g；雄性最小性成熟全长 179.0mm，体长 149.0mm，体重 57.1g；雌雄初次性成熟年龄均为 2 龄；27 尾 2 龄初次性成熟个体的平均体长为（201.0 ± 19.4）mm，体重为（170.2 ± 48.2）g。雄性最小性成熟个体的体长和体重均小于雌性。

比较发现，近年来龙溪河厚颌鲂的初次性成熟体长和体重明显增加（表 3-109）。

表 3-109　厚颌鲂初次性成熟平均体长和体重的年际变化比较

采样时间	初次性成熟体长（mm）	初次性成熟体重（g）	初次性成熟年龄	数据来源
2001—2003 年	201.00	170.20	—	李文静等，2007
2011—2013 年	222.00	227.77	2.84	本研究
2016—2017 年	211.08	200.85	2.73	本研究

3.5.3.6　怀卵量

对 2011—2013 年龙溪河采集的 7 尾性腺发育处于 Ⅳ 期的雌性厚颌鲂的怀卵量进行了统计。结果显示，厚颌鲂的绝对怀卵量为 20 659 ～ 57 218 粒 / 尾，平均值为（359 32.7 ± 152 21.9）粒 / 尾；体重相对怀卵量为 73.8 ～ 147.0 粒 /g，平均值为（116.6 ± 26.4）粒 /g。

对 2016—2017 年龙溪河采集的 22 尾性腺发育处于 Ⅳ 期的雌性厚颌鲂的怀卵量

进行了统计。结果显示：厚颌鲂的绝对怀卵量为 5 816 ～ 84 450 粒 / 尾，平均值为（44 548.8 ± 19 626.4）粒 / 尾；体重相对怀卵量为 19.7 ～ 238.0 粒 /g，平均值为（110.3 ± 52.7）粒 /g。

李文静（2006）对龙溪河 50 尾性腺发育处于 Ⅳ 期的雌性厚颌鲂的怀卵量进行了统计。结果显示：厚颌鲂的绝对怀卵量为 11 011 ～ 249 150 粒 / 尾，平均值为（59 587.2 ± 59 018.0）粒 / 尾；体重相对怀卵量为 54.5 ～ 474.6 粒 /g，平均值为（212.6 ± 89.50）粒 /g；体长相对怀卵量为 52.3 ～ 750.5 粒 /mm，平均值为（231.0 ± 137.6）粒 /mm。

比较发现，随着时间的推移，龙溪河厚颌鲂的绝对怀卵量和相对怀卵量均明显降低，这可能与繁殖群体中大个体的比例降低有关。

3.5.3.7　产卵场和产卵条件

根据李文静等（2007）观察，龙溪河厚颌鲂一般在 4—7 月集群产卵，以 4 月中旬到 5 月下旬最为集中，2001—2013 年调查到的 9 次集群产卵有 7 次发生在此时间段。集群繁殖多发生在雨后初晴的夜间，时间为 22:00 ～ 24:00。集群地点位于电站引水渠与敞水区交界的流水区域，产卵区域流速为 1.5 ～ 2.0m/s，河床底质以砾石为主，水质清澈，透明度 80cm 以上，pH 为 6.5，产卵水温 18℃ 以上。产卵活动需要一定涨水和较大流速的刺激，产卵前日间较强的日照对集群产卵也有显著的刺激作用。卵遇水后即呈强黏性，顺水漂流并黏附于河底砾石及石质河床上发育孵化。

3.5.4　种群动态

3.5.4.1　总死亡系数

总死亡系数（Z）根据变换体长渔获曲线法通过 FiSAT Ⅱ 软件包中的 length-converted catch curve 子程序估算，估算数据来自体长频数分析资料。回归数据点的选择以未达完全补充年龄段和体长接近 L_∞ 的年龄段不能用作回归为原则，根据 2011—2013 年采样数据通过 FiSAT 软件估算得出全面补充年龄时体长为 150mm，总死亡系数 Z=1.36/a；根据 2016—2017 年渔获物数据估算得出 2017 年全面补充年龄时体长为 150mm，总死亡系数 Z=0.88/a。

3.5.4.2　自然死亡系数

自然死亡系数（M）采用 Pauly's 经验公式估算，参数如下：栖息地年平均水温 $T ≈ 19.20℃$，代入公式估算得到 2011—2013 年龙溪河厚颌鲂种群自然死亡系数 M=0.54/a。2016—2017 年龙溪河厚颌鲂种群自然死亡系数 M=0.29/a。

3.5.4.3　捕捞死亡系数

捕捞死亡系数（F）为总死亡系数（Z）与自然死亡系数（M）之差。2011—2013 年龙溪河厚颌鲂种群捕捞死亡系数 $F = Z-M = 0.82$/a；2016—2017 年龙溪河厚颌鲂种群捕捞死亡系数 $F = Z-M = 0.80$/a。

3.5.4.4　开发率

通过上述转换体长渔获曲线估算出的总死亡系数及捕捞死亡系数计算得出 2011—2013 年龙溪河厚颌鲂当前开发率为 $E_{cur}=F/Z=0.60$，2016—2017 年龙溪河厚颌鲂当前开发率为 $E_{cur}=F/Z=0.67$。

3.5.4.5　资源量

通过 FiSAT 软件包中的 length-structured VPA 子程序将样本数据按比例变换为渔获量数据，另输入相关参数如下：$k=0.23/a$，$L_{\infty}=337mm$，$M=0.29/a$，$F=0.59/a$。经实际种群分析估算得到龙溪河厚颌鲂 2016—2017 年年均平衡资源量为 1.64t，种群尾数为 7 843 尾。同时对 2011—2013 年龙溪河厚颌鲂资源量进行估算，经有效种群分析估算得到龙溪河厚颌鲂 2011—2013 年年平均资源生物量为 2.53t，对应年平均资源尾数为 13 890 尾。

3.5.4.6　实际种群

实际种群分析结果（图 3-122）显示，在当前渔业形势下厚颌鲂体长超过 180mm 时捕捞死亡系数明显增加，超过 200mm 时死亡系数趋于下降，之后又在 260mm 时出现另一快速增长趋势，种群被捕捞的概率明显增大，渔业资源种群主要分布在 190～250mm。平衡资源生物量随体长的增加呈先升后降的趋势，最低为 0.01t（80～90mm 体长组），最高为 0.13t（190～200mm、200～210mm 体长组）。捕捞死亡系数最大出现在 280～290mm 体长组，为 0.92/a，此时平衡资源生物量下降至 0.03t。

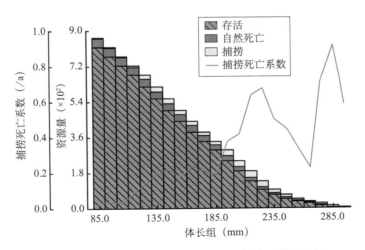

图 3-122　2016—2017 年龙溪河厚颌鲂实际种群分析

3.5.4.7　种群动态

经体长变换渔获曲线分析，当前长江上游厚颌鲂补充体长为 150mm，目前长江上游捕捞强度大，刚刚补充的幼鱼就有可能被捕获上来，开捕体长与补充体长趋于一致，因此认为长江上游厚颌鲂当前开捕体长 $L_c=150mm$。采用 Beverton-Holt 动态综合模型分析，根据2016—2017年所调查的龙溪河厚颌鲂渔获物数据，由相对单位补充量渔获量（Y'/R）与开发率（E）的关系作图估算出理论开发率 $E_{max}=0.401$，$E_{0.1}=0.315$，$E_{0.5}=0.263$（图3-123），而当前开发率 $E_{cur}=0.67$，远高于理论最大开发率，厚颌鲂处于过度捕捞状态。

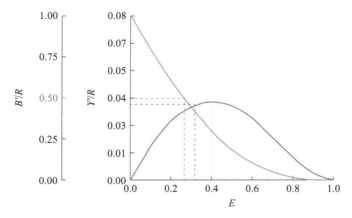

图 3-123　开捕体长 L_c=150mm 时厚颌鲂相对补充渔获产量（Y'/R）和相对单位补充量生物量（B'/R）与开发率（E）的关系

同时，根据2011—2013年的采样数据估算2013年长江上游龙溪河厚颌鲂年平均渔获量为2.1t。且有效种群分析结果显示，当前渔业形势下厚颌鲂体长超过210mm时捕捞死亡系数明显增加，种群被捕捞的概率明显增大，渔业资源种群主要分布在160～220mm。平衡资源生物量随体长的增加呈先升后降趋势。捕捞死亡系数最大出现在210～220mm体长组，为3.11/a，此时平衡资源生物量下降至0.12t（图3-124）。经有效种群分析估算得到龙溪河厚颌鲂2011—2013年年平均资源生物量为2.53t，对应年均平均资源尾数为13 890尾（表3-110）。

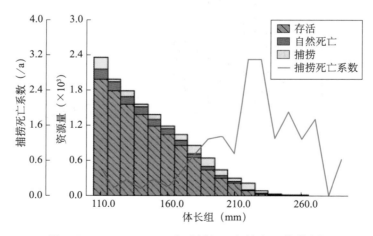

图 3-124　2011—2013 年龙溪河厚颌鲂实际种群分析

表 3-110　2011—2013 年龙溪河厚颌鲂资源量估算结果

体长中值（mm）	捕获尾数（尾）	种群数量（尾）	捕捞死亡系数	稳定生物量（t）
110	193.33	2 350.2	0.622 3	0.11
120	50.52	1 989.09	0.179 6	0.14
130	96.34	1 786.72	0.372 8	0.16
140	36.73	1 550.84	0.154 9	0.19
150	84.40	1 386.08	0.389 9	0.22
160	37.11	1 184.81	0.189 1	0.25
170	94.10	1 041.76	0.538 7	0.27
180	133.20	853.34	0.923 0	0.27
190	139.66	642.21	1.271 9	0.25
200	106.83	443.26	1.359 7	0.21
210	53.62	293.99	0.952 5	0.18
220	104.81	208.88	3.110 2	0.12
230	44.59	85.88	3.083 2	0.06
240	9.43	33.48	1.290 2	0.04
250	8.23	20.10	1.929 9	0.02
260	3.01	9.57	1.279 4	0.01
270	2.26	5.28	1.757 7	0.01
280	0	2.33	0	0.01
290	1.14	1.88	0.820 0	0.01
合计	1 200.01	13 889.7	20.225	2.53

　　李文静（2006）根据 2001—2003 年龙溪河洞窝河段单船捕捞产量和日均作业船次，采用体长股分析方法对该江段厚颌鲂的资源量进行了估算。结果显示：2001—2003 年洞窝河段厚颌鲂的资源量分别为 11 800 尾、9 993 尾和 8 868 尾，3 年平均资源量为 10 220 尾；3 年生物量分别为 1 935.2kg、1 346.1kg 和 2 115kg，3 年平均生物量为 1 798.8kg。

　　上述龙溪河厚颌鲂种群动态分析结果显示，总死亡系数、自然死亡系数及捕捞死亡系数均有不同程度下降。年均平衡资源生物量及种群尾数则分别从 2001 年的 6.55t 和 37 230 尾降至 2011 年的 2.53t 和 13 890 尾，最后降至 2017 年的 1.64t 和 7 843 尾。而当前开发率则显著提高，2011—2013 年调查结果显示厚颌鲂当前开发率虽高于理论最佳开发率，处于过度捕捞状态，但仍在理论最大开发率范围之内（2011—2013 年 E_{cur}=0.60，E=0.50）；而 2016—2017 年调查结果显示，当前开发率超出理论最大开发率近 30 个百分点，限制捕捞作业已刻不容缓。

　　此外，高欣等（2008）以 34 种中国淡水鱼类和近海鱼类的生态参数为基础，建立 logistic 回归模型。利用该模型研究长江上游龙溪河厚颌鲂的生活史类型，然后用平衡产量模型进行验证，并探讨合理开发龙溪河厚颌鲂种群资源的渔业管理措施。结果表明，logistic 回归模型估算出厚颌鲂属于 k 选择鱼类的概率为 13%，判别标准为 29%，因此厚颌鲂应该属于 r 选择鱼类；Beverton-Holt 产量模型分析结果显示厚颌鲂平衡产量曲线与典型的 r 选择鱼类尖头塘鳢极为类似。

在不同自然死亡率系数（0.37±0.1）/a 下模拟种群的变化，结果见表 3-111。捕捞死亡系数和自然死亡系数的增大导致单位补充量亲鱼生物量（SSB/R）曲线快速下降（图 3-125）。在不同的起捕年龄（t_c）和捕捞死亡系数（F）下厚颌鲂的单位补充量产量曲线见图 3-126。当 M=0.37/a 时，厚颌鲂的 YPR 的峰值出现在 t_c=3.5～4.5 龄。当 M=0.27/a 和 0.47/a 时，YPR 的峰值分别出现在 t_c=5～6 龄和 t_c=3～4 龄。结果显示了起捕年龄（t_c）和捕捞死亡系数（F）对繁殖潜力比（SPR）的影响：SPR 随着起捕年龄（t_c）的增大而增大，随着捕捞死亡系数（F）的增加而减小。在现捕捞死亡系数下，当 t_c=6 时，SPR 值为 44.07～60.71，是 t_c=1 时 SPR 值的 10.39～22.92 倍。当 M=0.37/a 时，起捕年龄增加到 4 龄可以确保 SPR 值不低于 25%（图 3-127）。

表 3-111　在现起捕年龄下厚颌鲂的现捕捞死亡系数（F_{cur}）、参考点（$F_{0.1}$、F_{max}、$F_{25\%}$、$F_{40\%}$）、繁殖潜力比（SPR）和相应的单位补充量产量（YPR）（高欣等，2009）

M (/a)	F_{cur} (/a)	$F_{0.1}$ (/a)	F_{max} (/a)	$F_{25\%}$ (/a)	$F_{40\%}$ (/a)	SPR_{cur} (%)	YPR_{cur} (g)	$YPR_{0.1}$ (g)	YPR_{max} (g)	$YPR_{25\%}$ (g)	$YPR_{40\%}$ (g)
0.27	1.04	0.15	0.24	0.24	0.15	2.34	63.08	97.80	103.31	103.30	96.92
0.37	0.94	0.20	0.33	0.30	0.18	4.50	54.29	64.59	68.70	68.58	63.02
0.47	0.84	0.26	0.44	0.36	0.22	7.70	46.20	46.93	50.24	49.83	44.97

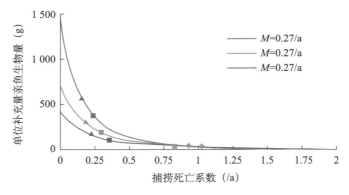

图 3-125　在现起捕年龄下厚颌鲂的单位补充量亲鱼生物量曲线（高欣等，2009）

●表示 F_{cur}；■表示 $F_{25\%}$；▲表示 $F_{40\%}$

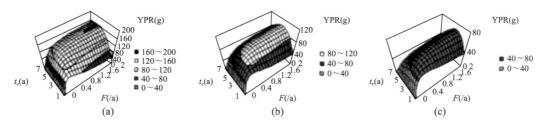

图 3-126　在不同捕捞死亡系数（F）和起捕年龄（t_c）下厚颌鲂的单位补充量产量（YPR）曲线（高欣等，2009）

（a）M=0.27/a；（b）M=0.37/a；（c）M=0.47/a

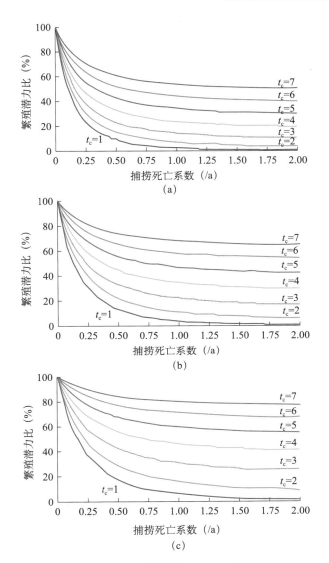

图 3-127　在不同捕捞死亡系数（*F*）和起捕年龄（t_c）下厚颌鲂的繁殖潜力比曲线（SPR）（高欣等，2009）

（a）*M*=0.27/a；（b）*M*=0.37/a；（c）*M*=0.47/a

3.5.5　遗传多样性

3.5.5.1　线粒体 DNA 遗传多样性

利用线粒体 Cyt *b* 基因对 2011—2013 年木洞河、赤水河、龙溪河 3 个厚颌鲂地理的遗传多样性进行了分析。结果显示，170 条线粒体 Cyt *b* 基因序列共检测到 19 个单倍型，其中共享单倍型 4 个，分别为 Hap1、Hap4、Hap6 和 Hap7，但仅有 Hap1 为 3 个地理群体所共有。厚颌鲂整体单倍型多样性为 0.673，整体核苷酸多样性为 0.004 46。不同地理群体遗传多样性的比较结果（表 3-112）显示，木洞河群体的单倍型多样性和核苷酸多样性均较高，分别为 0.633 和 0.007 53；赤水河和龙溪河群体单倍型多样性和核苷酸多样性均较低，其中龙溪河群体遗传多样性最低，其单倍型多样性仅为 0.314，核苷酸多样性仅为 0.000 80。

表 3-112　2011—2013 年厚颌鲂不同地理群体 Cyt *b* 遗传多样性比较

群体	样本量（尾）	单倍型数	单倍型	单倍型多样性	核苷酸多样性
木洞河	38	7	Hap1、Hap6、Hap7、Hap10 ～ Hap13	0.633 ± 0.067	0.007 53 ± 0.005 85
赤水河	30	9	Hap1 ～ Hap9	0.423 ± 0.103	0.002 04 ± 0.003 10
龙溪河	102	8	Hap1、Hap4、Hap14 ～ Hap19	0.314 ± 0.058	0.000 80 ± 0.002 03

使用 Arlequin v3.1 对 2011—2013 年采集的厚颌鲂 3 个地理群体间的遗传分化系数（F_{ST}）进行估算，分析结果表明：厚颌鲂 3 个地理群体间全部存在显著分化（表 3-113）。

表 3-113　基于 Cyt *b* 序列单倍型频率的 2011—2013 年厚颌鲂不同地理群体间成对 F_{ST} 值

群体	龙溪河	赤水河	木洞河
龙溪河			
赤水河	0.592 88**		
木洞河	0.620 80**	0.437 74	

注：** 表示差异极显著（$P < 0.01$）。

对厚颌鲂不同地理群体的全部个体进行 Tajima's *D* 与 Fu's *Fs* 值的中性检验，结果表明：Tajima's *D* 检验赤水河和龙溪河群体均为负值，显著性检验显示龙溪河群体显著而赤水河群体不显著。木洞河群体 Tajima's *D* 为正值且显著性检验不显著。同样，赤水河和龙溪河群体的 Fu's *Fs* 值为负值，但不显著偏离中性检验，木洞河群体符合中性进化。3 个地理群体的 Harpending's Raggedness index（Hri）均为正值，除木洞河群体外都不显著。采用 1% / 百万年的变异速率，退算出龙溪河厚颌鲂种群扩张大约发生在 0.13 百万年前。错配分析结果显示，仅龙溪河种群为单峰曲线，经历了扩张，而木洞河和赤水河种群均为多峰曲线，未经历扩张（表 3-114，图 3-128）。

表 3-114　基于 Cyt *b* 基因的 2011—2013 年厚颌鲂不同地理群体中性检验

群体	龙溪河	赤水河	木洞河
Tanjima's *D*	−1.138 0	1.152 9	−1.604 8
P 值	0.123 0	0.928 0	0.019 0
Fu's *Fs*	−1.594 8	7.677 4	−2.409 9
P 值	0.218 0	0.986 0	0.105 0
Hri	1.100	0.439	0.384
P 值	1.00	0	0.36
Tau			3
种群扩张时间（百万年）			0.13

继续分析了 2016—2017 年采自 3 个地理群体共 168 尾厚颌鲂 Cyt *b* 基因序列，其中

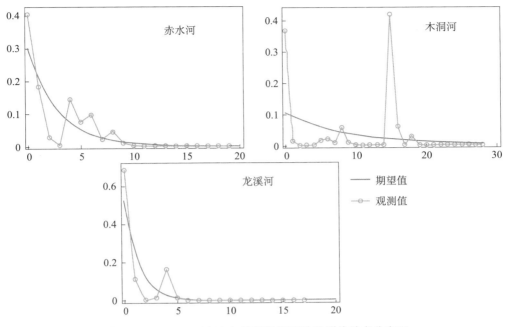

图 3-128　2011—2013 年厚颌鲂不同地理群体歧点分布图

龙溪河 142 尾、木洞河 16 尾、赤水河 10 尾。比对校正后序列长度为 1140bp，序列中无碱基的短缺或插入。168 条序列检测到 48 个变异位点，其中简约信息位点 23 个。168 条序列的平均碱基组成：A 的含量为 28.9%，T 的含量为 27.3%，C 的含量为 28.8%，G 的含量为 15.0%。G 的含量最低，A+T 的含量明显大于 G+C 的含量，碱基组成表现出明显的偏倚。

利用 DNASP 软件得到厚颌鲂整体单倍型多样性（Hd）和核苷酸多样性（Pi）分别为 0.667 和 0.002 07（表 3-115）。比较发现，赤水河厚颌鲂的单倍型多样性和核苷酸多样性最高，分别为 0.933 和 0.006 14；其次为木洞河，Hd 和 Pi 分别为 0.933 和 0.004 74；而龙溪河厚颌鲂的单倍型多样性和核苷酸多样性均最低，分别为 0.536 和 0.001 12。

表 3-115　2016—2017 年厚颌鲂不同地理群体线粒体 Cyt b 遗传多样性分析

群体	单倍型数	单倍型多样性	核苷酸多样性
龙溪河	8	0.536 0	0.001 12
木洞河	10	0.933 0	0.004 74
赤水河	8	0.933 0	0.006 14
合计	23	0.667 0	0.002 07

龙溪河 142 条序列仅检测到 8 个单倍型，并且没有与其他地理群体共享的单倍型；木洞 16 条序列检测到 10 个单倍型；赤水河 10 条序列检测到 8 个单倍型。在检测到的 23 个单倍型中，Hap4 分布最广，为 94 个样本共享，且全部为龙溪河样本。Hap5、Hap8、Hap12、Hap13、Hap15、Hap16、Hap17、Hap18、Hap19、Hap20、Hap21、Hap22、Hap23 各为 1 个样本所独有，其中 2 个单倍型为龙溪河个体，5 个单倍型为

赤水河个体，5 个单倍型为木洞河个体。

采用 Mega 软件，以 Kimura 2-parameter 遗传距离模型计算得到龙溪河、木洞河和赤水河 3 个地理群体的遗传距离，遗传距离的大小指示着遗传变异水平的高低，也代表着样本亲缘关系的远近。群体内的遗传距离显示，龙溪河 142 个样本之间的遗传距离为 0.001；赤水河 10 个样本之间的遗传距离为 0.007；木洞河 16 个样本之间的遗传距离为 0.005，这表明厚颌鲂的遗传变异水平较低，各群体亲缘关系较近。以 Kimura 2-parameter 遗传距离模型计算得到 3 个群体之间的平均净遗传距离，范围为 0.000 108 ~ 0.000 500（表 3-116）。赤水河与木洞河群体的遗传距离较近，而与龙溪河群体遗传距离较大，这与分化系数的计算结果相符。

表 3-116　基于 Kimura 2-parameter 模型的 2016—2017 年厚颌鲂不同地理群体间的遗传距离

群体	龙溪河	赤水河	木洞河
龙溪河			
赤水河	0.005		
木洞河	0.004	0.001	

使用 Arlequin 软件对 2016—2017 年采集的厚颌鲂各地理群体两两间遗传分化系数进行估算，分析结果显示，龙溪河群体与木洞河群体之间的分化系数最高，为 0.483 04；龙溪河群体和赤水河群体之间的分化系数也很高，为 0.459 39；赤水河群体和木洞河群体之间的分化系数最低，为 0.024 39；龙溪河群体与木洞河、赤水河群体之间的分化系数均大于 0.15，并且显著分化（$P < 0.01$），表明龙溪河群体基因交流出现障碍（表 3-117）。

表 3-117　基于 Cyt b 序列单倍型频率的 2016—2017 年厚颌鲂不同地理群体间成对 F_{ST} 值

群体	龙溪河	赤水河	木洞河
龙溪河			
赤水河	0.459 39**		
木洞河	0.483 04**	0.024 39	

注：** 表示差异极显著（$P < 0.01$）。

对 2016—2017 年 3 个地理群体的所有厚颌鲂个体进行 Tajima's D 与 Fu's Fs 值的中性检验（表 3-118）。结果显示，厚颌鲂种群符合中性进化假设，但赤水河群体检测到可能于近期出现种群扩张现象。

表 3-118　2016—2017 年厚颌鲂龙溪河、赤水河、木洞河地理群体的 Tajima's D 与 Fu's Fs 检验结果

群体	数量（尾）	Tajima's D	Fu's Fs
龙溪河	142	−0.509 96	−0.754 91
赤水河	10	−1.632 15*	−1.126 54
木洞河	16	−1.033 47	−1.539 38
总体	168	0.561 51	0.392 41

注：* 表示差异显著（$P < 0.05$）。

在厚颌鲂遗传多样性方面，文献报道较少，早期见于刘焕章和汪亚平（1997）利用同工酶技术对厚颌鲂合江群体的遗传结构进行的研究。随着分子生物学的发展，近年来基于线粒体 Cyt b 基因对厚颌鲂种群遗传学的研究逐渐展开，王瑾瑾等（2014）基于线粒体 Cyt b 基因和微卫星标记对厚颌鲂两个野生群体的遗传多样性进行了分析。比较发现，厚颌鲂龙溪河群体的单倍型多样性和核苷酸多样性均存在，特别是与王瑾瑾等（2014）的研究相比，本研究两次遗传多样性调查结果均呈现显著上升的趋势（表3-119）。一方面，样本量的扩大使得单倍型呈现明显的升高；此外，采样周期的延长同样避免了一次采样容易造成的亲缘关系较近个体的一次性落网；近年来渔业资源管理的加强与禁渔政策的落实、污水处理工程的实施对厚颌鲂遗传多样性的提高也起到了积极作用。同时，赤水河群体 2016—2017 年的单倍型多样性和核苷酸多样性均较 2011—2013 年有所提高，表明赤水河厚颌鲂遗传多样性现状有所好转。然而，相比于赤水河和木洞河群体，厚颌鲂龙溪河群体的单倍型数、单倍型多样性和核苷酸多样性仍处于较低水平，相对隔离的环境导致龙溪河厚颌鲂遗传多样性现状与资源保护形势依旧严峻。

表 3-119　不同地理群体不同采样时间厚颌鲂遗传多样性的比较

群体	采样时间	样本量（尾）	单倍型数	单倍型多样性	核苷酸多样性
龙溪河	2010 年	30	1	0.000	0.000 00
龙溪河	2011—2013 年	102	8	0.314	0.000 80
龙溪河	2016—2017 年	142	8	0.536	0.001 12
赤水河	2011—2013 年	30	9	0.423	0.002 04
赤水河	2016—2017 年	10	8	0.933	0.006 14
木洞河	2011—2013 年	38	7	0.633	0.007 53
木洞河	2016—2017 年	16	10	0.933	0.004 74

3.5.5.2　微卫星 DNA 遗传多样性

自主开发了厚颌鲂的微卫星引物，其中 29 对具有多态性。这些引物的观测杂合度和期望杂合度分别是 0.185 ～ 1.000 和 0.175 ～ 0.842（表 3-120）。

表 3-120　厚颌鲂 29 个微卫星位点信息

位点	GenBank 登录号	引物序列	退火温度（℃）	片段大小（bp）	等位基因数	多态信息含量（PIC）	观测杂合度（H_O）	期望杂合度（H_E）	哈迪 - 温伯格平衡偏离指数（d）
Mp009	KF523864	TGAGTTCGCACCAGAAAGTG	53	147	5	0.738	1.000	0.789	NS
		ACTCACGACAGGGACAGGAG							
Mp011	KF523865	TGTCATACCCATGCCATTATACA	51	143	7	0.797	1.000	0.835	NS
		TGGAACAATCAACCACAGATG							

位点	GenBank 登录号	引物序列	退火温度（℃）	片段大小（bp）	等位基因数	多态信息含量（PIC）	观测杂合度（H_O）	期望杂合度（H_E）	哈迪-温伯格平衡偏离指数（d）
Mp012	KF523866	CCCGTAGAGGGAGAGAGAGC	53	129	6	0.652	1.000	0.715	NS
		TCCTTCTCTTTGTCAGCACGTA							
Mp013	KF523867	AAAGGCCCTTGAATCATCTG	51	134	4	0.594	1.000	0.668	***
		TTATGCCTCCCCCTAAACAG							
Mp017	KF523868	CCCCAGCAGCACATCTCTA	53	128	3	0.517	1.000	0.608	***
		AGGCCACATTCCTTTCCTTC							
Mp021	KF523869	CCATCGACTGCCTTTCTACC	53	145	3	0.548	1.000	0.631	***
		GGTCACCAGTGAGGAAAATTG							
Mp024	KF523870	TGTTTCAGGCATGACCAGTT	51	142	9	0.780	1.000	0.819	NS
		TCTGTCAAGTCCTCGTGTGTG							
Mp030	KF523871	TGGAAAGTGATAGTCAGACAGACA	53	172	8	0.752	0.767	0.793	NS
		TCCTGAGTAAGAATGTAGAATAAGGTT							
Mp038	KF523872	GAGTCTGTGCCGTCAGTCAA	52	148	3	0.165	0.185	0.175	NS
		TGATGACAGAATCACATGGTCA							
Mp039	KF523873	ATGTGGGCCGTTTCTGATAG	53	126	2	0.375	0.552	0.508	NS
		GGCGGCTAGAGCTGTCATT							
Mp043	KF523874	TTACCGGTCAAACTGGGAGT	53	195	7	0.436	0.500	0.469	NS
		CAAATGTCTCGATCAGACTGC							
Mp048	KF523875	GCTCTTCATCGCTTCTCTGC	54	173	10	0.806	0.933	0.841	NS
		TGAGTCCTGAGTAACATTACCATACA							

位点	GenBank 登录号	引物序列	退火温度（℃）	片段大小（bp）	等位基因数	多态信息含量（PIC）	观测杂合度（H_O）	期望杂合度（H_E）	哈迪-温伯格平衡偏离指数（d）
Mp049	KF523876	ATGGACTGTGAGAGGGACCA	53	121	8	0.807	1.000	0.842	NS
		GTTTTATTCCCTGGGCCTGT							
Mp052	KF523877	AGCATTGCAGAGGTCAGAGC	53	143	5	0.731	1.000	0.784	NS
		TCATGATGGTTTGGTACAGGTC							
Mp055	KF523878	GCAGAAGTGCACAGAAAACG	52	148	6	0.759	1.000	0.806	NS
		TCACATTCACAAGTGGTTCACA							
Mp057	KF523879	GAGTGAGAACCGGACAGCTT	52	220	3	0.283	0.217	0.329	NS
		CCATAAAAGCCTTTGTCGTCTT							
Mp060	KF523880	TGAGTCCTGAGTAAAGGATAATAAAAA	52	178	4	0.559	0.767	0.642	NS
		CAGAACTGCCTCTGCATTGA							
Mp061	KF523881	AAGTTATTTCTCTTTGCGCTTTT	48	103	4	0.569	0.700	0.652	NS
		CGATTGCATCGTTGAGAGG							
Mp062	KF523882	AAGCTCTGTGAGATTCACCAAAT	52	195	11	0.790	1.000	0.827	NS
		GGGGATTCTGGATGATGTTG							
Mp064	KF523883	CGAAGGTCCCTGATTGATTG	52	194	8	0.749	0.621	0.790	NS
		AATGGGGTCATCGGTCAAC							
Mp068	KF523884	TGTTGGAGTGCGAAAATCAG	51	141	9	0.787	1.000	0.826	NS
		GGGGAGGGGAAAGTAAGAAA							
Mp070	KF523885	ACACAGCGGTCTGGAAACAT	53	159	7	0.700	1.000	0.746	**
		ACACGTTCCCTCTCATGGAC							

续表

位点	GenBank 登录号	引物序列	退火温度（℃）	片段大小（bp）	等位基因数	多态信息含量（PIC）	观测杂合度（H_O）	期望杂合度（H_E）	哈迪 - 温伯格平衡偏离指数（d）
Mp080	KF523886	AAATGCAATCTGCGGTCAC	50	159	6	0.741	0.533	0.783	NS
		TGGTGAAGAGCGTAATCCAA							
Mp087	KF523887	TTGCCAGAATCAGTCAATCAA	49	253	6	0.617	1.000	0.683	***
		TGAATGGCAAATGCATAGGA							
Mp101	KF523888	ACATTGCCATTTTCCCCATA	49	106	5	0.728	1.000	0.779	NS
		AGAGATGCCTCACCCTGCT							
Mp102	KF523889	CGAAATGACGTCACATCAGC	53	132	4	0.554	1.000	0.638	**
		TGGCCTTGAGATCCTATTGC							
Mp115	KF523890	TGCTTTGGCAACATTGTATCA	49	123	5	0.587	0.500	0.641	NS
		CAGCTGACATTATTGCCTGAAT							
Mp126	KF523891	TGCTGGAATGAAGCTGTGTG	53	146	7	0.778	1.000	0.819	NS
		CCCAGCTCTGTTCCTGGTTA							
Mp128	KF523892	CCCTTCAGCCTTGTGAAAGT	51	161	3	0.559	1.000	0.646	**
		TCCTCTGCTGCTTGGAATTT							

注：NS 表示差异不显著；* 表示 $P < 0.05$，差异显著；** 表示 $P < 0.01$，差异极显著；*** 表示 $P < 0.001$，差异极显著。

对 2011—2013 年龙溪河、赤水河和木洞河 3 个地理群体 184 尾样本的微卫星遗传多样性进行了分析，等位基因数为 7.8 ～ 16.6，平均观测杂合度和期望杂合度分别为 0.824 4 ～ 0.860 5 和 0.794 7 ～ 0.827 1，平均多态信息位点为 0.748 5 ～ 0.805 7（表 3-121）。

表 3-121　基于微卫星标记的 2011—2013 年厚颌鲂各地理群体遗传多样性的比较

群体	样本量（尾）	等位基因数	观测杂合度（H_O）	期望杂合度（H_E）	多态信息含量（PIC）
赤水河	29	7.8	0.824 4	0.827 1	0.748 5
木洞河	35	10.1	0.849 4	0.794 7	0.777 0
龙溪河	120	16.6	0.860 5	0.813 7	0.805 7

厚颌鲂 3 个地理群体的遗传分化系数如表 3-122，结果显示：木洞河群体与赤水河和龙溪河群体均存在显著的中度分化，而赤水河和龙溪河之间不存在显著分化。

表 3-122　基于微卫星标记的 2011—2013 年厚颌鲂不同地理群体间成对 F_{ST} 值

群体	龙溪河	赤水河	木洞河
龙溪河			
赤水河	0.033 01		
木洞河	0.094 43**	0.064 74**	

随后根据已发表的 17 对引物对 2016—2017 年采集的龙溪河 316 尾厚颌鲂进行扩增。龙溪河厚颌鲂 316 尾个体 17 对引物 PCR 产物的等位基因数为 4.978 ～ 18.152（平均为 9.731 0），平均观测杂合度和期望杂合度分别为 0.799 9 和 0.887 4，平均多态信息位点为 0.875 1。17 对引物中有 7 对引物偏离哈迪 – 温伯格平衡，这可能是一些无效等位基因所导致的（表 3-123）。

表 3-123　基于 SSR 标记的龙溪河厚颌鲂遗传多样性和近交系数

位点	等位基因数（A）	香农多样性指数（I）	观测杂合度（H_O）	期望杂合度（H_E）	近交系数（F_{IS}）	多态信息含量（PIC）
MP009	11.890 5	2.614 2	0.949 0	0.917 4	−0.138 9	0.910 0
MP012*	7.311 2	2.195 5	0.943 0	0.864 6	−0.187 8	0.848 2
MP013*	10.183 7	2.486 0	0.984 2	0.903 2	−0.192 2	0.893 7
MP017	4.977 7	1.785 0	0.702 5	0.800 4	−0.029 9	0.771 0
MP030	9.136 4	2.482 1	0.772 2	0.892 0	0.131 7	0.881 6
MP043	8.859 0	2.525 9	0.579 1	0.888 5	0.275 6	0.877 1
MP048	14.848 5	2.841 6	0.685 7	0.934 1	0.206 7	0.928 6
MP049*	12.327 1	2.796 7	0.708 9	0.920 3	0.096 3	0.913 5
MP061	5.513 1	1.896 7	0.647 6	0.819 9	0.017 7	0.796 2
MP062	18.152 3	3.009 5	0.892 4	0.946 4	−0.059 8	0.942 1
MP064*	10.835 4	2.482 8	0.749 2	0.909 2	0.064 8	0.900 4
MP068*	9.588 7	2.445 4	0.942 7	0.897 1	−0.180 3	0.887 0
MP070	8.186 6	2.234 5	0.835 4	0.879 2	−0.022 1	0.865 8
MP080	9.741 9	2.305 7	0.738 0	0.898 8	0.054 2	0.888 0
MP087*	7.238 3	2.164 8	0.582 3	0.863 2	0.134 5	0.847 1
MP126	10.087 9	2.521 8	0.971 4	0.902 3	−0.187 2	0.893 2
MP128*	6.547 5	2.223 4	0.914 6	0.848 6	−0.239 7	0.831 8
Mean	9.731 0	2.412 5	0.799 9	0.887 4	−0.016 8	0.875 1

注：* 表示偏离 Hardy-Weinberg 平衡。

相比线粒体 Cyt b 基因标记的结果，基于微卫星标记的龙溪河厚颌鲂的遗传多样性相对较高，这也符合微卫星标记和线粒体标记的差异特征。本研究的微卫星标记各参数均比 Wang 等（2012）和王瑾瑾等（2014）要高，这可能与样本量及标记位点的多寡差异有关。本研究中，2016 年龙溪河厚颌鲂微卫星实验结果与 2011—

203 年结果相比（表 3-124），期望杂合度和多态信息含量均有所升高，但等位基因数和观测杂合度有所降低，表明厚颌鲂遗传多样性仍有降低趋势，资源保护工作亟待加强。

表 3-124　基于微卫星标记的不同时间龙溪河厚颌鲂遗传多样性的比较

采样时间	样本量	等位基因数	观测杂合度	期望杂合度	多态信息含量	数据来源
2010 年	30	3.1	0.47	0.51	0.42	Wang et al., 2012
2010 年	30	3.8	0.63	0.62	0.54	王瑾瑾等，2014
2011—2013 年	120	16.6	0.86	0.81	0.81	本研究
2016—2017 年	316	9.7	0.80	0.89	0.88	本研究

3.5.5.3　基于微卫星标记的个体亲缘关系分析

对 2016—2017 年在龙溪河采集的厚颌鲂样本进行个体亲缘关系分析，同时基于采样时间和年龄鉴定回推其所属世代（根据出生年份）。亲缘关系分析结果显示，316 尾厚颌鲂个体共聚为 65 个家系（clusters），其中家系 5 包含的后代数量最多，共有 35 个样本；家系 34、家系 14、家系 28 和家系 9 共 4 个家系也都包含 20 个以上的后代数量。后代数量最多的 6 个家系（总家系数的 9.23%）共包含了 151 个个体（总个体数的 47.78%），而后代数量前十的家系包含了超过总个体数的 2/3（67.09%）（图 3-129）。此外，共发现全同胞（full-sib）关系个体 7 对，半同胞（half-sib）关系 370 对，其中大多数半同胞关系由当年繁殖个体组成，同时也出现了连续繁殖现象，包括连续一年、连续两年和连续三年的繁殖现象。个体亲缘关系分析结果反映了厚颌鲂存在家系偏好性，即少数几个家系包含了绝大多数个体。这一结果验证了 Hedgecock（1994）的机会主义繁殖策略假说，即属于Ⅲ型存活曲线的鱼类绝大多数补充群体都来源于少数亲本，对环境的适应能力能够对繁殖行为及其早期生活史产生决定性作用。

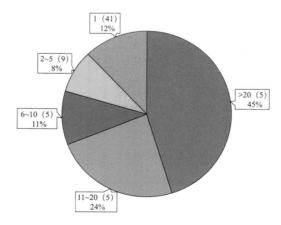

图 3-129　龙溪河厚颌鲂个体亲缘关系分析中不同家系包含后代数量统计

注：饼状图标注分别为不同组别（根据一个家系内所包含的后代个体数量共分为 > 20，11 ～ 20，6 ～ 10，2 ～ 5 和 1 五组）、组内家系数（括号内）和家系包含后代数量所占百分比。

3.5.6　小结

厚颌鲂是长江上游特有的一种大中型鱼类，曾广泛分布于长江干流、嘉陵江、岷江、沱江、金沙江、渠江、涪江和青衣江等水系（丁瑞华，1994）。厚颌鲂肉质细嫩，味道鲜美，是长江上游的重要名贵鱼类。四川民间对于有鳞鱼类的美味程度排名素有"一鳊二岩三清波"的说法，其中的"鳊"指的就是厚颌鲂。

目前，赤水河下游密溪至合江江段仍然维持有一定规模的厚颌鲂种群。研究表明，与其他河流相比，赤水河厚颌鲂个体相对较大，极限体长、体重也高于龙溪河等支流种群；摄食特征方面，赤水河厚颌鲂饵料生物组成更为多样，以淡水壳菜等软体动物为主要食物来源。遗传多样性方面，赤水河群体的遗传多样性高于木洞河和龙溪河群体，赤水河群体与干流木洞河群体不存在遗传分化，表明赤水河厚颌鲂与长江干流的基因交流较为频繁。另外，基于两次调查结果比较发现，2016—2017年赤水河和龙溪河厚颌鲂群体的遗传多样性高于2011—2013年调查结果，表明赤水河和龙溪河厚颌鲂资源现状有好转趋势。但不同地理群体间遗传分化程度加剧，也提示我们在保护措施制定上应将其视为进化显著单元分别加以保护，以防遗传资源的丧失。

（张智、王环珊）

3.6　宽口光唇鱼

宽口光唇鱼［*Acrossocheilus monticolus*（Günther）］，隶属于鲤形目（Cypriniformes）鲤科（Cyprinidae）鲃亚科（Barbinae）光唇鱼属（*Acrossocheilus*），俗称火烧板和桃花鱼等，主要分布于宜昌至宜宾的长江上游干流江段以及岷江、马边河、涪江、嘉陵江、赤水河、乌江等支流，是一种适应急流环境的长江上游特有鱼类。

体长，侧扁，较高，头后背部稍隆起呈弧形，腹部圆。头较小，呈锥形。吻较突出，前端稍尖，吻皮止于上唇基部，吻侧在前眶骨前缘处有一道沟。口下位，较宽，横裂状。下颌无角质边缘。唇简单，上唇紧贴在上颌外表；下唇分为两侧叶，呈肉状突起。有须2对，吻须颇小，颌须稍长且粗壮，后伸可达眼前缘。眼中等大，侧上位，眼间稍呈弧形。鳃膜在前鳃盖骨下方，连于鳃颊。鳃耙短小。下咽齿侧扁，末端呈钩状。背鳍外缘稍外凸。背鳍起点在吻端至尾鳍基部距离的1/2处或距吻端稍近。最后一根不分支鳍条较软，且不显著变粗，后缘光滑。胸鳍末端稍尖。后伸不达腹鳍基部。腹鳍起点与背鳍第二根分支鳍条基部相对。后伸不达臀鳍基部。臀鳍起点至腹鳍基部与至尾鳍基部的距离约相等。后伸可达尾鳍基部。尾鳍分叉，上、下叶等长。鳞中等大，胸部鳞片稍小，腹鳍基部有腋鳞；背、臀鳍基部均有很低的鳞鞘，侧线鳞较平直。肛门位于腹鳍起点至臀鳍起点的中点，雄鱼肛门前缘有一向后延伸的突起。生活时体侧有7～8个垂直黑色条纹，有时不明显。近鳃盖后缘的体侧上有一新月形的紫黑色斑块。头、腹部、胸鳍、腹鳍和臀鳍为灰黑色。背鳍和尾鳍为浅灰黑色，尾鳍上、下边缘黑色，中部黄绿色带灰色，末端略带浅红色（图3-130）。

图 3-130　宽口光唇鱼活体照（吴金明　拍摄）

目前，关于宽口光唇鱼生物学特征的研究比较缺乏，并且主要集中在胚胎发育和分子生物学等方面，严太明等（1999）对宽口光唇鱼的胚胎发育进行了研究，罗芬、何学福（1999）研究了氯化钠浓度对宽口光唇鱼精子活力的影响，刘瑞成等（2013）对宽口光唇鱼微卫星位点的筛选与特征进行了分析，严太明（1999）对涪江下游宽口光唇鱼生物学特征进行过部分描述。随着河流生境的逐渐恶化，使得宽口光唇鱼的种群数量急剧减少，2014—2016 年对赤水河鱼类资源的监测结果表明，宽口光唇鱼在赤水市的渔获物调查中所占的比重不到 1%，表明宽口光唇鱼种群状况堪忧。

本研究根据 2014—2017 年赤水河流域采集的 112 尾样本，对宽口光唇鱼的年龄与生长特征进行了初步分析；同时，结合历年采集样本对宽口光唇鱼的遗传多样性及其时空变化进行了分析，旨在为宽口光唇鱼的资源保护提供理论依据。

3.6.1　年龄与生长

3.6.1.1　体长与体重

1. 体长与体重结构

2014—2017 年在赤水市和茅台镇等江段采集宽口光唇鱼 112 尾，样本体长范围为 62 ～ 170mm，优势体长范围为 80 ～ 160mm，占总样本量的 88.4%，体长超过 160mm 的仅占 1.8%（图 3-131）；体重范围为 4.6 ～ 103.8g，绝大部分个体体重在 60g 以下，占总样本量的 89.3%，体重超过 100g 的仅占 0.9%（图 3-132）。

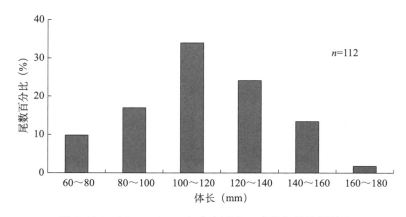

图 3-131　2014—2017 年赤水河宽口光唇鱼的体长结构

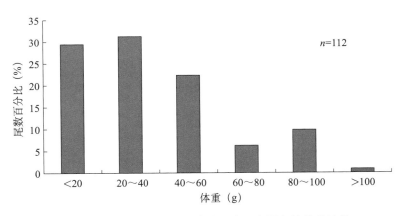

图 3-132　2014—2017 年赤水河宽口光唇鱼的体重结构

2. 体长与体重关系

对 112 尾样本的体长与体重关系进行拟合，结果显示宽口光唇鱼的体长和体重关系符合幂函数公式（图 3-133），故此得到宽口光唇鱼体长与体重关系式为：

$$W = 9 \times 10^{-6} L^{3.180}　(R^2 = 0.972，n=112)。$$

t 检验显示，b 值与 3 之间无显著性差异（$P > 0.05$），说明宽口光唇鱼的生长基本符合匀速生长类型。

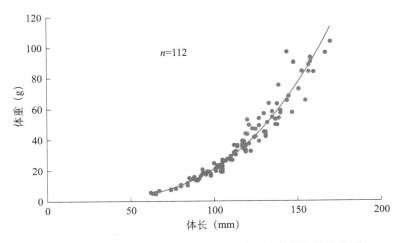

图 3-133　2014—2017 年赤水河宽口光唇鱼体长与体重关系

3.6.1.2　年龄

1. 年轮特征

宽口光唇鱼的鳞片为圆鳞，较小且薄。鳞片的形状呈盾形，鳞焦位置偏于前区，环片在前区排列紧密，后区被辐射的放射沟所截断，并具有分散的瘤状突起。宽口光唇鱼鳞片上的年轮特征主要表现为两种类型：①普通疏密型。环片在一年中通常形成疏密两个轮带，密带向疏带过渡的交界面形成的完整轮环即为年轮。其典型特征为内缘密环环片排列纤细而紧密，外缘疏环环片排列较疏松，疏密现象在整个前区和侧区都表现明显。②疏密切割型。主要表现为环片的疏密和切割结构同时出现在年轮形成带上，切割带通常位于密环外缘、疏环内缘，该特征在侧区表现得最为明显（图3-134）。

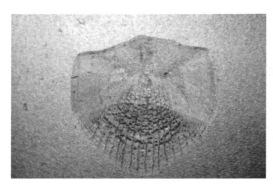
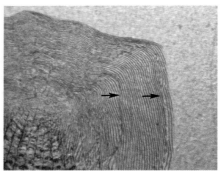

图 3-134　宽口光唇鱼年龄材料与年轮（箭头表示年轮）

宽口光唇鱼部分鳞片上存在副轮和生殖轮，副轮主要有疏密型和切割型两种，表现为轮纹仅出现在鳞片上的某一侧，而不是呈完整或连续性的轮带，透光较弱且不均匀。生殖轮大多出现在生殖季节，主要表现为侧区环片的断裂、扭曲变粗、排列不规律，并且在生殖轮处透光性会明显增强。

2. 年龄结构

对 112 尾宽口光唇鱼的年龄结构进行了分析。结果表明，其年龄结构由 1 ～ 5 龄共 5 个年龄组构成，绝大部分个体年龄处于 2 ～ 4 龄之间，占总样本量的 82.1%（图3-135）。

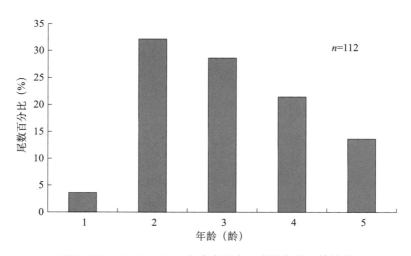

图 3-135　2014—2017 年赤水河宽口光唇鱼的年龄结构

3.6.1.3　生长特征

1. 体长与鳞径关系

分别选用指数、对数、线性、多项式、乘幂等 5 种回归模型对鳞径与体长关系进行拟合，结果显示，幂函数的决定系数最高（图 3-136），因此选用幂函数作为宽口光唇鱼体长与鳞径关系的回归方程，其关系式为：

$L = 56.706R^{0.802}$（$R^2 = 0.828$，$n=112$）。

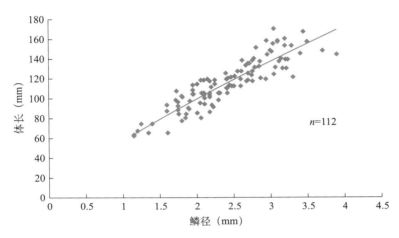

图 3-136　2014—2017 年赤水河宽口光唇鱼的体长与鳞径关系

2. 退算体长

将各年龄组测得轮径的均值代入上述体长与鳞径关系式计算得到各年龄组的退算体长（表 3-125）。

表 3-125　2014—2017 年赤水河宽口光唇鱼的退算体长

年龄组（龄）	样本量（尾）	退算体长（mm）			
		L_1	L_2	L_3	L_4
1	36	77.66			
2	32	76.82	102.82		
3	24	76.39	100.85	122.03	
4	16	69.12	95.29	119.77	139.43
平均退算体长（mm）		75.00	99.65	120.90	139.43
平均实测体长（mm）		91.80	114.20	133.80	153.70

3. 生长参数与生长方程

采用 von Bertalanfy 方程对宽口光唇鱼的生长方程进行拟合，用最小二乘法求得宽口光唇鱼生长方程式中的各参数为：$k=0.15/a$；$t_0= -1.82$ 龄；$L_\infty=259.44$mm；$W_\infty=380.18$g。由此得到宽口光唇鱼的体长和体重方程分别为（图 3-137）：

$L_t=259.44[1-e^{-0.15(t+1.82)}]$，

$W_t=380.18[1-e^{-0.15(t+1.82)}]^{3.180}$。

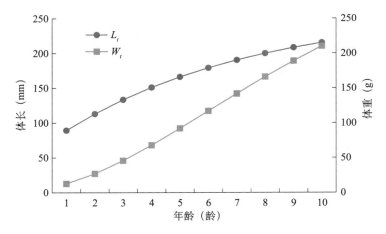

图 3-137　2014—2017 年赤水河宽口光唇鱼的体长和体重生长曲线

对体长、体重生长方程求一阶导数和二阶导数，得到宽口光唇鱼体长、体重生长速度和生长加速度方程：

$$dL/dt = 38.92e^{-0.15(t+1.82)},$$
$$dW/dt = 181.35e^{-0.15(t+1.82)}[1-e^{-0.15(t+1.82)}]^{2.180};$$
$$d^2L/dt^2 = -5.84e^{-0.15(t+1.82)},$$
$$d^2W/dt^2 = 27.20e^{-0.15(t+1.82)}[1-e^{-0.15(t+1.82)}]^{1.180}[3.1801e^{-0.15(t+1.82)}-1]。$$

体长、体重生长速度和生长加速度曲线图显示：宽口光唇鱼的体长生长曲线不具有拐点，在一定范围内，体长生长速度随着年龄的增加而逐渐减慢，并趋于体长最大值（图 3-138）。而体重生长速度和生长加速度均具有明显拐点（图 3-139），即当 $d^2W/dt^2=0$ 时，计算得到宽口光唇鱼拐点年龄为 5.9 龄，在拐点之前，体重的增长呈加速趋势，其后体重生长速度和生长加速度均下降，生长速度曲线逐渐变缓，并趋向于零，此时体重生长加速度为负值，为体重增长递减阶段。

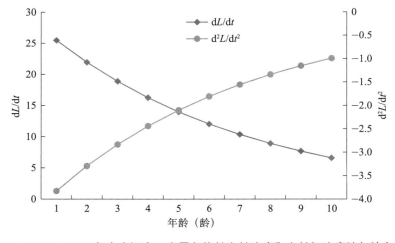

图 3-138　2014—2017 年赤水河宽口光唇鱼体长生长速度和生长加速度随年龄变化曲线

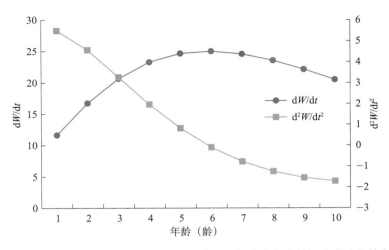

图 3-139 2014—2017 年赤水河宽口光唇鱼体重生长速度和生长加速度随年龄变化曲线

3.6.2 食性

对 2012 年采集自赤水河流域的 13 尾宽口光唇鱼的食物组成进行了分析。结果显示，宽口光唇鱼主要摄食水生昆虫（如双翅目）以及浮游动物（包括枝角类、桡足类和轮虫），兼食少量硅藻门藻类和有机碎屑等（刘飞，2013）。

3.6.3 繁殖

对 2014—2017 年在赤水河采集的 12 尾Ⅳ期性腺的雌性宽口光唇鱼的怀卵量进行了统计。结果显示，宽口光唇鱼的绝对怀卵量为 1 001 ~ 2 528 粒 / 尾，平均值为（1 798.6 ± 558.9）粒/尾；体重相对怀卵量为 18.3 ~ 67.8 粒/g，平均值为（46.4 ± 14.4）粒 /g。

卵呈圆形，金黄色，少有橘黄、淡黄色的，卵黄分布均匀，且富有光泽。比重大于水，属于沉性卵。卵径 1.55 ~ 2.11mm，平均卵径 1.80mm。卵粒遇水即产生弱黏性。赤水河宽口光唇鱼的繁殖时间主要是在 5—7 月，比涪江下游宽口光唇鱼的繁殖时间略晚（严太明等，1999）。

3.6.4 遗传多样性

3.6.4.1 线粒体 DNA 遗传多样性

根据 2013 年在赤水河赤水市江段采集的 11 尾样本，对宽口光唇鱼的线粒体 DNA 遗传多样性进行了分析。采用 SeqMan 拼接、MegAlign 比对、Seview 手工校对去除首尾不可信位点后得到的 Cyt b 基因序列片段长 1 110bp，片段中 T、C、A、G 的平均含量分别为 29.6%、27.3%、28.7% 和 14.4%，A+T 的含量（58.3%）大于 G+C 的含量（41.7%）。在 Cyt b 基因序列片段中共发现个 202 个变异位点，占分析位点总数的 18.36%，其中 78 个为简约信息位点，124 个为单一突变位点。11 个个体含有 8 个单倍型，单倍型多样性指数为 0.927，核苷酸多样性指数为 0.034 30（表 3-126）。

表 3-126　基于线粒体 DNA Cyt *b* 基因的 2013 年赤水河赤水市江段宽口光唇鱼遗传多样性

样本量（尾）	单倍型个数（个）	变异位点数（个）	单倍型多样性	核苷酸多样性
11	8	202	0.927	0.034 30

2016—2017 年在赤水市江段采集宽口光唇鱼 26 尾。对 Cyt *b* 基因进行扩增测序，获得 26 个个体序列，比对校正后序列长度为 1 013bp。序列中无碱基的短缺或插入。26 条序列检测到 11 个变异位点，其中简约信息位点 1 个，单一突变位点 10 个。26 条序列的平均碱基组成如下：A 的含量为 27.7%，T 的含量为 27.7%，C 的含量为 30.6%，G 的含量为 14.0%。G 的含量最低，A+T 的含量明显大于 G+C 的含量，存在一定的碱基组成偏倚性。

26 尾样本共检测到 4 个单倍型，单倍型多样性（Hd）和核苷酸多样性（Pi）分别为 0.222 和 0.000 91，表现为低单倍型多样性和低核苷酸多样性（表 3-127）。

表 3-127　基于线粒体 Cyt *b* 基因的 2016—2017 年赤水河赤水市江段宽口光唇鱼遗传多样性

样本量（尾）	单倍型个数（个）	变异位点数（个）	单倍型多样性	核苷酸多样性
26	4	11	0.222	0.000 91

以云南光唇鱼（*Acrossocheilus yunnanensis*）、光唇鱼（*Acrossocheilus fasciatus*）、长鳍光唇鱼（*Acrossocheilus longipinnis*）和侧条光唇鱼（*Acrossocheilus parallens*）为外类群，利用邻接法（NJ）构建单倍型系统发育树。结果显示，各单倍型聚为一个单系，相互交错，没有聚成明显的谱系（图 3-140）。

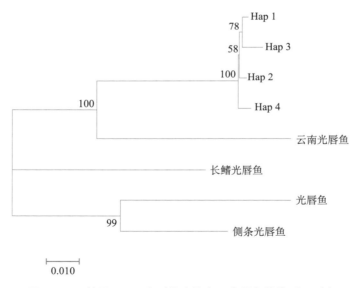

图 3-140　基于 Cyt *b* 序列构建的宽口光唇鱼单倍型 NJ 树

中性检验结果显示，2016—2017 年 26 尾宽口光唇鱼的 Tajima's *D* 与 Fu's *Fs* 分别为 −2.266 25（*P* < 0.01）和 0.056 38（*P* > 0.05），Tajima's *D* 检验说明该群体可能经历了种群扩张，而 Fu's *Fs* 检验认为未经历种群扩张现象。

比较发现，随着时间的推移，赤水河赤水市江段宽口光唇鱼的单倍型多样性和核苷酸多样性均表现出一定程度的降低（表 3-128）。

表 3-128　宽口光唇鱼遗传多样性的年际变化

年份	样本量（尾）	单倍型多样性	核苷酸多样性
2013 年	11	0.927	0.034 30
2016—2017 年	26	0.222	0.000 91

3.6.4.2　微卫星 DNA 遗传多样性

自主开发了宽口光唇鱼微卫星引物，经过验证获得多态性引物 28 对（表 3-129）。利用其中 21 对多态性微卫星引物对 2011 年赤水河赤水市江段 53 尾宽口光唇鱼样本的遗传多样性进行了本底分析。结果见表 3-130，其中：等位基因数为 6～30 个，平均每个基因座位检测到 17.8 个等位基因，有效等位基因数分布在 2.667 8～20.347 5 之间，等位基因频率分布在 0.010 2～0.438 8 之间；观测杂合度为 0.204 1～1.000 0，平均观测杂合度为 0.816 3；期望杂合度为 0.625 2～0.950 9，平均期望杂合度为 0.863 4；近交系数为 −0.274 1～0.749 4，平均值为 0.064 8。等位基因数和期望杂合度是微卫星遗传多样性水平的主要衡量指标。Dewoody 和 Avise（2000）基于微卫星标记分析了世界淡水鱼遗传多样性水平，给出临界值等位基因 $A=7.5$ 和期望杂合度 $H_e=0.46$，大于这两个数值，则说明该物种遗传多样性水平高。本结果表明赤水河宽口光唇鱼遗传多样性本底处于高水平。

表 3-129　宽口光唇鱼多态性微卫星引物

引物编号	正向引物	反向引物	退火温度（℃）
AM02	CAGACAGCGTGATGAACTCG	GTCCTTGAAAGCCAGACTGC	57
AM07	AAACGGTGAGTTGCTGCTCT	TTTGAAACAACTTCCTAATTGCT	50
AM10	GGCTGTCCTCCCTCCATATT	TTGTGATTTCATCTGAATTTGTG	50
AM12	GAGGAAATTTCACCCCTGGT	CCTCGCAAAATCTCACAACA	53
AM20	TCATTTGACTCAGCGTTTGA	TGAGGTTCGGGATGCTAATC	51
AM21	ATGCTAGAGGAACCGTGTGC	ATCCATCATGTGATGCTCCA	53
AM 35	TTCCTCTGGGATGTCATTCA	TGAGTCCTGAGTAAGCCAATAGAA	53
AM47	CTAGGTGGTTGCTGCTTTCC	CCCAACAAACCAAACCAAAC	53
AM51	CAGCGTATTTCTGGTGCAAA	GAAATCCTGATACGCGGAAA	53
AM56	CTCGACGTGCAAGAGGAAGT	AAAGGTTGCTTGTTTTGTCCA	51
AM69	ACACTAAAAGCACGGGGACA	ACAGGTAAGGGGCAAAAACC	55
AM73	TGCATTTTGACAAGCTCAGTG	TCAAGTCACAAACCCTTGGA	53
AM78	CTTTTTCGGCCAACCACTAA	TGAGCCTTTCTATGGGATCG	53

引物编号	正向引物	反向引物	退火温度（℃）
AM104	CAACAAGGTCCGTACGGTTT	CATGTGAGTGTGGGAAGCAG	55
AM106	CGCTTCATGCAAAGAACAGA	TGCACAATCAAACCCTACCA	53
AM113	AGACCACTGGGACAGCAAAC	AGCAGCATGTTGGCATTAGA	53
AM126	GCACGAAAGGGTTGATGACT	CAGACAGAGGCTTGGACACA	55
AM127	TCAAGGTTTGGCTGGTTAGC	GACCAAGTTGCTGGGTTTGT	55
AM134	ACCTGACCAGTCGAGACCAG	GGAGGGCAGTGAGAAAAGTG	57
AM140	GAGGCCTTTAGCAGAACCAA	CCATCTGTCTGAGCATTCCA	55
AM141	AGACCGGTTCTGAGCGAGAT	CTGCTGAGATAAGAGGGGACA	57
AM142	GGAATGTCCCCACAATTCAC	TGAGAGCAAAGAGGCAGACA	55
AM149	CGGGGTTGAATGAAAGTGAG	TTTCCTGGTAACTTTAGGTTGTCC	55
AM151	TCTGATGTCTGGTCGTTTGG	CTTCATCTCCATCTTCATCACAA	54
AM152	TTACTCCGTCCGTGTCAGTG	AACCAATTGTTTGCATTAGGA	49
AM153	TCCCATGAGTCTGTTTGCTG	CACTCAGTCAGGGACAAAAGTG	55
AM156	TGGTTTCTGGGAGAAGTGCT	TTAGCAGGACGCTGAGGTTT	55
AM160	AAGACGATCGGTGAGGGAGT	GGAGCTGGTGGACTCACTGT	57

为了更好地阐述长江上游宽口光唇鱼的遗传结构和地理群体差异，以2008年、2009年和2011年赤水河赤水市江段以及2011年长江万州区江段的宽口光唇鱼样本为材料，对宽口光唇鱼的微卫星遗传多样性进行了研究，各样点样本量分别为31尾、15尾、53尾和24尾。利用18对多态性微卫星引物对这4个群体123尾样本进行检测，共检测到的平均等位基因数（A）为10.3～19.6个，平均期望杂合度（H_E）为0.831 1～0.878 4，平均观测杂合度（H_O）为0.831 2～0.873 5；综合各群体样本进行分析的结果为：共检测到的平均等位基因数（A）为21.3个，平均期望杂合度（H_E）为0.916 2，平均观测杂合度（H_O）为0.842 4，平均近交系数（F_{IS}）为-0.001 1（表3-131）。基于微卫星分析的结果表明，长江上游宽口光唇鱼整体遗传多样性水平较高。

同年度地理群体的横向对比分析揭示：2011年赤水市群体的平均等位基因数（A）为19.6个，平均期望杂合度（H_E）为0.878 4，平均观测杂合度（H_O）为0.831 2；2011年万州区群体的平均等位基因数（A）为13.2个，平均期望杂合度（H_E）为0.868 2，平均观测杂合度（H_O）为0.873 5。两个群体平均等位基因数有较大的差异，其中赤水市群体遗传多样性水平略高一点，但是两群体均表现出高的遗传多样性水平。分析表明：宽口光唇鱼2011年赤水市和万州区两群体之间的F_{ST}值为0.075 1，且$P < 0.01$（表3-132），说明赤水群体和万州群体出现极弱的遗传分化。

同理，赤水市不同年份采集到的3个野生群体也存在遗传差异。从2008年、

2009 年到 2011 年，其平均等位基因数从 16.6、10.3 到 19.6 变化，遗传多样性出现先降低再升高的情况，年际群体两两之间也存在弱的遗传分化（F_{ST} 值从 0.050 5、0.064 到 0.068 7，且 $P < 0.01$）。

　　这可能是由两方面的因素造成的：①宽口光唇鱼的生活环境发生了较大的变化，造成不同年份采集群体出现了遗传分化，产生了时间上的不稳定。②宽口光唇鱼的生活习性造就了这一现象。关于宽口光唇鱼的生活习性的相关报道并不多，该物种喜欢栖息于石砾底质、水清流急的河段，由此可以猜测它们的群体相对封闭，是以小群体群居或以个体独居为主要生活方式的鱼类，彼此间的基因交流较少，造就了群体的遗传分化。

表 3-130　2011 年赤水市宽口光唇鱼 21 个微卫星位点的等位基因数（A）、有效等位基因数（A_e）、观测杂合度（H_O）、期望杂合度（H_E）、近交系数（F_{IS}）汇总

微卫星位点	A	A_e	H_O	H_E	F_{IS}
AG02	15	4.648 6	1.000 0	0.784 9	−0.274 1
AG07	18	7.433 4	0.571 4	0.865 5	0.339 7
AG10	12	6.706 7	1.000 0	0.850 9	−0.175 2
AG12	15	6.792 1	1.000 0	0.852 8	−0.172 6
AG20	17	10.393 9	1.000 0	0.903 8	−0.106 5
AG21	15	7.924 1	1.000 0	0.873 8	−0.144 4
AG35	12	3.844 7	0.224 5	0.739 9	0.696 6
AG47	30	20.347 5	0.857 1	0.950 9	0.098 6
AG51	16	7.020 5	1.000 0	0.857 6	−0.166 1
AG56	26	12.281 3	1.000 0	0.918 6	−0.088 6
AG69	16	8.605 7	0.489 8	0.883 8	0.445 8
AG73	22	8.793 9	1.000 0	0.886 3	−0.128 3
AG78	21	9.604 0	0.571 4	0.895 9	0.362 2
AG104	17	10.109 5	1.000 0	0.901 1	−0.109 8
AG106	27	13.796 4	1.000 0	0.927 5	−0.078 1
AG127	6	2.667 8	0.204 1	0.625 2	0.673 6
AG140	14	7.885 1	1.000 0	0.873 2	−0.145 2
AG142	21	11.769 6	1.000 0	0.915 0	−0.092 9
AG152	23	12.440 4	1.000 0	0.919 6	−0.087 4
AG153	17	5.232 6	1.000 0	0.808 9	−0.236 3
AG160	14	9.584 8	0.224 5	0.895 7	0.749 4
平均值	17.8		0.816 3	0.863 4	0.064 8

表3-131　宽口光唇鱼不同群体的遗传多样性参数

微卫星位点

群体	AM02	AM07	AM10	AM12	AM20	AM35	AM47	AM51	AM56	AM69	AM73	AM78	AM104	平均值
赤水市 2008 年														
A	14	14	19	13	22	17	27	9	21	13	9	15	22	16.6
H_O	1.000 0	0.483 9	1.000 0	1.000 0	1.000 0	0.366 7	0.838 7	1.000 0	1.000 0	0.483 9	1.000 0	0.548 4	1.000 0	0.834 0
H_E	0.902 7	0.854 6	0.886 8	0.891 1	0.935 5	0.845 8	0.959 3	0.842 9	0.950 4	0.846 6	0.796 9	0.847 7	0.948 2	0.876 6
F_{IS}	-0.109 8	0.437 9	-0.130 0	-0.124 6	-0.070 2	0.570 7	0.127 5	-0.190 0	-0.053 2	0.432 5	-0.260 2	0.356 9	-0.055 6	

群体	AM106	AM127	AM142	AM152	AM153
赤水市 2008 年					
A	16	11	17	14	26
H_O	1.000 0	0.290 3	1.000 0	1.000 0	1.000 0
H_E	0.875 2	0.638 8	0.911 7	0.890 5	0.954 0
F_{IS}	-0.145 3	0.549 6	-0.098 6	-0.125 4	-0.049 1

群体	AM02	AM07	AM10	AM12	AM20	AM35	AM47	AM51	AM56	AM69	AM73	AM78	AM104
赤水市 2009 年													
A	8	8	9	11	8	8	15	7	15	7	8	8	15
H_O	1.000 0	0.533 3	1.000 0	1.000 0	1.000 0	0.384 6	0.866 7	1.000 0	1.000 0	0.466 7	1.000 0	0.666 7	1.000 0
H_E	0.848 3	0.841 4	0.811 5	0.841 4	0.809 2	0.723 1	0.928 7	0.823 0	0.882 8	0.749 4	0.763 2	0.827 6	0.926 4
F_{IS}	-0.186 4	0.374 3	-0.242 6	-0.196 6	-0.246 3	0.478 3	0.069 1	-0.224 5	-0.138 2	0.385 6	-0.324 9	0.200 0	-0.082 5

群体	AM106	AM127	AM142	AM152	AM153
赤水市 2009 年					

续表

群体					微卫星位点									平均值
	15	4	16	10	14									
A	15	4	16	10	14									10.3
H_O	1.000 0	0.400 0	1.000 0	1.000 0	1.000 0									0.851 0
H_E	0.912 6	0.558 6	0.935 6	0.852 9	0.924 1									0.831 1
F_{IS}	-0.099 5	0.291 1	-0.071 4	-0.179 8	-0.085 3									

群体	AM02	AM07	AM10	AM12	AM20	AM35	AM47	AM51	AM56	AM69	AM73	AM78	AM104	平均值
赤水市 2011 年														
A	18	18	12	15	18	12	31	16	28	18	23	23	17	
H_O	1.000 0	0.566 0	1.000 0	1.000 0	1.000 0	0.226 4	0.849 1	1.000 0	1.000 0	0.528 3	1.000 0	0.584 9	1.000 0	
H_E	0.814 7	0.877 1	0.866 0	0.874 2	0.921 7	0.765 7	0.958 3	0.859 8	0.934 1	0.897 8	0.908 1	0.913 6	0.908 7	
F_{IS}	-0.230 1	0.356 8	-0.156 5	-0.145 5	-0.085 9	0.706 3	0.115 0	-0.164 8	-0.071 3	0.413 9	-0.102 2	0.362 0	-0.101 5	

群体	AM106	AM127	AM142	AM152	AM153	平均值
赤水市 2011 年						
A	31	8	22	24	19	19.6
H_O	1.000 0	0.207 6	1.000 0	1.000 0	1.000 0	0.831 2
H_E	0.936 5	0.669 2	0.931 7	0.930 1	0.844 1	0.878 4
F_{IS}	-0.068 5	0.691 9	-0.074 1	-0.075 9	0.187 0	

群体	AM02	AM07	AM10	AM12	AM20	AM35	AM47	AM51	AM56	AM69	AM73	AM78	AM104	平均值
万州区 2011 年														
A	17	13	13	9	14	9	14	15	11	14	13	12	13	
H_O	1.000 0	0.695 7	1.000 0	1.000 0	0.958 3	0.708 3	0.956 5	1.000 0	1.000 0	0.695 7	1.000 0	0.583 3	0.958 3	
H_E	0.923 8	0.896 6	0.844 9	0.875 9	0.896 3	0.609 0	0.900 5	0.906 9	0.812 6	0.893 7	0.907 1	0.883 9	0.879 4	

续表

微卫星位点 — 续表（loci AM02–AM104）

群体		AM02	AM07	AM10	AM12	AM20	AM35	AM47	AM51	AM56	AM69	AM73	AM78	AM104	平均值
	F_{IS}	-0.084 5	0.228 1	-0.188 4	-0.145 2	-0.070 9	-0.167 2	-0.063 7	-0.105 1	-0.237 2	0.225 5	-0.105 3	0.344 9		-0.091 9
合计	A	18	18	19	15	22	17	31	16	28	18	23	23	22	
	H_O	1.000 0	0.565 6	1.000 0	1.000 0	0.991 9	0.375 0	0.868 9	1.000 0	1.000 0	0.541 0	1.000 0	0.585 4	0.991 9	
	H_E	0.917 7	0.922 8	0.912 1	0.916 0	0.932 0	0.887 5	0.954 6	0.897 2	0.944 4	0.922 0	0.919 1	0.927 4	0.931 0	
	F_{IS}	-0.163 1	0.354 3*	-0.165 2	-0.145 8	-0.095 6	0.504 3*	0.081 0*	-0.165 6	-0.102 6	0.379 3*	-0.164 7	0.339 2*	-0.085 4	

微卫星位点 — 续表（loci AM106–AM153）

群体		AM106	AM127	AM142	AM152	AM153	平均值
万州区 2011 年	A	13	7	20	17	14	13.2
	H_O	0.958 3	0.250 0	0.958 3	1.000 0	1.000 0	0.873 5
	H_E	0.894 5	0.689 7	0.939 7	0.943 0	0.930 2	0.868 2
	F_{IS}	-0.073 0	0.642 5	-0.020 3	-0.061 9	-0.076 9	
合计	A	31	11	22	24	26	21.3
	H_O	0.991 8	0.260 2	0.991 9	1.000 0	1.000 0	0.842 4
	H_E	0.939 4	0.773 6	0.944 0	0.933 6	0.918 1	0.916 2
	F_{IS}	-0.091 8	0.605 1*	-0.069 3	-0.096 5	-0.114 0	-0.001 1

注：6 个标 "*" 的微卫星位点显著偏离哈迪 - 温伯格平衡（$P < 0.05$）。

表 3-132 宽口光唇鱼各种群间的 F_{ST} 值（对角线下）及相应的 P 值（对角线上）

	赤水市 2008 年	赤水市 2009 年	赤水市 2011 年	万州区 2011 年
赤水市 2008 年		0.000 0	0.000 0	0.000 0
赤水市 2009 年	0.050 5		0.000 0	0.000 0
赤水市 2011 年	0.064 0	0.068 7		0.000 0
万州区 2011 年	0.086 5	0.110 3	0.075 1	

3.6.5 小结

野外调查表明，宽口光唇鱼目前在赤水河仍然维持着一定的种群规模。本研究根据 2014—2016 年赤水河流域采集的 112 尾样本，对宽口光唇鱼的基础生物学特征，包括年龄与生长、食性、繁殖、种群动态及遗传多样性等进行了研究。结果显示，宽口光唇鱼的渔获物小型化趋势较为明显，绝大部分捕捞个体的体长和体重都要小于生长拐点年龄对应的体长和体重，显然存在过度开发的情况，这对于渔业资源的可持续利用是极其不利的。遗传多样性分析显示，基于线粒体基因的赤水河宽口光唇鱼的单倍型多样性和核苷酸遗传多样性的水平较低且处于下降过程，基于微卫星标记的遗传多样性水平虽高但存在年际和地理群体间的遗传分化，宽口光唇鱼各种群体相对封闭，彼此间的基因交流较少。以上结果说明，宽口光唇鱼抵御不良环境的能力较弱，其种群更容易受到环境变化的影响，亟须加强保护。

（秦强、张富铁）

3.7 岩原鲤

岩原鲤［*Procypris rabaudi*（Tchang）］，隶属于鲤科（Cyprinidae）鲤亚科（Cyprininae）原鲤属（*Procypris*），俗称"岩鲤"等，是一种栖居于江河岩石缝间的底层鱼类，历史上曾广泛分布于长江上游干流及其主要支流。目前长江上游岩原鲤的分布范围明显缩小，种群规模急剧下降。

体长形，侧扁，背部隆起，腹部圆而平直。头短，近圆锥形，头背在鼻孔前方常凹陷。吻稍尖，吻长大于眼径，小于眼后头长。口亚下位，深弧形，口裂末端位于鼻孔之前的下方。唇发达，具乳突（20mm 以上个体乳突显著，20mm 以下则不明显）；唇后沟中断。具须，吻须及口角须各 1 对，口角须略长于吻须。眼中等大，侧上位；眼间宽而稍突；眼间距大于眼径。鳃盖膜在前鳃骨后缘的下方与峡部相连；峡部较宽。鳞中等大，峡部鳞小。侧线平直，向后伸达尾鳞基。

背鳍 vi-19 ～ 22；臀鳍 iii-5 ～ 6；胸鳍 i-16；腹鳍 ii-8；尾鳍上 13、下 12。侧线鳞 44 ～ 46；背鳍前鳞 13 ～ 15；围尾柄鳞 16 ～ 18；第一鳃弓外侧鳃耙 21 ～ 28。下咽齿 3 行，2.3.4 ～ 4.3.2。脊椎骨 4+38 ～ 39。

背鳍外缘平直，基部具有鳞鞘，第 4 根不分支鳍条为硬刺，后缘具锯齿，端部柔软；背鳍起点至吻端的距离较至尾鳍基为近。臀鳍外缘平直，基部具鳞鞘，第 3 根不分支鳍条为后缘具锯齿的硬刺，较背鳍棘粗壮且长；臀鳍起点约与背鳍倒数第 5、6

根分支鳍条相对，鳍条末端不伸达尾鳍基。胸鳍尖形，末端一般可达腹鳍起点。腹鳍起点与背鳍起点相对，或稍有前后，末端伸达肛门。尾鳍叉形，末端上下叶约等长。

鳃耙短，呈枝针形，排列较密。下咽骨中长，后臂稍弯，其长略短于前臂；咽齿近锥形，顶端稍钩曲。鳔2室，后室长于前室，约为前室长的2倍，末端圆形。肠长，盘曲多次，肠长约为体长的2倍。腹膜银白色。

头及体呈深黑色，腹部银白色，鳍呈灰黑色，尾鳍后缘黑色。体侧每个鳞片基部有1黑点，组成12～13纵行细黑条。生殖季节雄鱼头部具珠星，鳍呈黑色（图3-141）。

图3-141 岩原鲤活体照（吴金明 拍摄）

20世纪30年代，张春霖对岩原鲤进行了形态学研究，将其命名为 *Procypris rabaudi*（Tchang），其后林书颜建立了原鲤属，将其归于原鲤属（丁瑞华，1994）。刘汉成在20世纪60年代分析了岩原鲤的区系分布，认为其区系成分难以界定。20世纪60～70年代，伍献文（1964）对其形态和分类做了概述。20世纪80年代，施白南（1980）对岩原鲤的栖息习性、食性、年龄与生长、繁殖等生物学特性进行了研究。20世纪90年代，西南农业大学的刁晓明等（1994）对岩原鲤脑颅的研究发现，岩原鲤在系统发育中与鲤鱼的亲缘关系较近，却与同属的乌原鲤关系较远；通过观察其胚胎发育，发现其"宕延孵出"现象（刁晓明和王贤刚，2000）。21世纪以来，对岩原鲤的研究取得了突破性进展。西南农业大学、湖北省水产研究所、重庆市万州区水产研究所、四川水产研究所等单位先后对岩原鲤的人工繁殖做了试验，并获得了成功（刁晓明，2000；吕光俊，2004；蔡焰值等，2003）。蔡焰值等（2003）调查了其野生资源并对其生物学特征进行了研究。刘思阳等（2004）用RAPD方法分析了其分类地位，发现岩原鲤的遗传特性与鲃亚科更接近。宋君等（2005）对其种群遗传多样性进行了研究。庹云等（2008）对岩原鲤的胚胎、胚后发育与早期器官分化进行了初步研究，还对其早期行为发育和病害防治进行了报道（李萍，2008；庹云，2005）。

本研究根据2006—2013年和2014—2017年采集的样本，对赤水河岩原鲤的基础生物学特征，包括年龄与生长、食性、繁殖和种群动态等进行了研究。同时结合木洞和万州等长江上游干流江段采集的样本，对岩原鲤的遗传多样性及其时空变化特征进行了分析。

3.7.1　年龄与生长

3.7.1.1　体长与体重

1. 体长与体重结构

2006—2013 年，在赤水河下游的赤水市和合江县等江段采集岩原鲤 763 尾，样本体长范围为 38 ～ 560mm，平均体长为（162.0 ± 77.2）mm，优势体长范围为 100 ～ 300mm，占总样本量的 62.5%（图 3-142）；体重范围为 1.9 ～ 4 500g，平均体重为（200.1 ± 395.1）g，优势体重范围为 0 ～ 200g，占总样本量的 75.9%（图 3-143）。

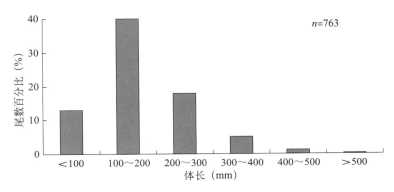

图 3-142　2006—2013 年赤水河岩原鲤的体长分布

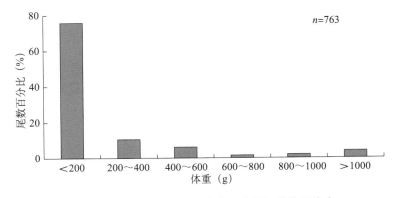

图 3-143　2007—2013 年赤水河岩原鲤的体重分布

2014—2017 年从赤水河流域采集岩原鲤 227 尾，样本体长范围为 43 ～ 390mm，平均体长为（127.4 ± 72.7）mm，优势体长范围为 50 ～ 150mm，占总样本量的 71.0%（图 3-144）；体重范围为 1.7 ～ 1 600g，平均体重为（130.5 ± 276.2）g，84.6% 的个体体重在 200g 以下（图 3-145）。

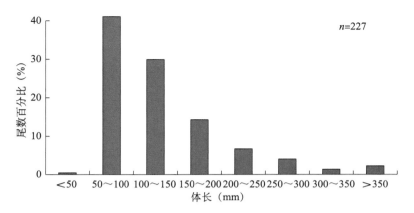

图 3-144 2014—2017 年赤水河岩原鲤的体长分布

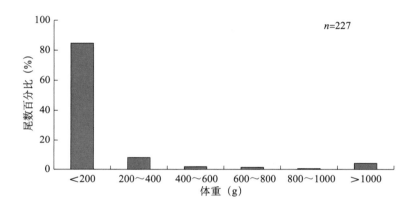

图 3-145 2014—2017 年赤水河岩原鲤的体重分布

2. 体长与体重关系

将 2006—2013 年采集的 763 尾样本中的 360 尾按性别分布进行体长与体重关系拟合。结果显示，雌性和雄性的体长与体重关系符合以下幂函数公式。

雌性：$W=1 \times 10^{-5} L^{3.164}$（$R^2 = 0.984$，$n=170$），

雄性：$W=6 \times 10^{-6} L^{3.256}$（$R^2 = 0.991$，$n=190$）。

ANCOVA 检验表明雌性和雄性的体长与体重关系不存在显著性差异（$F=3.198$，$P=0.075 > 0.05$）。因此，将 763 尾样本的体长与体重关系汇总表达如下。

总体：$W=1 \times 10^{-5} L^{3.155}$（$R^2 = 0.975$，$n=763$）。

t 检验表明，b 值与 3 之间无显著性差异（$P > 0.05$）。

同样对 2014—2017 年赤水河采集的 227 尾岩原鲤的体长与体重关系进行拟合。结果显示，岩原鲤的体长与体重关系符合以下幂函数公式。

$W=9 \times 10^{-6} L^{3.187}$（$R^2=0.990$，$n=227$）。

t 检验显示，b 值与 3 无显著性差异（t 检验，$P > 0.05$）。

综上所述，不同研究均显示岩原鲤的体长与体重关系的 b 值与 3 无显著差异，说

明其属于匀速生长型鱼类。

3.7.1.2　年龄

1. 年轮特征

岩原鲤的鳞片呈近圆形，鳞片中心靠近前区，前区与后区的比例约为 1：2，前区、侧区、后区分界明显。侧区环纹清晰，年轮明显，为典型的疏密型结构。环片清晰呈同心圆排列，前后两区均有辐射沟，后部有小枕状突起。小枕的排列中有的与两侧部伸延来的暗带环纹连接成行，是识别年轮的好标志。在一冬龄轮的内侧其环纹区较宽，呈束状条纹，绕鳞片中心伸向后方，止于第一个暗带界，这一点是第一个年轮的标志。鉴别岩原鲤的年龄主要依据两点：一是环片的"切割点"，二是环纹的"明暗两带"。在后部与两侧部的交界处"切割点"清楚，在前部与两侧部的交界处"明暗两带"清楚。当两侧部的一条暗带上通两角处的明暗界，下通排列相接连的小枕，中经"切割点"就是一个年轮（图 3-146）。

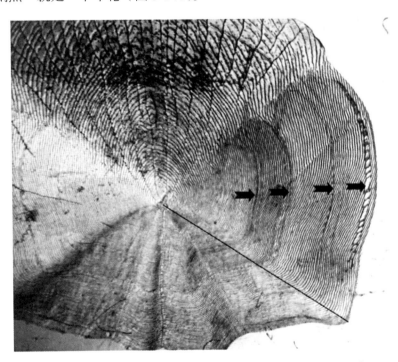

图 3-146　岩原鲤鳞片及其年轮特征（4 龄鱼，体长 23.1cm）

注：箭头所指为年轮。

2. 年龄结构

以鳞片作为年龄材料对 2006—2013 年赤水河 354 尾性别可辨个体的年龄进行了鉴定。结果显示，岩原鲤的年龄由 1～8 龄共 8 个年龄组组成，其中 1～4 龄的比例接近 90%（图 3-147）；雌性和雄性的年龄频率分布没有显著性差异（two sample Kolmogorov–Smirnov test，P =0.90 > 0.05）（Wang et al., 2015）。

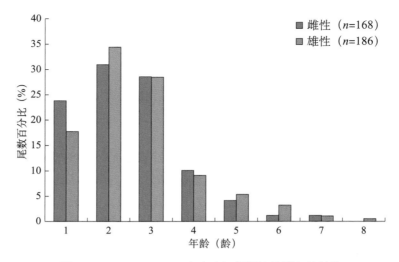

图 3-147　2006—2013 年赤水河岩原鲤种群年龄结构

　　同样对 2014—2017 年赤水河流域采集的 147 尾岩原鲤的年龄进行了鉴定。结果显示，其年龄结构包括 1～5 龄共 5 个年龄组，其中以 2 龄比例最高，占总样本量的 47.6%，其次为 3 龄（21.8%）和 1 龄（14.3%）等（图 3-148）。

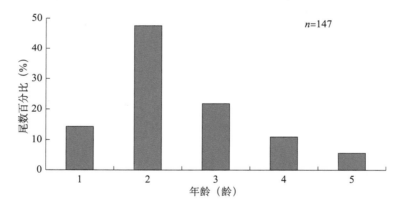

图 3-148　2014—2017 年赤水河岩原鲤种群年龄结构

3.7.1.3　生长特征

　　1. 生长方程

　　根据 2011—2013 年赤水河岩原鲤各龄退算体长，采用最小二乘法求得生长参数：L_∞=649mm；k=0.101/a；t_0=−0.217 龄；W_∞=78 254.9g。将各参数代入 von Bertalanfy 方程得到赤水河岩原鲤体长生长方程（图 3-149）：

$$L_t= 649[1-e^{-0.101（t+0.217）}],$$
$$W_t=7254.9[1-e^{-0.101（t+0.27）}]^{2.995}。$$

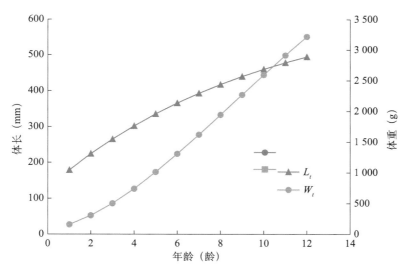

图 3-149 2007—2012 年赤水河岩原鲤体长和体重生长曲线

根据 2014—2017 年各龄退算体长，采用最小二乘法求得相关生长参数：L_∞=632.9mm；k=0.088/a；t_0=-1.4 龄；W_∞=782 9.17g。将各参数代入 von Bertalanfy 方程，得到岩原鲤的体长和体重生长方程（图 3-150）：

$$L_t=632.9[1-e^{-0.088(t+1.4)}],$$
$$W_t=7829.17[1-e^{-0.088(t+1.4)}]^{3.198}。$$

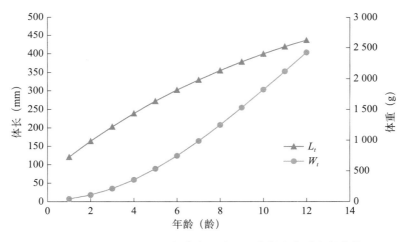

图 3-150 2014—2017 年赤水河岩原鲤体长和体重生长曲线

上述研究均表明，岩原鲤的体长生长曲线没有拐点，逐渐趋于渐近体长；体重生长曲线则呈加速趋势，而后生长加速度逐渐并趋向于稳定。

2. 生长速度和加速度

对赤水河 2006—2013 年岩原鲤体长、体重生长方程求一阶导数和二阶导数，得到岩原鲤体长、体重生长速度和生长加速度方程。

$\mathrm{d}L/\mathrm{d}t = 65.55\mathrm{e}^{-0.101(t+2.17)}$,

$\mathrm{d}^2L/\mathrm{d}t^2 = -6.62\mathrm{e}^{-0.101(t+2.17)}$;

$\mathrm{d}W/\mathrm{d}t = 2190.9\mathrm{e}^{-0.101(t+2.17)}[1-\mathrm{e}^{-0.101(t+2.17)}]^{1.99}$,

$\mathrm{d}^2W/\mathrm{d}t^2 = 221.28\mathrm{e}^{-0.101(t+2.17)}[1-\mathrm{e}^{-0.101(t+2.17)}]^{0.99}[2.99\mathrm{e}^{-0.101(t+2.17)}-1]$。

对赤水河 2014—2017 年岩原鲤体长、体重生长方程求一阶导数和二阶导数，得到岩原鲤体长、体重生长速度和生长加速度方程。

$\mathrm{d}L/\mathrm{d}t = 55.70\mathrm{e}^{-0.088(t+1.4)}$,

$\mathrm{d}^2L/\mathrm{d}t^2 = -4.90\mathrm{e}^{-0.088(t+1.4)}$;

$\mathrm{d}W/\mathrm{d}t = 2203.3\mathrm{e}^{-0.088(t+1.4)}[1-\mathrm{e}^{-0.088(t+1.4)}]^{2.198}$,

$\mathrm{d}^2W/\mathrm{d}t^2 = 193.89\mathrm{e}^{-0.088(t+1.4)}[1-\mathrm{e}^{-0.088(t+1.4)}]^{1.1987}[3.198\mathrm{e}^{-0.088(t+1.4)}-1]$。

3. 生长参数的时空变化

如图 3-151 所示，2006—2013 年采集的岩原鲤的体长生长速度和加速度都不具有拐点，体长生长的速度随年龄的增长呈递减趋势，并且逐渐趋于 0；体长生长的加速度逐渐递增，但加速度一直小于 0，表明其生活史的早期体长生长的速度较高，年龄越大，体长生长越缓慢。

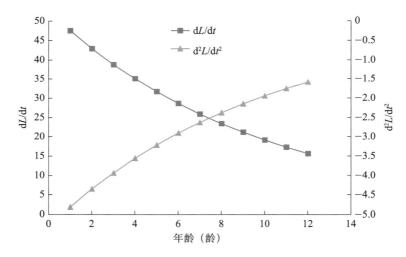

图 3-151　2006—2013 年赤水河岩原鲤体长生长速度和生长加速度随年龄变化曲线

如图 3-152 所示，2006—2013 年采集的岩原鲤的体重生长速度曲线不具有明显的拐点，体重生长速度呈现逐渐增加，然后降低的特点。体重生长加速度随年龄增大而减小。

体重生长速度曲线不具有明显的拐点，体重生长速度呈现逐渐增加，然后趋于稳定的特点。体重生长加速度曲线具有明显的拐点，随着年龄的增大，体重生长加速度先增大，到年龄为 3 时，逐渐减小（图 3-152）。

3.7.2　食性

对 2012 年赤水河赤水市江段采集的 18 尾岩原鲤的食物组成进行了分析。结果显

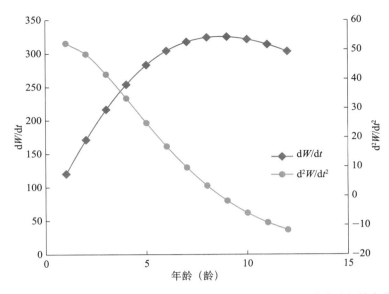

图 3-152　2006—2013 年赤水河岩原鲤体重生长速度和生长加速度随年龄变化曲线

示，岩原鲤主要摄食软体动物（淡水壳菜、蚬类和螺类）和水生昆虫（双翅目和蜉蝣目），兼食部分高等维管束植物、藻类和有机碎屑（刘飞，2013）。

　　施白南（1980）对 1973 年从合江的长江干流和沱江下游采集的 148 尾样本的食物组成进行了分析。结果显示，长江干流合江江段和沱江下游岩原鲤的主要食物种类为底栖生物，其次为硅藻等。6—8 月与 3—5 月的食物组成基本一致（表 3-133）。

表 3-133　1973 年长江合江江段岩原鲤的食谱及食物出现率（施白南，1980）

食物名称	出现频数		出现率（%）		数量	
	3—5 月	6—8 月	3—5 月	6—8 月	3—5 月	6—8 月
淡水壳菜	20	1	62.5	5.55	++++	++
蚬	5	8	15.6	44.44	+++	++++
纹沼螺	2	1	6.2	5.55	+++	++
摇蚊幼虫	12	5	37.5	27.77	++++	++++
毛翅目幼虫	6	1	18.75	5.55	+++	+
脆杆藻	10		31.25		+++	
丝状绿藻	3	2	9.4	11.11	++	++
高等植物残渣	5	14	15.6	77.77	++	++++
甲壳类	4		12.5		+	
寡毛类		1		5.55		+
简壳虫		2		5.54		++

注："+"越多，充塞度越大。

　　综上所述，岩原鲤是一种主要摄食动物性成分的杂食性鱼类。

3.7.3 繁殖

3.7.3.1 副性征

在第一次性成熟和非繁殖季节时，雌鱼和雄鱼的区别不太明显，从形态上较难鉴定。繁殖季节，雄鱼的吻部出现两簇珠星，沿上唇边缘向两侧分布，用手触摸有粗糙和带刺的感觉；腹部侧扁不膨大，用手轻压腹部有乳白色精液从泄殖孔流出。雌鱼的吻部在繁殖季节出现许多小珠星点，用手触摸无粗糙的感觉；腹部膨大，卵巢轮廓明显，用手轻压腹部时有柔软而富有弹性的感觉，生殖孔稍外突，肛门略有红肿现象（施白南，1980；蔡焰值等，2003）。

3.7.3.2 性比

对 2006—2013 年赤水河 358 尾岩原鲤的性别进行了分析，其中雌性 168 尾，雄性 190 尾，雌雄比例为 1∶1.13，X^2 检验显示，雌雄比例与 1∶1 无显著性差异（X^2=1.35，df=1，$P > 0.05$）。

3.7.3.3 繁殖时间

1. 卵巢的发育及分期

根据卵巢的颜色、形状、卵球内卵黄沉积的多少、卵径的大小、性体指数等，可以将岩原鲤卵巢的发育阶段分为 6 期。

Ⅰ期：卵巢白色，呈细线状，紧贴于鳔的两侧，宽约 0.5mm，只凭肉眼不能分出性别。

Ⅱ期：卵巢尚未达到性成熟，其初期为白色透明，后期转为微红色，结构紧密，呈粗线状，宽 0.5mm 以上，肉眼细察，可以看出卵粒卵径 0.2mm 左右，性体指数不到 1。

Ⅲ期：卵巢粉红色，半透明，呈索状，卵球内有卵黄沉积，卵径为 0.8～1.8mm，性体指数为 1～4，用力按压腹部，可挤出部分卵粒，但不能受精。可能是未排尽的过熟卵。

Ⅳ期：卵巢黄色，半透明松软，上有粗血管，呈袋状，有缺刻。卵黄沉积较多，卵粒尚不能彼此分离，其中卵径为 1.8mm、大小均匀的占多数，已有一小部分成熟卵。性体指数高达 11 以上。

Ⅴ期（排卵期）：卵巢橙黄色，半透明，呈臌肿的囊状。其中黄色明亮、能游离、卵径为 2.0mm 的卵粒占 50% 以上，轻压腹部，卵即流出，分批自行排出体外，尚有黄白色不游离的一些卵粒，属于Ⅲ期的，还有卵径 0.5mm 左右的小卵粒。

Ⅵ期（排卵后）：初期生殖孔充血，卵巢紫红色，松软充血，卵粒有两种，小部分为黄色透明未排尽的剩余卵（多数是 500 粒左右），其余大部分为Ⅲ期的白色卵粒。后期卵巢转变为粉红色，生殖孔恢复正常，进入Ⅲ期状态。

2. 性腺发育的时间规律

对 2011—2013 年赤水河岩原鲤的性腺发育及其季节变化情况进行了分析。结果显示，雄性从 4 月开始出现Ⅲ和Ⅳ期个体并且其比例达到最大值，10—12 月性腺全部回到Ⅱ期（图 3-153）；雌性的性腺发育稍晚于雄性，5 月开始出现Ⅲ和Ⅳ期个体，8—12 月全部个体的性腺均处于Ⅱ期（图 3-154）。据此推测，赤水河岩原鲤的繁殖时间为 5—8 月。

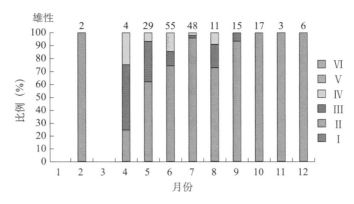

图 3-153　2011—2013 年赤水河岩原鲤雄性各月性腺发育情况

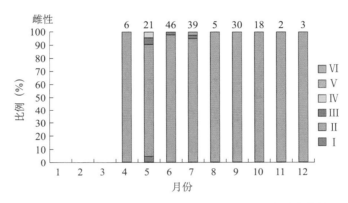

图 3-154　2011—2013 年赤水河岩原鲤雌性各月性腺发育情况

3.7.3.4　卵径

对 2011—2013 年采集的 1 尾性腺发育处于Ⅳ期的岩原鲤的卵径进行了统计。结果显示，其卵径范围为 0.83 ~ 1.76mm，平均值为（1.33±0.22）mm，优势卵径范围为 1.0 ~ 1.5mm（图 3-155）；卵径分布呈单峰型，表明岩原鲤属于一次产卵类型鱼类（Wang et al., 2015）。

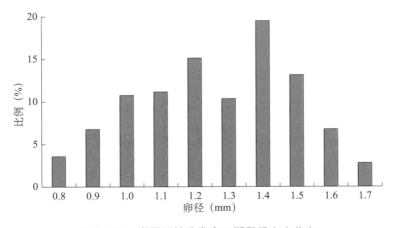

图 3-155　岩原鲤性腺发育Ⅳ期卵径大小分布

3.7.3.5　初次性成熟大小

根据 2011—2013 年赤水河采集的岩原鲤样本，根据岩原鲤雌雄个体的性成熟比例对体长数据分别进行逻辑斯谛曲线拟合（图 3-156、图 3-157），方程如下。

雌性：$P = 100/[1 + e^{-0.348(SL-37.0)}]$（$R^2$=0.932，$n$=84），

雄性：$P = 100/[1 + e^{-0.187(SL-24.2)}]$（$R^2$=0.846，$n$=95）。

根据以上方程，估算的岩原鲤雌性和雄性 50% 性成熟体长分别为 370mm 和 242mm。

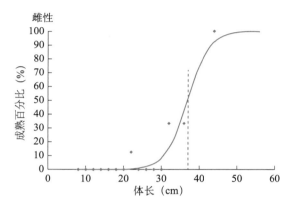

图 3-156　岩原鲤雌性个体每体长 2cm 范围内性成熟个体比例（显示总样本 50% 的个体性成熟时的平均体长）

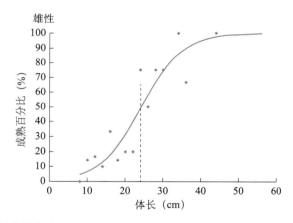

图 3-157　岩原鲤雄性个体每体长 2cm 范围内性成熟个体比例（显示总样本 50% 的个体性成熟时的平均体长）

3.7.3.6　怀卵量

对 2011—2013 年采集的 1 尾性腺发育处于Ⅳ期的岩原鲤的怀卵量进行了统计。结果显示，其绝对繁殖力为 13 895 粒 / 尾，体重相对繁殖力为 7.95 粒 /g（Wang et al., 2014）。

施白南（1980）研究发现，岩原鲤绝对怀卵量随着年龄和体长的增长而增加（表 3-134）。

表 3-134　岩原鲤Ⅳ期卵巢的怀卵量（施白南，1980）

体长（cm）	体重（g）	年龄（龄）	性腺重（g）	性体指数	绝对怀卵量（粒/尾）	体重相对怀卵量（粒/g）
23.5	350	3	8.0	2.28	336 0	9.60
25.8	410	3+	15.0	3.66	692 6	16.80
26.0	775	3+	30.0	3.87	129 00	16.60
30.0	750	4+	86.0	11.45	269 18	35.80
30.5	140 0	4+	95.0	6.75	185 76	13.20
32.0	900	4+	42.0	4.55	223 44	24.80
33.4	900	4+	75.0	8.33	473 23	52.50
36.5	135 0	5+	100.0	7.43	833 00	61.70
36.8	129 0	5+	101.0	7.35	627 21	48.60
38.0	105 0	6+	60，0	5.71	333 00	31.60
38.0	145 0	6+	105.0	7.24	603 75	41.60

蔡焰值等（2003）研究发现，岩原鲤的怀卵量随着体重增长而增加，通常 0.65～1kg 体重怀卵量为 2.7 万～3.6 万粒，1.2～2kg 亲鱼怀卵量为 4.5 万～12.3 万粒，2.5～3kg 亲鱼怀卵量为 13.5 万～15 万粒。

谭国良等（2005）研究发现，岩原鲤怀卵量为 21 600～36 800 粒/kg。

3.7.3.7　产卵场和产卵条件

施白南（1980）研究发现，岩原鲤的产卵场大多分布于二流水急滩下，产卵处流速常见为 1m/s 左右，水质清澈，底质为石砾，受精卵黏附在石块上发育孵化。

3.7.4　种群动态

3.7.4.1　总死亡系数

将 2014—2017 年采集到的岩原鲤样本作为估算资料按体长 10mm 分组，根据长度变换渔获曲线法估算张氏鲨的总死亡系数。总死亡系数（Z）根据变换体长渔获曲线法通过 FiSAT Ⅱ 软件包中的 length-converted catch curve 子程序估算，估算数据来自体长频数分析资料。选取其中 11 个点（黑点）作线性回归（图 3-158），回归数据点的选择以未达完全补充年龄段和体长接近 L_∞ 的年龄段不能用作回归为原则，估算得出总死亡系数 Z=0.65/a。

3.7.4.2　自然死亡系数

自然死亡系数（M）采用 Pauly's 经验公式估算，参数如下：栖息地年平均水温 $T \approx 19.7$℃（2016—2017 年实地调查数据），$L_\infty = 63.29$cm，$k = 0.088$/a，代入公式估算得自然死亡系数 M = 0.25/a。

3.7.4.3　捕捞死亡系数

捕捞死亡系数（F）为总死亡系数（Z）与自然死亡系数（M）之差，即：F = 0.65/a-0.25/a=0.40/a。

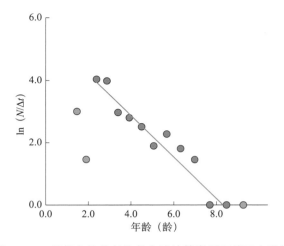

图 3-158　根据变换体长渔获曲线估算岩原鲤总死亡系数

3.7.4.4　开发率

通过上述变换体长渔获曲线估算出的总死亡系数（Z）及捕捞死亡系数（F）得岩原鲤当前开发率为 $E_{cur} = F/Z = 0.62$。

3.7.4.5　资源量

通过 FiSAT Ⅱ 软件包中的 length-structured VPA 子程序将样本数据按比例变换为渔获量数据，另输入相关参数如下：$k = 0.12/a$，$L_\infty = 619.5mm$，$M=0.28/a$，$F = 0.29/a$。估算得岩原鲤 2006—2013 年平衡资源生物量为 13.76t，年均平衡资源生物量为 1.72t，对应平衡资源尾数为 92 190 尾，年均平衡资源尾数为 11 523 尾。

3.7.4.6　实际种群

2006—2013 年实际种群分析结果显示，在当前渔业形势下岩原鲤体长超过 130mm 时捕捞死亡系数明显增加，种群被捕捞的概率明显增大，捕捞死亡在数值上也在此时超过了自然死亡，渔业资源种群主要分布在 190～490mm。平衡资源生物量随体长的增加先升高，升至 0.9t（体长组 320～340mm），然后下降，接着上升至最高点 1.26t（体长组 520～540mm），最后降为 0t（体长组小于 40mm 和大于 540mm）。捕捞死亡系数最大出现在体长组 340～360mm，为 0.49/a，此时平衡资源生物量下降至 0.82t（图 3-159）。

经变换体长渔获曲线分析，岩原鲤补充体长为 127.4mm，目前岩原鲤捕捞强度稍稍偏大，刚刚补充的幼鱼就有可能被捕获上来，开捕体长与补充体长趋于一致，因此认为岩原鲤当前开捕体长 $L_c=127.4mm$。采用 Beverton-Holt 动态综合模型分析，由相对单位补充量渔获量与开发率 E 关系作图估算出理论开发率 $E_{max} = 0.46$，$E_{0.1} = 0.37$，$E_{0.5} = 0.27$，而当前开发率 $E_{cur} = 0.51$，高于理论最佳开发率，处于过度捕捞状态（图 3-160）。

当将理论最佳开发率设置为 $E_{max} = 0.51$ 时，通过变换体长渔获曲线分析（图 3-161），算出岩原鲤开捕体长为 165.4mm，体重为 100g，较当前开捕体长 $L_c=127.4mm$ 时的体重 44g 明显偏重。由此可见，从开发率来看岩原鲤虽然只是轻度的开发，但是从以上分析来说，岩原鲤应该是严重的过度开发，特别是对幼鱼的损害严重。

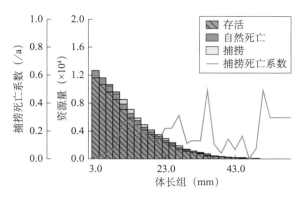

图 3-159　2006—2013 年岩原鲤实际种群分析

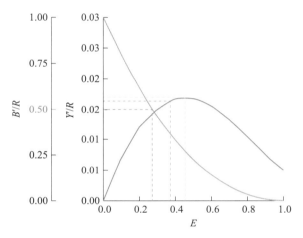

图 3-160　开捕体长 L_c=127.4mm 时岩原鲤相对单位补充量渔获量（Y'/R）和相对单位补充量生物量（B'/R）与开发率（E）的关系（E_{max} = 0.46，$E_{0.1}$ = 0.37，$E_{0.5}$ = 0.27）（2006—2013 年）

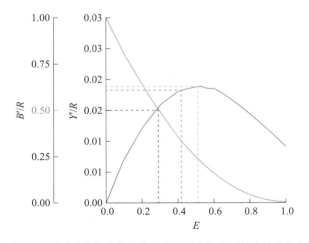

图 3-161　E_{max} = 0.51 时岩原鲤相对单位补充量渔获量（Y'/R）和相对单位补充量生物量（B'/R）与开发率（E）的关系曲线（2006—2013 年）

根据 2014—2017 年赤水河采集到的岩原鲤样本，用 FiSAT Ⅱ 软件包中的 length-structured VPA 子程序将样本数据按比例变换为渔获量数据，另输入相关参数：$k = 0.088/a$，$L_\infty = 632.9mm$，$M=0.25/a$，$F = 0.40/a$。岩原鲤资源量估算结果见表 3-135。赤水河岩原鲤的资源量是 979.4 尾。岩原鲤资源量生物量为 0.92t。

表 3-135　岩原鲤个体资源量估算结果

体长组中值（mm）	开发量（尾）	种群数量（尾）	捕捞死亡系数（/a）	生物量（t）
70	9	218.98	0.099 8	0.01
90	2	187.43	0.024 6	0.03
110	27	165.12	0.397 0	0.05
130	27	121.12	0.541 6	0.06
150	10	81.66	0.269 3	0.07
170	9	62.37	0.309 0	0.08
190	7	46.09	0.313 5	0.09
210	4	33.51	0.231 6	0.09
230	6	25.19	0.475 8	0.09
250	4	16.04	0.479 1	0.08
270	4	9.95	0.824 3	0.06
290	0	4.74	0	0.05
310	0	3.95	0	0.05
330	2	3.25	0.400 0	0.11
合计	111	979.4		0.92

2014—2017 年实际种群分析结果显示，在当前渔业形势下岩原鲤体长超过 90mm 时捕捞死亡系数明显增加，种群被捕捞的概率明显增大。渔业资源种群主要分布在 100 ～ 270mm。捕捞死亡系数最大出现在体长组 260 ～ 280mm，为 0.9/a，此时平衡资源生物量下降至 0.06t（图 3-162）。

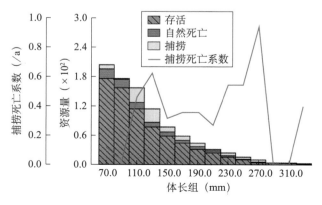

图 3-162　2014—2017 年岩原鲤实际种群分析

　　经变换体长渔获曲线分析，当前赤水河岩原鲤补充体长为 110mm，目前赤水河捕捞强度大，刚刚补充的幼鱼就有可能被捕获上来，开捕体长与补充体长趋于一致，因此认为赤水河岩原鲤当前开捕体长 L_c=110mm。采用 Beverton-Holt 动态综合模型分析，由相对单位补充量渔获量（Y'/R）与开发率（E）关系作图估算出理论开发率 E_{max} = 0.430，$E_{0.1}$ = 0.354，$E_{0.5}$ = 0.258（图 3-163），而当前开发率 E_{cur} = 0.62，高于理论最佳开发率，处于过度捕捞状态。

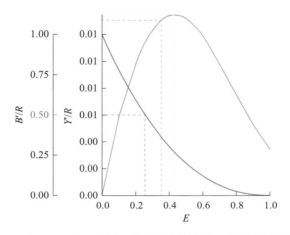

图 3-163　开捕体长 L_c=110mm 时岩原鲤相对单位补充量渔获量（Y'/R）和相对单位补充量生物量（B'/R）与开发率（E）的关系（E_{max}=0.430，$E_{0.1}$=0.354，$E_{0.5}$=0.258）（2014—2017 年）

3.7.5　遗传多样性

3.7.5.1　微卫星 DNA 遗传多样性

　　自主开发了 60 对岩原鲤微卫星引物，筛选获得多态性引物 22 对。利用多态性微卫星引物对 2013 年赤水河赤水市江段 45 尾岩原鲤样本的微卫星 DNA 遗传多样性进行了分析。经 PopGen32、Arlequin 和 Cervus 计算得出：22 对多态性微卫星引物的等位基因数为 12 ～ 37 个，平均等位基因数为 25.7，平均观测杂合度为 0.874 9，平均期望杂合度为 0.915 2。哈迪－温伯格平衡偏离指数（d）为 –0.556 0 ～ 0.415 6，多态信息含量（PIC）为 0.683 ～ 0.952，平均值为 0.909 6。赤水市岩原鲤的观测杂合度、期望杂合度以及哈迪－温伯格平衡偏离指数等见表 3-136。

　　根据 2014—2018 年万州区和赤水市收集的 45 尾岩原鲤样本，其中万州区 30 尾，赤水市 15 尾，通过 17 个多态性良好的微卫星位点对其进行遗传多样性分析。

　　表 3-137 为利用 17 个微卫星位点得到的遗传多样性主要统计值。结果显示，万州区（WZ）群体所检测到的微卫星平均等位基因数为 7.53，平均观测杂合度为 0.671 8，平均期望杂合度为 0.771 8，平均多态信息含量为 0.727 2；赤水市（CS）群体所检测到的微卫星平均等位基因数为 7.18，平均观测杂合度为 0.680 9，平均期望杂合度为 0.747 4，平均多态信息含量为 0.684 5。

表 3-136　岩原鲤多态性微卫星引物信息及遗传多样性分析

位点	引物序列	重复序列	大小范围（bp）	退火温度（℃）	GenBank登录号	等位基因数	有效等位基因数	观测杂合度	期望杂合度	哈迪-温伯格平衡偏离指数	多态信息含量
Pr02	TTGAATTAGGCAAGGCAAGG GTGGCGTGGAATTGAGAAGT	(CA)8	135～176	50	KC133367	20	8.823 5	1.000 0	0.886 7	0.127 8	0.877
Pr03	TCCTGAACCACAACACCGTA GAGGTCCCGTCACAGGAATA	(GA)18	214～296	52	KC133368	26	15.882 4	1.000 0	0.937 0	0.067 2	0.934
Pr06	TCACTGCAGCCTGAGACAGT ATGGGGGCAAAAACAAAAGT	(TCTA)11	143～287	48	KC133369	12	3.406 2	1.000 0	0.706 4	0.415 6	0.683
Pr07	TGGATGAGTTGGTGTGGAA TGAACCCTGCAGAACACAGA	(TATC)10	131～185	50	KC133370	25	16.463 4	0.866 7	0.939 3	-0.077 3	0.936
Pr20	GACTGGGTGAGGTTTGCAGT CGTGGGTAGACTGGACCT	(CCTCT)5	182～213	54	KC133371	17	6.053 8	0.888 9	0.834 8	0.064 8	0.824
Pr22	AGACGCCTCCAAGCTATCCT AGCCTGATCTCGTGATCTCC	(GT)12	136～201	54	KC133372	28	13.500 0	1.000 0	0.925 9	0.080 0	0.922
Pr25	ACCACCCGAAGTACACAAGC CGGGGTGTATGCTAGATTGG	(TCTA)21	175～238	54	KC133373	16	6.705 3	0.377 8	0.850 9	-0.556 0	0.836
Pr26	AGCATTGAGCTGAAGCCTGT GAAAGACACTGCGGCAAAAC	(GT)11	95～147	52	KC133374	22	13.410 6	1.000 0	0.925 4	0.080 6	0.921
Pr29	CATCTACAATCAACCAATCCAA TCCTGAGTAACCCAGCATTTTT	(TCAA)9 (ATCT)19	81～175	50	KC133375	35	19.755 1	0.795 5	0.949 4	-0.162 1	0.947
Pr31	TGTTCAACGTCACCTTTTCG CACCCACACATTCCCACATA	(GT)20 (GA)7	152～215	50	KC133376	23	12.385 3	1.000 0	0.919 3	0.087 8	0.914
Pr32	CAAAACGTACAGCTCAGTCCT GGCTTCATGGCTTTAGGTTTT	(AGAC)5 (AGAC)20 (AGAT)16	190～292	51	KC133377	28	17.532 5	0.755 6	0.943 0	-0.198 7	0.940
Pr33	TTTGTCTCCAGTCGTGATGC GTTCGATCTGTGGCACATTG	(CA)16 (CA)22	170～275	52	KC133378	26	16.908 3	1.000 0	0.940 9	0.062 9	0.938

续表

位点	引物序列	重复序列	大小范围 (bp)	退火温度 (℃)	GenBank 登录号	等位基因数	有效等位基因数	观测杂合度	期望杂合度	哈迪-温伯格平衡偏离指数	多态信息含量
Pr34	CAGAAAAACGGGAAGTCAGC AGACTGAAGGGCACTGGTTG	(GA)7 (GA)9 (AG)10 (AG)10	114~309	52	KC133379	34	19.660 2	1.000 0	0.949 1	0.053 6	0.947
Pr37	TTCAAACTCAATCAAGCTTCCA GCATGTTGTTAGCATAGCTAGTGAG	(ATCT)16	94~165	49	KC133380	32	21.428 6	0.888 9	0.953 3	-0.067 6	0.951
Pr40	TACTGCAAATTGGTGGCTGA TCTTTCGAGAGTTGTCATGATAGAA	(AGAT)10	98~156	50	KC133381	33	21.093 8	0.844 4	0.952 6	-0.113 5	0.951
Pr41	TTGATCAACAGCCAAAGTGG AGGGTGAGTGTCGGTACAGG	(CCTAAC)4	163~240	50	KC133382	19	9.080 6	0.461 5	0.889 9	-0.481 3	0.882
Pr43	TTTGGAGATTGTCAGTTCAAGAG CAATAGACAGAACGACAGAACGA	(ATCT)11	95~177	51	KC133383	29	16.071 4	0.688 9	0.937 8	-0.265 4	0.934
Pr45	ATGCTTGTCCTGAGCGATTC TCCTGAGTAAACAGAAAAAGCACA	(CA)16	97~147	51	KC133384	23	13.636 4	1.000 0	0.926 7	0.079 1	0.922
Pr50	CATTCACTGTTCCAGGTGCAG TCTGCACTCGCATTAGCACT	(GT)15 (TG)14	123~400	52	KC133386	37	19.378 0	1.000 0	0.948 4	0.054 4	0.946
Pr53	TGTTCAATCACAGCACACGA CTCGCTTTCTGCTTCTGCTT	(ATCA)11	170~253	50	KC133387	20	11.671 5	0.555 6	0.914 3	-0.392 4	0.908
Pr59	TGCCAGGTTGGTTTGGATAG CCCAATCAAACTCATTCAAATTC	(AGAT)15 (AGAT)3	108~195	50	KC133388	33	21.891 9	1.000 0	0.954 3	0.047 9	0.952
Pr60	TTCATGCTGTGTTTGGCTTC ATGGACGTGGTAAACGGAAA	(TAGA)4 (AGAT)25 (TC)21	151~195	50	KC133389	20	12.385 3	1.000 0	0.919 3	0.087 8	0.914
平均值						25.7	14.584 8	0.874 9	0.915 2	-0.041 2	0.909 6

赤水河鱼类生物学研究

表 3-137　基于 SSR 标记的 2 个岩原鲤地理群体的遗传多样性分析

位点	等位基因数（A）	观测杂合度（H_O）	期望杂合度（H_E）	多态信息量（PIC）	哈迪 - 温伯格平衡偏离指数（d）
Pr02					
WZ	7	0.933	0.764	0.714	0.000 08
CS	8	0.786	0.770	0.707	1.888 6
Pr22					
WZ	5	0.333	0.514	0.459	0.003 74
CS	5	0.857	0.675	0.586	2.057 9
Pr25					
WZ	8	0.536	0.740	0.699	0.002 55
CS	5	0.571	0.664	0.596	2.205 9
Pr37					
WZ	8	0.577	0.731	0.691	0.000 00
CS	7	0.364	0.805	0.744	1.512 1
Pr07					
WZ	11	0.733	0.867	0.837	0.298 44
CS	10	0.750	0.902	0.850	2.434 4
Pr53					
WZ	10	0.833	0.875	0.844	0.074 24
CS	7	0.786	0.794	0.731	1.395 0
Pr40					
WZ	11	0.846	0.885	0.854	0.557 23
CS	8	0.786	0.810	0.753	2.238 6
Pr43					
WZ	6	0.767	0.767	0.713	0.554 56
CS	6	0.643	0.577	0.530	1.886 1
Pr34					
WZ	4	0.333	0.697	0.623	0.000 00
CS	3	0.429	0.405	0.337	1.572 1
Pr03					
WZ	8	0.370	0.841	0.806	0.000 00
CS	7	0.429	0.720	0.664	1.980 9
Pr33					
WZ	9	0.931	0.864	0.831	0.000 00
CS	10	1.000	0.794	0.734	1.830 7
Pr46					
WZ	12	0.692	0.846	0.813	0.198 41
CS	8	0.692	0.858	0.803	1.911 9

位点	等位基因数（A）	观测杂合度（H_O）	期望杂合度（H_E）	多态信息量（PIC）	哈迪 - 温伯格平衡偏离指数（d）
Pr29					
WZ	13	0.690	0.905	0.879	0.000 00
CS	11	0.769	0.911	0.864	2.272 9
Pr26					
WZ	6	0.867	0.746	0.693	0.000 00
CS	5	1.000	0.714	0.633	1.405 6
Pr23					
WZ	3	0.379	0.520	0.457	0.005 55
CS	7	0.714	0.698	0.633	2.096 1
Pr31					
WZ	4	0.967	0.637	0.552	0.000 00
CS	4	0.929	0.706	0.617	2.369 9
Pr32					
WZ	14	0.633	0.921	0.898	0.000 0
CS	11	0.857	0.902	0.856	1.913 1

　　基于 ARLEQUIN 软件中的 Compute pairwise F_{ST} 的分析检验来评估 2 个地理群体的遗传分化水平指数 F_{ST}，结果见表 3-138，2 个群体之间不存在遗传分化（F_{ST} < 0.05）。采用 AMOVA 分析对群体内及群体间变异进行估算，发现遗传变异主要来源于群体内（86.91%），结果见表 3-139。

表 3-138　基于 SSR 标记的岩原鲤不同地理群体间成对 F_{ST} 值

群体	WZ	CS
WZ		0.000 00
CS	0.013	

表 3-139　基于 SSR 标记的岩原鲤不同地理群体的分子方差分析结果

变异来源	自由度	平方和	变异组合	变异百分数
群体间	1	31.692	0.707 06	13.09
群体内个体间	42	403.819	4.695 57	86.91
合计	43	435.511	5.402 63	

　　利用 Mega 软件计算不同地理岩原鲤地理群体之间的遗传距离，结果表明万州区群体和赤水市群体的遗传距离为 0.002。

　　与 2009—2013 年微卫星结果作对比，赤水市群体的平均等位基因数明显减少（2009—2013 年为 25.7，2014—2018 年为 7.18），平均观测杂合度下降（2009—2013 年为 0.874 9，2014—2018 年为 0.680 9），平均期望杂合度减小（2009—2013 年为 0.915 2，2014—2018 年为 0.747 4）（表 3-140）。这可能与鱼类资源的锐减有关。

表 3-140　赤水市江段岩原鲤微卫星遗传多样性的时间变化

时间	平均等位基因数	平均观测杂合度	平均期望杂合度
2009—2013	25.7	0.874 9	0.915 2
2014—2018	7.18	0.680 9	0.747 4
变化趋势	下降	下降	下降

3.7.5.2　线粒体 DNA 遗传多样性

同样分析了岩原鲤的线粒体细胞色素 b 基因。基于 2013 年赤水河 15 个岩原鲤样本的 Cyt b 基因序列，采用 SeqMan 拼接和 MegAlign 比对后的岩原鲤 Cyt b 基因序列片段长 1122bp，序列中 T、C、A、G 的平均含量分别为 27.63%、28.25%、30.57% 和 13.55%，A+T 的含量（58.20%）大于 G+C 的含量（41.80%）。在 Cyt b 基因序列片段中共发现 6 个变异位点，占分析位点总数的 0.53%，其中 2 个为简约信息位点，4 个为单一突变位点。

Cyt b 基因序列 15 个样本共识别出 6 个单倍型，该群体核苷酸多样性指数（Pi）为 0.000 92，单倍型多样性指数（Hd）为 0.648。采用 Mega5 软件中的 Kimura-2 参数模型统计的各单倍型间的遗传距离变异范围为 0.001 ~ 0.004，序列间的平均遗传距离为 0.001。

2014—2018 年继续收集岩原鲤样本 163 尾，其中万州区江段 122 尾，赤水市江段 26 尾，木洞镇江段 8 尾，合江县江段 7 尾（表 3-141）。

表 3-141　2014—2018 年岩原鲤样本采集信息

采集地	样本量	编号
万州区	122	WZ
赤水市	26	CS
木洞镇	8	MD
合江县	7	HJ

通过岩原鲤 Cyt b 基因测序，采用 SeqMan 拼接、MegAlign 比对、Seview 手工校对后获得 163 个个体序列，比对校正后序列长度为 1012 bp。序列中无碱基的短缺或插入。163 条序列检测到 21 个变异位点，其中简约信息位点 13 个，单一突变位点 8 个。所有 Cyt b 基因序列的转换和颠换均未达饱和，转换数大于颠换数，其比值为 1.46。163 条序列的平均碱基组成如下：A 的含量为 30.2%，T 的含量为 27.9%，C 的含量为 28.2%，G 的含量为 13.7%。G 的含量最低，A+T 的含量（58.1%）明显大于 G+C 的含量（41.9%），存在一定的碱基组成偏倚性。

所有 163 个样本的 Cyt b 基因序列共识别出 24 个单倍型，单倍型多样性（Hd）和核苷酸多样性（Pi）分别为 0.684 和 0.001 51。整体的单倍型多样性较高，而核苷酸多样性较低（表 3-142）。各地理群体中，万州群体的单倍型多样性指数和核苷酸多样性指数最高，合江群体最低。万州群体 122 个样本中单倍型个数为 19，单倍型多样性指数为 0.747，核苷酸多样性指数为 0.001 71；木洞群体 8 个样本中单倍型个数为 3，单倍型多样性指数为 0.464，核苷酸多样性指数为 0.000 49；赤水群体 26 个样本中单倍型个数为 6，单倍型多样性指数为 0.517，核苷酸多样性指数为 0.001 16；合江群体 7

个样本仅含有 1 个单倍型，单倍型多样性指数与核苷酸多样性指数均为 0（表 3-142）。

2015 年采集的岩原鲤整体的单倍型多样性（Hd）和核苷酸多样性（Pi）分别为 0.724 和 0.001 59，2016 年采集的岩原鲤整体的单倍型多样性（Hd）和核苷酸多样性（Pi）分别为 0.673 和 0.001 54，2017 年采集的岩原鲤整体的单倍型多样性（Hd）和核苷酸多样性（Pi）分别为 0.687 和 0.001 46，总体上讲，单倍型多样性（Hd）和核苷酸多样性（Pi）都有一定程度的减少（表 3-143）。

表 3-142　岩原鲤不同地理群体 Cyt b 基因遗传多样性分析

群体	样本量	单倍型数	变异位点数	单倍型多样性	核苷酸多样性
WZ	122	19	16	0.747 ± 0.038	0.001 71 ± 0.002 94
MD	8	3	2	0.464 ± 0.200	0.000 49 ± 0.000 74
CS	26	6	9	0.517 ± 0.113	0.001 16 ± 0.002 33
HJ	7	1	0	0.000 ± 0.000	0.000 00 ± 0.000 00
总计	163	24	21	0.684 ± 0.039	0.001 51 ± 0.003 66

表 3-143　岩原鲤种群不同年份基于 Cyt b 基因的遗传多样性分析比较

采集年份	样本量	单倍型数	变异位点数	单倍型多样性	核苷酸多样性
2015	30	16	10	0.724 ± 0.076	0.001 59 ± 0.002 49
2016	53	9	9	0.673 ± 0.064	0.001 54 ± 0.001 96
2017	77	19	18	0.687 ± 0.057	0.001 46 ± 0.003 62

以 Mega 软件的 Kimura 2-parameter 遗传距离模型计算得到 4 个地理群体内和群体间的遗传距离。群体内的遗传距离显示，4 个地理群体之间的遗传距离范围为 0.000 ～ 0.001；各群体内平均遗传距离范围为 0.000 ～ 0.002（表 3-144）。

表 3-144　基于 Kimura 2-parameter 模型的岩原鲤不同地理群体内和群体间的遗传距离

群体	CS	WZ	HJ	群体内遗传距离
CS				0.001
WZ	0.001			0.002
HJ	0.001	0.001		0.000
MD	0.001	0.001	0.000	0.000

使用 Arlequin v3.1 对岩原鲤各地理群体间遗传分化系数（F_{ST}）分析结果表明，各地理群体间的遗传分化系数均小于 0.05，不存在遗传分化（$P > 0.05$）（表 3-145）。

表 3-145　基于 Cyt b 序列单倍型频率的岩原鲤不同地理群体间成对 F_{ST} 值和校正 P 值

	CS	WZ	HJ	MD
CS		0.063 06 ± 0.023 7	0.693 69 ± 0.033 4	0.441 44 ± 0.039 4
WZ	0.019 98		0.477 48 ± 0.056 0	0.243 24 ± 0.013 9
HJ	−0.039 07	−0.014 29		0.990 99 ± 0.003 0
MD	−0.002 38	0.010 53	−0.000 97	

注：对角线下为群体间的遗传分化系数（F_{ST}），对角线上为 P 值。

采用 Arlequin 3.11 软件对赤水市、万州区、合江县和木洞镇 163 尾样本的分子方差分析（AMOVA）结果（表 3-146）显示：岩原鲤群体内部的变异占 98.88 %，来自群体间的变异占 1.12%。由此可见，分子之间的遗传差异主要发生在群体内的个体之间。4 个群体之间遗传分化系数（F_{ST}）为 0.011 19（$P > 0.05$），基因流 N_m=5.74，也显示出 4 个地理群体之间存在广泛的基因交流，同时说明遗传分化并不显著。

表 3-146　基于线粒体 Cyt b 基因对岩原鲤的 AMOVA 分析

变异来源	自由度	平方和	变异分量	变异百分比
群体间	3	2.861	0.008 62	1.12
群体内	159	121.090	0.761 57	98.88
总计	162	123.951	0.770 19	

163 条序列共检测到 24 种单倍型。其中，赤水市（CS）群体 26 条序列检测到 6 个单倍型，万州区（WZ）群体 122 条序列检测到 19 个单倍型，木洞镇（MD）群体 8 条序列检测到 3 个单倍型，合江县（HJ）群体 7 条序列检测到 1 个单倍型。在所检测到的 78 个单倍型中，单倍型 Hap2 的分布最广，为全部群体所共享，且该单倍型在每个群体中占有的比例最高。其中有 21 个单倍型为某一个群体所独有，其余 4 个单倍型则被 2 ~ 4 个群体共享（表 3-147）。

表 3-147　基于 mtDNA Cyt b 基因序列的岩原鲤单倍型在各地理群体中的分布

单倍型	数目	群体			
		赤水市（CS）	万州区（WZ）	合江县（HJ）	木洞镇（MD）
Hap1	13	3	10	0	0
Hap2	83	18	58	7	6
Hap3	3	2	1	0	0
Hap4	1	1	0	0	0
Hap5	1	1	0	0	0
Hap6	1	1	0	0	0
Hap7	7	0	7	0	0
Hap8	4	0	4	0	0
Hap9	11	0	11	0	0
Hap10	1	0	1	0	0
Hap11	2	0	2	0	0
Hap12	4	0	4	0	0
Hap13	2	0	2	0	0
Hap14	1	0	1	0	0
Hap15	13	0	13	0	0
Hap16	2	0	2	0	0
Hap17	1	0	1	0	0
Hap18	1	0	1	0	0
Hap19	1	0	1	0	0
Hap20	1	0	1	0	0
Hap21	1	0	1	0	0

续表

单倍型	数目	群体			
		赤水市（CS）	万州区（WZ）	合江县（HJ）	木洞镇（MD）
Hap22	1	0	1	0	0
Hap23	1	0	0	0	1
Hap24	1	0	0	0	1
总计	163	22	122	7	8

　　选用乌原鲤（*Procypris mera*）作为外类群，利用邻接法（NJ）构建单倍型系统发育树。结果显示各单倍型聚为一支，混杂在一起，没有形成明显的谱系（图 3-164）。

图 3-164　基于 Cyt *b* 序列构建的岩原鲤单倍型 NJ 树

使用 Arlequin 3.11 软件对 4 个群体所有的 163 尾岩原鲤个体进行 Tajima's D 检验和 Fu's Fs 检验，结果见表 3-148。结果表明：Tajima's D 检验中赤水市、万州区和木洞镇群体均为负值，其中赤水市群体 P=0.032 00，$P < 0.05$，说明该群体可能经历过种群扩张，万州区群体和木洞镇群体未达到显著性水平（$P > 0.05$），符合中性进化假设；合江县群体为 0.000 0，符合中性进化假设。木洞镇群体为负值，且达到显著性水平（P=0.035 00，$P < 0.05$），可能于近期出现种群扩张现象。在 Fu's Fs 检验中，赤水市群体显示不显著的负值，万州区群体的 Fs 值为负并达到显著性水平，同样木洞镇群体也显示显著的负值。

表 3-148　基于 Cyt b 基因的岩原鲤不同地理群体的中性检验

	赤水市（CS）	万州区（WZ）	合江县（HJ）	木洞镇（MD）
Tajima's D	−1.612 05	−1.142 26	0.000 0	−1.310 09
P 值	0.032 00	0.117 00	1.000 00	0.035 00
Fu's Fs	−1.366 09	−9.768 66	0.000 00	−0.998 99
P 值	0.159 00	0.001 00	N.A.	0.048 00

对比 2009—2013 年 Cyt b 结果，赤水河赤水市江段岩原鲤的单倍型多样性明显减少（2009—2013 年为 0.648，2014—2018 年为 0.517），核苷酸多样性增大（2009—2013 年为 0.000 92，2014—2018 为 0.001 16）（表 3-149）。

表 3-149　赤水市江段岩原鲤种群线粒体细胞色素 b 遗传多样性的时间变化

时间	单倍型多样性	核苷酸多样性
2009—2013 年	0.648	0.000 92
2014—2018 年	0.517	0.001 16

3.7.6　小结

本研究根据 2006—2013 年和 2014—2017 年赤水河以及木洞镇和万州区等地采集的样本，对岩原鲤的基础生物学特征及其变化趋势进行了研究。结果显示，2006—2013 年赤水河岩原鲤的年龄组成为 1 ~ 8 龄，开捕体长为 127.4mm，开发率为 0.51，年均平衡资源生物量为 1.72t；2014—2017 年样本年龄组成为 1 ~ 5 龄，开捕体长在 90mm，开发率为 0.62，年均平衡资源生物量为 0.92t。比较发现，岩原鲤低龄化趋势并没有得到缓解，目前仍然处于过度开发状态，亟须加强保护。

（张文武、王腾）

3.8　西昌华吸鳅

西昌华吸鳅（*Sinogastromyzon sichangensis* Chang）隶属于鲤形目（Cypriniformes）爬鳅科（Balitoridae）爬鳅亚科（Balitorinae）华吸鳅属（*Sinogastromyzon*），是一种适应

急流底栖生活的长江上游特有鱼类，历史上曾广泛分布于长江上游干流及其支流雅砻江、岷江、大渡河、青衣江、嘉陵江和乌江等水系。

　　体较短，前段宽，甚平扁，背缘略呈弧形隆起，腹面平坦。头很低平。吻端圆钝，边缘薄；吻长约为眼后头长的 2 倍。口下位，稍宽，呈弧形。唇较薄，上唇具8 ～ 10 个明显的乳突，排成 1 排；下唇乳突不显著；颏部具 1 对宽大而平扁的不明显乳突。上下唇在口角处相连。下颌前缘稍外露，表面具放射状的沟和脊。上唇与吻端之间具较深的吻沟，延伸到口角。吻沟前的吻褶分 3 叶，叶端圆钝，中叶较大。吻褶叶间具 2 对小吻须，基部较粗壮，外侧 1 对稍粗大。口角须 2 对，外侧 1 对约与外侧吻须等大，内侧 1 对甚短小。鼻孔较小，具发达的鼻瓣。眼中等大，侧上位。眼间隔宽阔，平坦。鳃裂稍扩展到头部腹面。鳞细小，头部及偶鳍基部的背侧面和胸鳍腋部至腹鳍起点间的体侧以及腹鳍基部之前的腹面无鳞。侧线完全，自体侧中部平直地延伸到尾鳍基部。

　　背鳍 iii-8；胸鳍 x-x-i-12 ～ 15；腹鳍 vi-viii-121-4；臀鳍 ii-5。侧线鳞 71 ～ 81。背鳍基长约为头长的 2/3，起点在吻端至尾鳍基部的中点稍前。臀鳍基长约为背鳍基长的 2/5，前缘不分支鳍条为细弱扁平的硬刺，末端压倒后不达尾鳍基部。偶鳍宽大平展，具发达的肉质鳍柄。尾鳍基长稍大于头长，起点稍前于眼中部的垂直下方，最长鳍条接近吻长而稍短于背鳍条长，末端超过腹鳍起点。腹鳍起点显著在背鳍起点之前，约在吻端至肛门间的中点，左右腹鳍条在后缘中部完全愈合呈吸盘状，后缘无缺刻，末端远不达肛门。肛门接近臀鳍起点。尾鳍长约与头长相等，末端凹形，下叶稍长。

　　体背侧黑褐色，腹面浅灰色，横跨背中线有 7 ～ 9 个暗黑色斑块。奇鳍均具有黑色斑点组成的条纹，其中臀鳍 1 条，背鳍和尾鳍 3 条，偶鳍的背侧面散布有浅灰色斑纹（图 3-165）。

图 3-165　西昌华吸鳅活体照（邱宁　拍摄）

　　目前，对于西昌华吸鳅的研究基本一片空白。本研究根据 2014—2018 年赤水河流域采集的样本，对西昌华吸鳅的年龄与生长、食性和繁殖等基础生物学特征进行了初步研究；同时，结合清江、松坎河和安宁河等支流的样本，对西昌华吸鳅的遗传多样性及其地理分化等进行了分析，旨在丰富西昌华吸鳅的基础生物学资料，为其物种保护提供科学依据。

3.8.1 年龄与生长

3.8.1.1 体长与体重

1. 体长与体重结构

2014—2016 年，在赤水河水田乡、赤水镇和茅台镇河段和习水河石堡乡河段采集西昌华吸鳅 435 尾。样本体长范围为 25～71mm，平均体长为（47.1±8.8）mm，其中优势体长范围为 30～60mm，占总样本量的 93.2%（图 3-166）；体重范围为 0.1～6.8g，平均体重为（2.6±1.4）g，其中优势体重范围为 0～4g，占总样本量的 85.3%（图 3-167）。

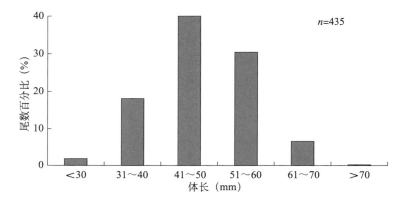

图 3-166 2014—2016 年赤水河西昌华吸鳅体长组成

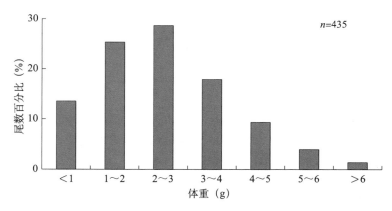

图 3-167 2014—2016 年赤水河西昌华吸鳅体重组成

2. 体长与体重关系

采用不同的方程对 2014—2016 年赤水河 435 尾西昌华吸鳅样本的体长与体重进行拟合。结果显示，其体长与体重关系符合以下幂函数公式（图 3-168）。

$$W = 1 \times 10^{-5} L^{3.131} \quad (R^2=0.876, \ n=435)。$$

经检验，b 值与 3 之间无显著性差异（t 检验，$P > 0.05$），说明西昌华吸鳅的生长基本符合匀速生长类型。

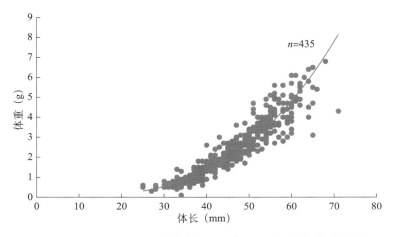

图 3-168　2014—2016 年赤水河西昌华吸鳅的体长与体重关系

3.8.1.2　年龄

随机挑选 130 尾西昌华吸鳅，选取耳石作为年龄鉴定材料对其年龄进行鉴定。结果表明，西昌华吸鳅种群包含 1 ～ 7 龄共 7 个年龄组，其中以 2 龄比例最高，占总样本量的 31.5%，其次是 3 龄，占总样本量的 29.2%（图 3-169）。

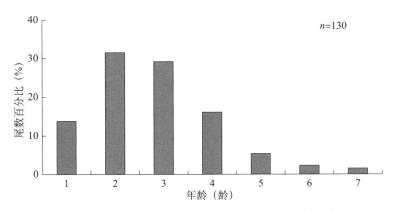

图 3-169　2014—2016 年赤水河西昌华吸鳅年龄分布

3.8.1.3　生长方程

2014—2016 年赤水河西昌华吸鳅的生长参数分别为：$L_\infty = 117.61\text{mm}$，$k = -3.27/\text{a}$，$W_\infty = 26.57\text{g}$，$t_0 = -3.17/\text{a}$。

将生长参数代入 von Bertalanffy 方程得到西昌华吸鳅的体长与体重生长方程如下。

$L_t = 117.603\ 9[1-\text{e}^{3.237\ 9\,(\,t-3.167\ 4\,)}]$；

$W_t = 26.571\ 3[1-\text{e}^{3.237\ 9\,(\,t-3.167\ 4\,)}]^{3.131\ 4}$。

3.8.2 食性

对赤水河流域 5 个采样点共 18 尾西昌华吸鳅的胃肠内含物进行了分析。结果显示，西昌华吸鳅的食物种类主要包括藻类、浮游动物和水生昆虫等。无论是从数量百分比、重量百分比，还是出现率来看，均以藻类优势度最高，主要种类包括脆杆藻、舟形藻、异极藻、菱形藻、直链藻、桥弯藻和栅藻等。浮游动物出现率的相对较高，为 33.3%，其中以桡足类为主；水生昆虫重量百分比为 12.43%，其中以蜉蝣目和双翅目为主（表 3-150）。

表 3-150　2014—2016 年西昌华吸鳅食物组成

类群	数量百分比（%）	重量百分比（%）	出现率（%）
浮游动物	0.00	4.48	33.33
水生昆虫	0.00	12.43	11.11
藻类	100.00	83.04	100.00

比较发现，西昌华吸鳅的食物组成在不同采样点之间表现出一定的差异。干流茅台江段和观音寺河西昌华吸鳅的食物中出现了一定数量的桡足类；支流小河沟西昌华吸鳅主要摄食蜉蝣目等水生昆虫，这与刘飞（2013）研究结果相似。而习水河和水边河西昌华吸鳅全部以藻类作为食物唯一来源。推测不同采样点之间饵料基础的差异是造成这种变化的原因（表 3-151）。

表 3-151　不同采样点西昌华吸鳅的食物组成

河流	浮游动物		水生昆虫		藻类	
	重量百分比（%）	出现率（%）	重量百分比（%）	出现率（%）	重量百分比（%）	出现率（%）
赤水河干流	96.4	50.0	0	0	3.2	100.0
习水河	0	0	0	0	100.0	100.0
观音寺河	9.76	67.0	0	0	90.1	100.0
水边河	0	0	0	0	100.0	100.0
小河沟	0	0	38.3	50.0	65.4	100.0

3.8.3 繁殖

3.8.3.1 性比

解剖的 104 尾样本中，有 94 尾样本的性别可以辨认，其中雌性 35 尾，雄性 59 尾，性比为 1∶1.69，雄性的比例明显高于雌性（$P < 0.05$）。

3.8.3.2 卵径

对 10 尾性腺发育处于 Ⅳ 期的雌鱼的卵径进行了测量。结果显示，西昌华吸鳅的卵径呈单峰分布，卵径峰值区间为 0.6 ～ 0.8mm，占全部卵数的 51%。根据卵径分布特征，可以初步推断西昌华吸鳅为单次产卵类型（图 3-170）。

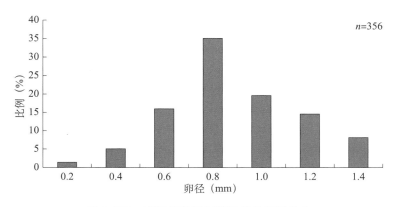

图 3-170　西昌华吸鳅Ⅳ期卵巢的卵径分布

3.8.3.3　怀卵量

对 24 尾Ⅳ期雌鱼的怀卵量进行了统计。亲鱼体长 36 ～ 69mm，体重 0.9 ～ 7.8g。绝对怀卵量为 137 ～ 129 7 粒 / 尾，平均值为（538±322）粒 / 尾；体重相对怀卵量为 48.6 ～ 617.6 粒 /g，平均值为（229.4±135.2）粒 /g。

3.8.4　遗传多样性

3.8.4.1　线粒体 DNA 遗传多样性

2014—2016 年，在赤水河干流 5 个样点以及 9 个支流样点共获得 170 尾西昌华吸鳅样本。采用 SeqMan 拼接、MegAlign 比对、Seview 手工校对去除首尾不可信位点后得到的 Cyt b 基因序列片段长 1 026bp，片段中 T、C、A、G 的平均含量分别为 27.7%、29.1%、27.9% 和 15.3%，A+T 的含量（55.6%）大于 G+C 的含量（44.4%）。在 Cyt b 基因序列片段中共发现 59 个变异位点，占分析位点总数的 5.75%，其中 38 个为简约信息位点，21 个为单一突变位点。不同地理群体中，土城镇群体的变异位点数最多，为 22 个；小河沟群体其次，为 20 个；水田镇群体 13 个；坡头乡群体 12 个；堡合河群体 9 个；鱼洞河与河屯河群体变异位点数相同，均为 8 个；铜车河和对西小河群体变异位点数也相同，均为 6 个；倒流河群体为 5 个；大湾镇和赤水镇群体均为 4 个；二道河群体为 3 个；习水群体群最少，为 2 个。

所有 170 个样本的 Cyt b 基因序列共识别出 41 个单倍型，单倍型多样性指数（Hd）为 0.901，核苷酸多样性指数（Pi）为 0.004 04。各地理群体中，大湾镇单倍型多样性指数最高，土城镇群体核苷酸多样性指数最高，习水河群体单倍型多样性指数与核苷酸多样性指数均最低。大湾镇群体 2 个样本有 2 个单倍型，单倍型多样性指数为 1.000，核苷酸多样性指数为 0.003 90；土城镇群体 13 个样本有 11 个单倍型，单倍型多样性指数为 0.974，核苷酸多样性指数为 0.004 27；对西小河群体 7 个样本中含有 6 个单倍型，单倍型多样性指数为 0.952，核苷酸多样性指数为 0.002 23；小河沟群体 26 个样本中有 15 个单倍型，单倍型多样性指数为 0.945，核苷酸多样性指数为 0.002 52；鱼洞河群体 5 个样本中含有 4 个单倍型，单倍型多样性指数为 0.900，核苷酸多样性指数为 0.003 31；赤水镇群体 8 个样本含有 5 个单倍型，单倍型多样性指数为 0.893，核苷酸多样性指数为 0.001 32；堡合河群体 9 个样本中含有 6 个单倍型，单倍型多样性指数为 0.889，核苷酸多样性指数为 0.002 11；河屯河群体 10 个样本中有 6 个单倍型，单倍型多样性指数与堡合河相同，为 0.889，核苷酸多样性指数为 0.001 97；水田镇群体 35 个样本仅含有 11 个单倍型，单倍型多样性指数为 0.830，核苷酸多样性指数为 0.001 51；倒流河群体 8 个样本中单倍型个数为 4，单倍型多样性指数为 0.786，核苷酸多样性指数为 0.001 50；铜车河群体 8 个样本中单倍型个数为 5，单倍型多样性指数与倒流河相同，皆为 0.786，核苷酸多样性指数为 0.001 78；坡头乡群体 15 个样本中单倍型个数为 7，单倍型多样性指数为 0.724，核苷酸多样性指数为 0.001 95；二道河群体 10 个样本中含有单倍型 3 个，单倍型多样性指数为 0.644，核苷酸多样性指数为 0.000 93；习水河群体 14 个样本中仅含有 3 个单倍型，单倍型多样性指数为 0.385，核苷酸多样性指数为 0.000 40（表 3-152）。

表 3-152　基于线粒体 DNA Cyt *b* 基因的西昌华吸鳅遗传多样性参数

群体	样本量（个）	单倍型个数	变异位点数	单倍型多样性	核苷酸多样性
大湾镇	2	2	4	1.000	0.003 90
水田镇	35	11	13	0.830	0.001 51
坡头乡	15	7	12	0.724	0.001 95
赤水镇	8	5	4	0.893	0.001 32
土城镇	13	11	22	0.974	0.004 27
鱼洞河	5	4	8	0.900	0.003 31
倒流河	8	4	5	0.786	0.001 50
铜车河	8	5	6	0.786	0.001 78
对西小河	7	6	6	0.952	0.002 23
小河沟	26	15	20	0.945	0.002 52
堡合河	9	6	9	0.889	0.002 11
河屯河	10	6	8	0.889	0.001 97
二道河	10	3	3	0.644	0.000 93
习水河	14	3	2	0.385	0.000 40
合计	170	41	59	0.901	0.004 04

采用 Mega 软件的 Kimura-2 参数模型对不同地理群体间的遗传距离进行分析。结果表明，各样点群体间的遗传距离较小，变异范围为 0.001 ~ 0.015。不同地理群体间及群体内的平均遗传距离见表 3-153。

使用 Arlequin v3.1 对西昌华吸鳅不同地理群体间遗传分化系数（F_{ST}）进行分析的结果表明，习水河群体与其他所有群体间均存在极其显著的遗传分化（$P < 0.01$）；大湾镇群体与二道河群体存在显著的遗传分化（$P < 0.05$）；水田镇群体与坡头乡、土城镇、河屯河、二道河群体间存在极其显著的遗传分化（$P < 0.01$），与对西小河群体存在显著的遗传分化（$P < 0.05$）；坡头乡种群与倒流河、铜车河、小河沟、河屯河群体间存在显著的遗传分化（$P < 0.05$），与二道河群体间存在极其显著的遗传

分化（$P < 0.01$）；土城镇群体与倒流河、二道河、小河沟群体间存在极其显著的遗传分化（$P < 0.01$），与河屯河群体间存在显著的遗传分化（$P < 0.05$）；铜车河群体与河屯河、二道河群体间存在显著的遗传分化（$P < 0.05$）（表 3-154）。

表 3-153　基于线粒体 DNA Cyt b 基因的 2014—2016 年西昌华吸鳅不同地理群体间及群体内的遗传距离

群体	习水河	土城镇	小河沟	堡合河	水田镇	坡头乡	二道河	铜车河	鱼洞河	赤水镇	倒流河	对西小河	河屯河	各群体内平均遗传距离
习水河														0.000
土城镇	0.014													0.004
小河沟	0.015	0.004												0.003
堡合河	0.015	0.003	0.002											0.002
水田镇	0.015	0.003	0.002	0.002										0.002
坡头乡	0.014	0.003	0.002	0.002	0.002									0.002
二道河	0.014	0.003	0.002	0.002	0.001	0.002								0.001
铜车河	0.015	0.004	0.002	0.002	0.002	0.002	0.002							0.002
鱼洞河	0.015	0.004	0.003	0.003	0.002	0.003	0.002	0.003						0.003
赤水镇	0.014	0.004	0.002	0.002	0.002	0.002	0.002	0.001	0.001					0.001
倒流河	0.015	0.004	0.002	0.002	0.001	0.002	0.001	0.002	0.002	0.001				0.002
对西小河	0.015	0.004	0.002	0.002	0.002	0.002	0.002	0.002	0.003	0.002	0.002			0.002
河屯河	0.015	0.004	0.002	0.002	0.002	0.002	0.001	0.002	0.002	0.002	0.002	0.002		0.002
大湾镇	0.015	0.004	0.003	0.003	0.002	0.003	0.003	0.002	0.003	0.002	0.003	0.003	0.003	0.004

此外，2017 年对赤水河全流域干支流的西昌华吸鳅样本进行了补充，并在长江一级支流清江、綦江支流松坎河以及雅砻江支流安宁河收集样本，共获得 474 尾西昌华吸鳅样本，采样详细情况见表 3-155。

对以上 474 个样本的 Cyt b 基因进行测序，采用 SeqMan 拼接、MegAlign 比对、Seview 手工校对去除首尾不可信位点后得到的 Cyt b 基因序列片段长 1140bp，序列中无碱基的短缺或插入。474 条序列检测到 178 个变异位点，其中简约信息位点 140 个，单一变异位点 38 个。所有序列的转换和颠换均未达饱和，转换数明显大于颠换数，平均转换与颠换比率（T_i/T_v）为 4.54。片段中 T、C、A、G 的平均含量分别为 27.7%、28.9%、28.3% 和 15.1%，G 的含量最低，A+T 的含量（56.0%）大于 G+C 的含量（44.0%），碱基组成表现出明显的偏倚，这与线粒体蛋白质编码基因的特点相符。

对不同地理群体西昌华吸鳅 Cyt b 基因序列分析遗传多样性（表 3-155）。西昌华吸鳅整体单倍型多样性指数和核苷酸多样性指数分别为 0.938 和 0.009 91，整体的单倍型多样性指数和核苷酸多样性指数均较高。474 条西昌华吸鳅线粒体 Cyt b 基因序列共检测到 115 个单倍型，赤水河水田镇、赤水镇、茅台镇、双沙河、五马河、古蔺河、扎西河、倒流河、同民河、二道河、余家沟、观音寺河均有共享单倍型，习水河沙嵌沟、长嵌沟、桥沟电站、石堡乡 4 个群体同样有共享单倍型，而鄂西北地区神农架、郁江、清江 3 个群体无共享单倍型；同样，松坎河、安宁河、盐溪河与其他群体也没有共享单倍型。西昌华吸鳅共 22 个地理群体中，神农架群体单倍型多样性指数

表 3-154 基于线粒体 DNA Cyt b 基因的 2014—2016 年西昌华吸鳅各样点群体间的遗传分化系数

群体	大湾镇	水田镇	坡头乡	赤水镇	土城镇	鱼洞河	倒流河	铜车河	对西小河	小河沟	堡合河	河屯河	二道河	习水河
大湾镇		0.108 11	0.252 25	0.342 34	0.567 57	0.846 85	0.090 09	0.351 35	0.270 27	0.297 30	0.468 47	0.171 17	0.018 02	0.000 00
水田镇	0.184 08		0.000 00	0.621 62	0.000 00	0.072 07	0.054 05	0.711 71	0.027 03	0.000 00	0.333 33	0.009 01	0.000 00	0.000 00
坡头乡	0.056 97	0.093 36		0.369 37	0.063 06	0.216 22	0.018 02	0.045 05	0.126 13	0.045 05	0.405 41	0.018 02	0.000 00	0.000 00
赤水镇	0.130 78	-0.026 85	0.369 37		0.081 08	0.630 63	0.990 99	0.837 84	0.549 55	0.891 89	0.927 93	0.513 51	0.189 19	0.000 00
土城镇	-0.068 69	0.203 39	0.044 22	0.010 23		0.279 28	0.000 00	0.072 07	0.054 05	0.000 00	0.072 07	0.018 02	0.000 00	0.000 00
鱼洞河	-0.125 32	0.083 45	0.032 86	0.059 37	0.059 37		0.648 65	0.333 33	0.567 57	0.693 69	0.513 51	0.585 59	0.477 48	0.000 00
倒流河	0.213 99	0.051 30	0.071 90	0.045 05	0.021 16	-0.031 02		0.468 47	0.360 36	0.801 80	0.495 50	0.585 59	0.513 51	0.000 00
铜车河	0.022 79	-0.033 99	0.068 26	0.051 98	0.102 58	0.011 91	0.023 38		0.162 16	0.081 08	0.657 66	0.018 02	0.027 03	0.000 00
对西小河	0.075 61	0.096 17	0.056 85	0.024 37	0.090 36	-0.024 37	0.003 82	0.051 98		0.351 35	0.576 58	0.189 19	0.126 13	0.000 00
小河沟	0.057 10	0.083 53	0.030 42	0.081 08	0.069 00	-0.033 50	-0.030 68	0.081 08	0.351 35		0.621 62	0.801 80	0.423 42	0.000 00
堡合河	0.036 79	0.004 71	0.004 55	0.072 07	0.093 61	-0.013 79	-0.004 64	0.657 66	0.576 58	0.012 09		0.657 66	0.009 01	0.000 00
河屯河	0.190 96	0.100 85	0.072 04	0.189 19	0.064 24	-0.023 82	-0.019 97	0.018 02	0.189 19	-0.022 50	-0.018 54		0.603 60	0.000 00
二道河	0.414 50	0.152 56	0.145 39	0.126 13	0.107 57	-0.015 55	-0.032 38	0.194 89	0.126 13	-0.003 70	0.087 35	-0.019 79		0.000 00
习水河	0.953 34	0.918 48	0.914 91	0.948 35	0.834 74	0.924 63	0.945 33	0.938 37	0.931 75	0.879 44	0.926 45	0.928 38	0.956 73	

注：对角线下为群体间的遗传分化系数（F_{ST}），对角线上为 P 值。

最高，为 1.000，但样本量有限；其次是古蔺河群体，单倍型多样性指数为 0.907；共有 12 个地理群体的单倍型多样性指数高于 0.700；而清江群体的单倍型多样性指数最低，仅为 0.333；松坎河群体单倍型多样性指数也较小，仅为 0.345。郁江群体的核苷酸多样性指数最高，为 0.006 37；盐溪河群体次之，核苷酸多样性指数为 0.004 39；而同民河群体核苷酸多样性指数最低，为 0.000 69。遗传多样性是物种长期生存和进化的前提，也是物种进化潜能的保障。本研究中，整体上，赤水河各个地理群体的单倍型多样性指数较高，在 0.602（双沙河）～ 0.907（古蔺河）之间；而习水河几个地理群体的遗传多样性则相对较低，其平均单倍型多样性指数为 0.656。据报道，习水河干支流目前已经修建了梯级水电站 30 余座，其中干流已建水电站 15 座（刘飞等，2019）。由于电站的阻隔，习水河西昌华吸鳅几个地理群体的基因交流远低于赤水河干支流群体，因此遗传多样性相对较低。鄂西北 3 个地理群体的遗传多样性差异较大，尽管样本量较小，但神农架群体的单倍型多样性指数为 1.000，清江群体的单倍型多样性指数仅为 0.333；郁江群体的核苷酸多样性指数为 0.006 37，是西昌华吸鳅全部地理群体中核苷酸多样性指数唯一高于 0.5% 的地理群体。

表 3-155　基于线粒体 DNA Cyt b 基因的 2017 年西昌华吸鳅遗传多样性参数

群体	样本量（个）	变异位点数	单倍型数	单倍型多样性	核苷酸多样性
赤水河扎西河	30	17	13	0.876	0.001 82
赤水河倒流河	29	11	10	0.800	0.001 22
赤水河水田乡	24	13	9	0.616	0.001 02
赤水河赤水镇	29	8	8	0.776	0.001 08
赤水河余家沟	25	9	7	0.713	0.001 39
赤水河双沙河	30	11	10	0.602	0.001 12
赤水河二道河	30	21	11	0.869	0.001 62
赤水河五马河沙坝河村	30	19	13	0.720	0.002 02
赤水河茅台镇	24	15	12	0.826	0.001 74
赤水河桐梓河观音寺河	30	12	9	0.871	0.002 06
赤水河古蔺河	28	13	13	0.907	0.002 10
赤水河同民河	15	2	3	0.629	0.000 69
习水河沙嵌沟	26	7	8	0.474	0.000 82
习水河长嵌沟	19	11	8	0.614	0.001 18
习水河桥沟电站	15	6	6	0.705	0.000 89
习水河石堡乡	24	6	8	0.833	0.001 16
綦江松坎河	11	8	3	0.345	0.001 28
雅砻江安宁河	23	11	4	0.506	0.002 30
横江白水江盐溪河	4	10	2	0.500	0.004 39
乌江郁江支流	16	54	5	0.700	0.006 37
汉江支流 - 神农架地区	6	11	6	1.000	0.003 22
清江支流	6	3	2	0.333	0.000 88
合计	474	178	115	0.938	0.009 91

对西昌华吸鳅不同采样时间相同地理群体的遗传多样性参数进行比较，2017年采集的样本中水田乡和赤水镇群体的单倍型多样性和核苷酸多样性都有所下降，而习水河群体2017年人样本的单倍型多样性和核苷酸多样性都高于2014—2016年采集的样本（表3-156）。

表3-156　西昌华吸鳅相同地理群体不同采样时间的遗传多样性比较

群体	样本量（个）	单倍型个数	变异位点数	单倍型多样性	核苷酸多样性	采样时间
水田乡	24	9	13	0.616	0.001 02	2017 年
	35	11	13	0.830	0.001 51	2014—2016 年
赤水镇	29	8	8	0.776	0.001 08	2017 年
	8	5	4	0.893	0.001 32	2014—2016 年
石堡乡	24	8	6	0.833	0.001 16	2017 年
	14	3	2	0.385	0.000 40	2014—2016 年

为厘清华吸鳅属的系统发育关系和物种分化情况，将现有华吸鳅属鱼类基于 Cyt *b* 基因序列合并，共获得158个单倍型进行系统发育分析，基于 NJ 法和 BI 法的系统发育分析拓扑一致。以 NJ 树为例（图3-171），西昌华吸鳅和四川华吸鳅分别聚为单系。其中，四川华吸鳅分为明显的两个分支，两个分支内均包含合江、先市、赤水市和土城的样本，但是四川华吸鳅茅台样本全部包含在分支1内。而后四川华吸鳅与下司华吸鳅聚在一起，形成并系。而西昌华吸鳅的系统发育关系与地理分布基本一致，赤水河、松坎河样本首先与安宁河样本聚在一起，然后与习水河样本聚在一起，这一分支遗传距离均很小，可以视为一支，而盐溪河两个单倍型则分别与习水河和赤水河分支

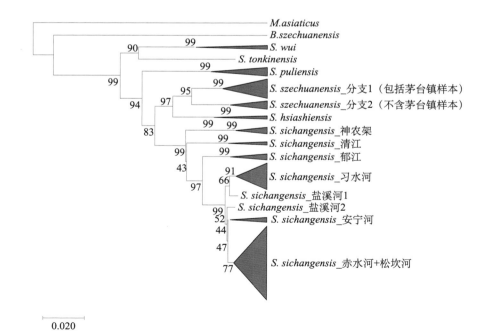

图 3-171　基于线粒体 Cyt *b* 基因的华吸鳅属鱼类单倍型 NJ 树（节点处显示支持率）

聚在一起，较为特殊；最后赤水河、习水河一大支再与鄂西北的郁江、清江和神农架样本聚在一起，其中神农架样本采自流入长江中游汉江的支流，与其他西昌华吸鳅样本聚在最外支。

利用 Network 软件以中接法构建的西昌华吸鳅单倍型网络图如图 3-172 所示，与系统发育分析结果相似，主要分为赤水河和松坎河、安宁河、习水河、鄂西北 4 个分支，与地理分布格局相对应；而盐溪河单倍型同样分别与习水河和安宁河两支相聚。安宁河样本位于进化网络中心，赤水河和习水河各群体分列两侧，但各分支之间大多是通过实际不存在的中间单倍型连接。

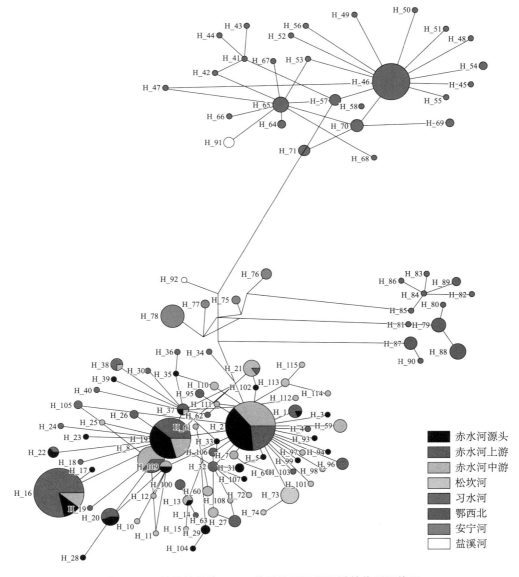

图 3-172　基于线粒体 Cyt b 基因的西昌华吸鳅单倍型网络图

对 2017 年所采集的西昌华吸鳅样本遗传结构进行研究。AMOVA 根据单倍型频率及其序列之间的差异来检测不同水平（组间、组内群体间、群体内）遗传结构的分子变异情况。当进行以下分组时，组间差异达到最大（以 F_{ST} 值为衡量标准），即认为是种群遗传变异最为合理的分布格局：赤水河和松坎河、习水河、雅砻江安宁河和横江盐溪河、鄂西北地区共 4 组（表 3-157）。此时，76.29% 的分子变异来源于组间。

表 3-157　西昌华吸鳅不同地理群体的分子变异分析

变异来源	自由度	平方和	变异分量	变异百分比（%）
组间	3	1 685.560	7.494 34	76.29
组内群体间	18	548.676	1.360 22	13.85
群体内	452	438.138	0.969 33	9.87
合计	473	2 672.373	9.823 89	

对西昌华吸鳅不同地理群体的遗传分化情况进行研究，通过 Arequin 软件计算西昌华吸鳅不同地理群体间成对 F_{ST} 值，结果见表 3-158。从大尺度来看，不同群体间遗传分化情况同系统发育分析、单倍型网络图和 AMOVA 结果相似，赤水河干支流、习水河、安宁河、松坎河、盐溪河和鄂西北几个群体构成的几个组间均存在极显著的高度遗传分化，且 F_{ST} 均达到了 0.50 以上。而赤水河干支流各群体间、习水河干支流 4 个群体间 F_{ST} 较低，特别是习水河 4 个群体两两间 F_{ST} 值最大仅为 0.054，而赤水河由于流域面积广，各群体地理距离相距较远，仍有部分群体间存在一定程度的遗传分化，但 F_{ST} 均较低。然而，同系统发育分析和单倍型网络图结果不太一致的是松坎河群体：松坎河群体与其他各群体全部存在中等以上程度的分化。安宁河群体、盐溪河群体与松坎河群体相似，且 F_{ST} 全部高于松坎河群体与其他各群体的 F_{ST}。同样，鄂西北 3 个地理群体间以及与其他各群体间也全部存在显著的高度分化，这一结果与系统发育分析结果一致。

西昌华吸鳅不同地理群体的 Tajima's D 和 Fu's Fs 中性检验显示扎西河（ZXH）、倒流河（DLH）、水田乡（ST）、双沙河（SSH）、五马河（WMH）、茅台镇（MT）、长嵌沟（CQG）、桥口电站（QKDZ）和神农架（SNJ）群体的中性检验结果呈显著负值，表明可能经历了种群扩张。而错配分析结果则表明仅检测到沙嵌沟（SQG）、安宁河（ANH）、盐溪河（YXH）3 个群体可能经历了群体的近期扩张（表 3-159）。根据公式计算群体可能发生扩张的时间 $T=Tau/（2 \times 2\mu k）\times g$（$g$ 为世代时间，本研究采纳为 2 年）。本研究退算出西昌华吸鳅各地理群体发生扩张的时间大致为 0.04 百万年 ～ 0.17 百万年。

表 3-158　2017 年西昌华吸鳅组间基于线粒体 Cyt b 基因的成对 F_{ST} 值

群体	ZXH	DLH	ST	CSZ	YJG	SSH	EDH	WMH	MT	GYSH	GLH	TMH	SQG	CQG	QKDZ	SB	SK	ANH	YXH	YJ	SNJ
ZXH		0.18	0.90	0.37	0.24	0.03	0.52	0.17	0.01	0.00	0.02	0.05	0.00	0.00	0.02	0.00	0.10	0.01	0.00	0.00	0.00
DLH	0.010		0.45	0.47	0.63	0.24	0.05	0.21	0.07	0.01	0.00	0.01	0.00	0.00	0.00	0.00	0.33	0.00	0.00	0.00	0.00
ST	0.136	0.124		0.93	0.06	0.34	0.18	0.13	0.35	0.18	0.38	0.07	0.03	0.00	0.00	0.00	0.51	0.01	0.00	0.00	0.00
CSZ	0.145	0.144	0.030		0.31	0.48	0.07	0.42	0.08	0.02	0.24	0.44	0.01	0.00	0.00	0.00	0.08	0.03	0.00	0.00	0.00
YJG	0.099	0.126	0.180	0.185		0.06	0.66	0.09	0.54	0.34	0.16	0.03	0.00	0.00	0.00	0.00	0.01	0.00	0.00	0.00	0.00
SSH	0.145	0.177	0.218	0.219	0.000		0.04	0.48	0.03	0.16	0.09	0.07	0.00	0.00	0.00	0.00	0.19	0.00	0.00	0.00	0.00
EDH	0.027	0.020	0.111	0.126	0.055	0.104		0.33	0.02	0.59	0.04	0.12	0.00	0.00	0.00	0.00	0.80	0.00	0.00	0.00	0.00
WMH	0.064	0.104	0.178	0.191	0.003	0.009	0.049		0.70	0.80	0.21	0.39	0.00	0.00	0.00	0.00	0.65	0.00	0.00	0.00	0.00
MT	0.215	0.213	0.067	0.099	0.226	0.278	0.198	0.137		0.13	0.02	0.00	0.00	0.00	0.00	0.00	0.92	0.05	0.00	0.00	0.00
GYSH	0.027	0.054	0.168	0.186	0.166	0.203	0.062	0.111	0.181		0.18	0.36	0.00	0.00	0.00	0.00	0.37	0.00	0.00	0.00	0.00
GLH	0.049	0.068	0.244	0.238	0.146	0.194	0.056	0.126	0.240	0.067		0.69	0.00	0.00	0.00	0.00	0.30	0.00	0.00	0.00	0.00
TMH	0.155	0.186	0.298	0.272	0.266	0.345	0.089	0.218	0.423	0.176	0.048		0.00	0.00	0.00	0.00	0.09	0.00	0.00	0.00	0.00
SQG	0.898	0.921	0.933	0.931	0.916	0.927	0.891	0.890	0.907	0.891	0.891	0.941		0.29	0.55	0.00	0.02	0.00	0.00	0.00	0.00
CQG	0.884	0.910	0.922	0.921	0.903	0.916	0.954	0.875	0.892	0.877	0.876	0.928	0.001		0.80	0.09	0.00	0.00	0.00	0.00	0.00
QKDZ	0.886	0.915	0.930	0.927	0.909	0.922	0.955	0.877	0.896	0.878	0.877	0.940	0.017	0.004		0.09	0.08	0.00	0.00	0.00	0.00
SB	0.890	0.914	0.917	0.916	0.911	0.922	0.879	0.885	0.888	0.882	0.883	0.930	0.054	0.049	0.050		0.00	0.00	0.00	0.00	0.00
SK	0.287	0.288	0.262	0.260	0.295	0.242	0.286	0.286	0.307	0.263	0.280	0.366	0.534	0.518	0.527	0.514		0.00	0.00	0.00	0.00
ANH	0.435	0.478	0.466	0.471	0.476	0.502	0.430	0.440	0.409	0.425	0.428	0.489	0.563	0.543	0.544	0.536	0.450		0.00	0.00	0.00
YXH	0.820	0.863	0.881	0.882	0.847	0.875	0.793	0.806	0.827	0.809	0.804	0.880	0.849	0.801	0.816	0.836	0.846	0.731		0.00	0.00
YJ	0.897	0.908	0.903	0.909	0.901	0.912	0.891	0.895	0.890	0.893	0.890	0.890	0.911	0.894	0.888	0.900	0.873	0.864	0.827		0.00
SNJ	0.961	0.971	0.973	0.973	0.967	0.972	0.955	0.958	0.961	0.958	0.957	0.974	0.975	0.967	0.969	0.968	0.964	0.949	0.929	0.474	
QJ	0.961	0.973	0.977	0.976	0.970	0.975	0.954	0.958	0.963	0.957	0.957	0.983	0.981	0.975	0.980	0.974	0.974	0.952	0.951	0.485	0.557

注：对角线下为成对 F_{ST} 值，对角线上为校正 P 值。

表 3-159　西昌华吸鳅不同地理群体基于线粒体 Cyt b 基因中性检验

群体	Tajima's D	Fu's Fs	SSD	Tau	T（Mya）
ZXH	−1.766 28*	−6.629 51**	0.007 05	2.083 98	0.09
DLH	−1.628 57*	−5.085 77**	0.003 56	1.500 00	0.07
ST	−2.313 80**	−5.263 21**	0.000 63	1.947 27	0.09
CSZ	−1.210 88	−3.160 54*	0.006 29	1.388 67	0.06
YJG	−1.084 67	−1.492 50	0.028 91	2.687 50	0.12
SSH	−1.744 83*	−5.488 53**	0.097 02	2.539 06	0.11
EDH	−1.837 42*	−3.087 13	0.002 59	1.046 88	0.05
WMH	−1.800 91*	−5.488 53**	0.033 09	3.976 56	0.17
MT	−1.783 75*	−6.653 14**	0.006 99	2.330 08	0.10
GYSH	−0.734 59	−1.565 61	0.003 93	3.062 50	0.13
GLH	−0.952 11	−6.021 80**	0.005 95	2.251 95	0.10
TMH	0.709 54	0.414 36	0.012 50	0.966 80	0.04
SQG	−1.495 04	−4.591 97**	0.295 48**	0.000 00	
CQG	−2.059 15**	−3.870 78**	0.006 89	3.121 09	0.14
QKDZ	−1.585 55*	−2.781 60**	0.009 93	1.128 91	0.05
SB	−0.541 89	−3.316 76*	0.019 48	1.523 44	0.07
SK	−1.934 08**	1.379 04	0.035 64	3.000 00	0.13
ANH	−0.408 62	2.975 50	0.326 45**	0.000 00	
YXH	−0.833 79	4.007 33	0.500 00**	0.000 00	
YJ	−2.350 49**	4.856 77	0.017 90	1.052 73	0.05
SNJ	−1.444 77*	−281 387*	0.043 37	1.605 47	0.07
QJ	−1.233 11	1.609 44	0.147 43	3.000 00	0.13

注：* 表示 P < 0.05，** 表示 P < 0.01。

　　根据中性检验结果，对中性检验呈显著负值的几个地理群体进行错配分析及 Bayesian Skyline Plot（BSP）分析，绘制其有效群体大小随溯祖时间的动态变化曲线。结果表明，仅检测到 ZXH、DLH、ST 和 MT 群体错配分析呈单峰分布，但 BSP 分析结果显示仅 DLH 和 MT 群体呈扩张趋势，其余群体均未检测到种群扩张或萎缩（图 3-173）。

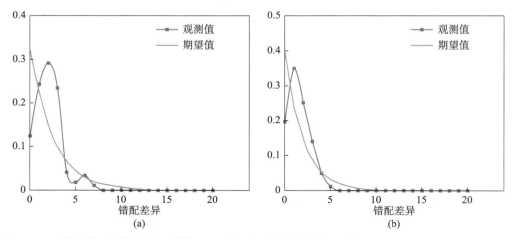

图 3-173　西昌华吸鳅部分地理群体 Cyt b 基因序列的歧点分布图 [（a）～（d）] 及其种群动态随时间变化的 BSP 图 [（a′）～（d′）]

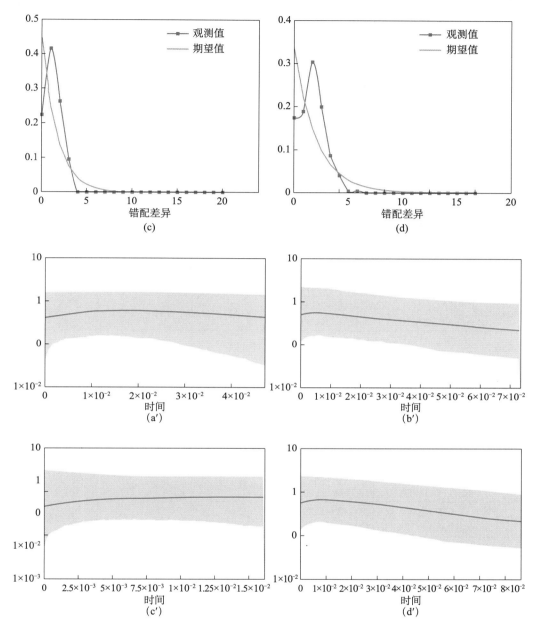

图 3-173　西昌华吸鳅部分地理群体 Cyt *b* 基因序列的歧点分布图 [（a）～（d）] 及其种群动态随时间变化的 BSP 图 [（a′）～（d′）]（续）

3.8.4.2　微卫星 DNA 遗传多样性

自主开发了西昌华吸鳅的微卫星引物，29 对引物显示了较高的多态性，引物基本信息见表 3-160。结果显示，平均等位基因数为 15.1，平均观测杂合度和期望杂合度分别为 0.694 和 0.909，平均多态信息含量为 0.879。

表 3-160　西昌华吸鳅微卫星位点引物信息

位点	引物序列	重复序列	片段大小（bp）	退火温度（℃）
SS010	F:TGACTGATGCATGACGGACT R:GCAAAATGTGCTGCAAGACG	$(TGTA)_{22}$	223～310	55
SS017	F:CGTGATGAAAAACTGCTGCG R:TCACTCGTTCGCTCATTCACT	$(TTCA)_{11}$	97～140	56
SS018	F:GCACCACCCATCTGTTGTTG R:AATCCCACAGCTTTTTCACACA	$(ACAT)_{11}$	128～171	54
SS025	F:GTCCAAAATATCATTTAGCCCAGCA R:AAGGTGGATGGAGGGAAATCTG	$(CTGT)_{21}$	74～157	53
SS030	F:ATCCTGAGCTGTCGCCTTAC R:CAGCGTGCGCCCTAGTTTTA	$(AACA)_{10}$	263～302	60
SS036	F:TGCAGAATGAGGTGGACACA R:ATCAAACTCACAGCTAGGCAG	$(TGTT)_{9}$	248～283	55
SS042	F:GTTTGGCACAGATCTCGGTT R:AAAGTCATAAATCCTGGACAGTT	$(TTCT)_{28}$	164～275	53
SS045	F:CACCCGTCTCACAACATGAC R:ATGCAGCTTTGGCATTGCAC	$(GAT)_{14}$	161～202	55
SS050	F:CACGTGTGATCGCAGACAAA R:GGGAAGGCTTGCTTTACCTTCT	$(ATA)_{10}$	187～216	58
SS051	F:AGGTTTGGGATAAGTTCAGGGAC R:TAACAGATTCCATCCAGGGCT	$(ACA)_{10}$	252～281	55
SS053	F:AGCTCTTAAATAGGCCAAGTGTT R:AAGGTGGTGGTGTTAAGGTGT	$(GATA)_{23}$	134～225	55
SS055	F:AAAACCCTACACACCCTGCTT R:GGCTGCTCATGCAAACCAAT	$(GATA)_{22}$	109～196	55
SS061	F:TTAAACTGACCGGCGAGCAA R:TGTATGTGCAGGATGAGAGCG	$(TCC)_{11}$	119～151	56
SS063	F:GTGCGCCTCGTTGATCTTCT R:AAAAACAGCGTGACGTGGATG	$(GAA)_{11}$	151～183	55
SS064	F: CTATATATAAGCGACGCCGAGC R: ACTGCTCTTTACGTCCTCTGG	$(AGA)_{26}$	105～182	57
SS066	F:TTGCGGCTGTACGCAGAAT R:CGGGATGCGGATGACTACAG	$(CAA)_{12}$	73～108	56
SS073	F:TGATTGCCCAGGTGTGTGTT R:ACACCTGTTCAGTGAATCATCC	$(AAT)_{11}$	195～227	51
SS075	F:GCAGAAAGGTCAGTGTAAGGGA R:CCACAGACTGCACTTGCACA	$(AAT)_{11}$	181～213	54
SS080	F:TGTTAATCTGCTGCCGTGGG R:GGAGCGGGTTAAGAAGACACT	$(GCGT)_{9}$	174～209	55
SS083	F: GCTGATACCTGTTTAGCTGTTGC R: TCCACTCCGTTAGATGAGGTC	$(GATA)_{44}$	125～300	57
SS090	F:GCAGTAGGCAATTTGCAATAAGT R:ATCCACACACACACGACTGG	$(TATC)_{41}$	95～258	53

位点	引物序列	重复序列	片段大小（bp）	退火温度（℃）
SS091	F:GACATTCCCTGATGCGGACA R:TTGCCACAGTCAAAGTGGGT	（CTGT）$_{10}$	124～163	58
SS108	F:GTTTGCGCTTTCTGTGCTGA R:AAGCAACGTCTTTCGGATGC	（GACA）$_9$	205～240	55
SS109	F:TCGTTGTCGTGTAAACAGCC R:CCGTACAGGTGCATGTGACT	（TAT）$_{10}$	73～102	58
SS110	F:GCAGAATGTGCACCTTGGAAA R:ATTGCTGCACATTAGAAGTGG	（ATAC）$_{11}$	128～171	53
SS112	F:ACTTTCATGGCATGTGGTGTG R:TCACACGAAGTGAACTGCCA	（ATCT）$_{12}$	83～130	51
SS116	F:GTCTCTGCTGAGGCAATTCG R:CGCCCATCACTACCGATAACT	（TGA）$_{14}$	204～245	55
SS129	F:TGTGCTGGACAAACATGCTG R:AGGTCAAAGGTTAGTGTTGGGT	（TCA）$_{20}$	211～258	53
SS144	F:CAGCACAAGTGGAAGAACACTTT R:AAAGACCAGTTTAATGGGAGCA	（ATAG）$_{12}$	79～126	54

　　选取多态性较高的20对引物在赤水河及其支流的12个地理群体［扎西河（ZXH）、倒流河（DLH）、水田乡（ST）、赤水镇（CSZ）、余家沟（YJG）、河屯河（SSH）、二道河（EDH）、五马河（WMH）、茅台镇（MT）、观音寺河（GYSH）、古蔺河（GLH）、同民河（TMH）］合计343尾西昌华吸鳅个体进行扩增，分析其遗传多样性和种群分化情况。扩增产物用聚丙烯酰胺电泳检测，并拍照后读取数据。经 microchecker 软件检测有无等位基因缺失，无效等位基因及错误配对后，用 Cervus 软件计算12个地理群体各位点等位基因数、期望杂合度、观测杂合度和多态信息含量等（表3-161）。结果显示，西昌华吸鳅12个地理群体的遗传多样性现状都处于较高水平，其中赤水镇的平均观测杂合度最高，为0.669，而习水河的平均多态信息含量最高，为0.868。茅台镇平均观测杂合度和期望杂合度以及平均多态信息含量均为4个种群中最低。

表3-161　赤水河西昌华吸鳅不同地理群体基于微卫星标记的遗传多样性

群体	样本量（个）	等位基因数（个）	观测杂合度	期望杂合度	多态信息含量	有效种群大小
ZXH	30	13.90±4.42	0.592 3±0.20	0.886 7±0.05	0.857 9±0.06	208.1
DLH	30	13.85±4.23	0.667 4±0.15	0.887 6±0.05	0.858 6±0.06	1 673.5
ST	30	16.00±4.82	0.658 1±0.16	0.910 8±0.04	0.885 6±0.04	470.5
CSZ	30	15.67±4.92	0.683 2±0.18	0.907 2±0.04	0.881 9±0.04	704.7
YJG	25	13.70±4.58	0.607 1±0.17	0.894 1±0.06	0.861 6±0.07	234.1
SSH	30	14.90±4.61	0.598 5±0.19	0.898 2±0.05	0.871 2±0.06	399.3
EDH	30	14.55±4.07	0.638 9±0.16	0.895 7±0.05	0.867 0±0.05	546.7
WMH	30	15.40±4.42	0.699 9±0.14	0.901 2±0.05	0.874 8±0.06	335.7
MT	30	15.40±4.73	0.565 3±0.20	0.883 2±0.07	0.854 7±0.07	105.7
GYSH	30	15.00±4.23	0.652 2±0.16	0.894 5±0.05	0.867 9±0.05	221.3
GLH	30	14.25±4.01	0.670 5±0.14	0.896 5±0.05	0.868 5±0.05	4 370.3
TMH	18	11.70±2.99	0.622 1±0.15	0.891 8±0.04	0.851 3±0.05	300.1

分别计算了不同地理群体间成对 F_{ST} 值并进行了分子变异分析。结果表明，成对 F_{ST} 值虽全部在统计学上显示出极显著（$P < 0.01$），但 F_{ST} 值仅为 0.013 6 ~ 0.056 6（表 3-162）。而 AMOVA 结果则显示赤水河西昌华吸鳅并非地理原因造成隔离的群体结构，97.05% 的分子变异来源于个体内或群体内个体间（表 3-163）。

表 3-162　西昌华吸鳅 12 个地理群体间的遗传分化系数

群体	ZXH	DLH	ST	CSZ	YJG	SSH	EDH	WMH	MT	GYSH	GLH
DLH	0.034 6										
ST	0.021 4	0.033 0									
CSZ	0.026 1	0.036 5	0.025 9								
YJG	0.031 0	0.040 0	0.027 2	0.020 8							
SSH	0.030 0	0.042 5	0.024 1	0.025 9	0.013 6						
EDH	0.026 3	0.039 7	0.023 3	0.023 2	0.027 4	0.024 7					
WMH	0.034 0	0.037 3	0.030 8	0.033 3	0.031 0	0.027 3	0.029 2				
MT	0.037 3	0.054 0	0.040 5	0.027 0	0.045 7	0.038 6	0.038 4	0.034 2			
GYSH	0.048 2	0.054 2	0.047 1	0.032 4	0.045 0	0.039 7	0.042 7	0.035 6	0.033 6		
GLH	0.025 7	0.028 0	0.022 5	0.026 4	0.027 2	0.022 6	0.018 2	0.026 6	0.042 9	0.045 8	
TMH	0.044 8	0.044 7	0.032 3	0.039 6	0.043 7	0.044 7	0.042 9	0.026 8	0.055 3	0.056 6	0.038 0

表 3-163　西昌华吸鳅不同地理群体的分子变异分析

变异来源	自由度	平方和	变异分量	变异百分比（%）
组间	2	39.679	0.012 47	0.21
组内群体间	9	151.518	0.164 59	2.75
群体内个体间	331	2 474.949	1.659 88	27.69
个体内	343	1 426.000	4.157 43	69.36
合计	685	4 092.146	5.994 37	

群体结构分析结果表明，K=3 为群组结构的最大可能值（图 3-174），根据图 3-175 可以大致将 12 个地理群体分为群组 1（POP1、POP2、POP12 和部分 POP8、POP11）、群组 2（POP3、POP4、POP5、POP6、POP7、POP11 和部分 POP9、POP10）和群组 3（一半 POP9 和 POP10）。然而，分属于不同地理群体的个体的群组归属性仍不明确。系统发育分析结果也表明各地理群体未显示出显著分化或构成明确的群体结构（图 3-176）。

通过 BayesAss 软件计算西昌华吸鳅不同群体间双向的近期基因流（m_c），结果见表 3-164。近期基因流分析结果表明平均 m_c 为 0.013 1。其中，TMH 到 WMH 的 m_c 最大，为 0.108 2；YJG 到 SSH 次之，为 0.059 8；而 GYSH 到 ST 的 m_c 最小，仅为 0.007 2。西昌华吸鳅所有群体两两之间均检测到了双向的基因流，但两两群体间彼此不同方向的 m_c 差异较大，特别是 YJG 到 ZXH、YJG 到 SSH、TMH 到 WMH 显著高于相反的方向。随后我们计算了总体迁出率（net emigration rate，即总基因流入减总基因流出），WMH 为所有群体总体迁出率最高的群体。中游的全部 3 个群体（GYSH、GLH 和 TMH）则显示出最高的负总体迁出率，即总体迁入率最高，其中 TMH 总体

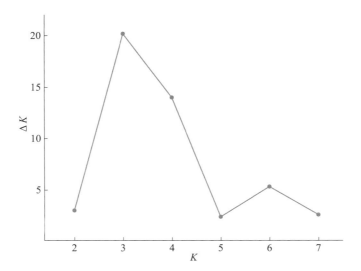

图 3-174　基于 Structure 软件和 Haevester 在线分析的最佳 K 值

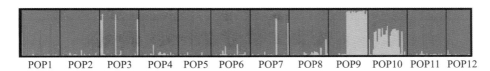

图 3-175　基于 Structure 软件的西昌华吸鳅种群遗传结构分析

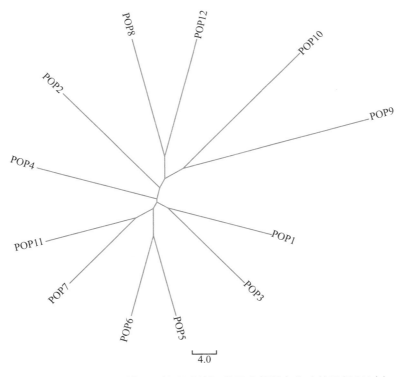

图 3-176　西昌华吸鳅不同地理群体间基于遗传距离构建的无根 NJ 树

迁出率最小，表明 TMH 接受了最多的来自其他地理群体的基因流入。

表 3-164　西昌华吸鳅不同地理群体近期基因流分析结果

群体	→ZXH	→DLH	→ST	→CSZ	→YJG	→SSH	→EDH	→WMH	→MT	→GYSH	→GLH	→TMH
ZXH →		0.009 3	0.008 2	0.007 6	0.008 2	0.009 3	0.009 8	0.010 9	0.008 1	0.008 0	0.008 4	0.007 7
DLH →	0.015 4		0.008 0	0.007 6	0.008 0	0.009 9	0.010 9	0.012 1	0.011 7	0.010 7	0.008 4	0.008 0
ST →	0.013 6	0.008 4		0.007 9	0.007 6	0.008 4	0.008 6	0.008 2	0.022 6	0.008 3	0.009 3	0.007 9
CSZ →	0.008 0	0.007 9	0.022 7		0.008 0	0.011 2	0.007 9	0.007 5	0.016 5	0.007 9	0.007 9	0.008 0
YJG →	0.047 7	0.010 9	0.008 8	0.009 5		0.059 8	0.019 6	0.028 3	0.008 8	0.012 9	0.010 6	0.009 6
SSH →	0.009 6	0.008 1	0.007 5	0.007 7	0.008 0		0.009 1	0.014 9	0.007 9	0.008 0	0.008 3	0.008 3
EDH →	0.010 6	0.008 2	0.007 7	0.007 7	0.008 0	0.014 0		0.016 4	0.013 2	0.008 3	0.011 4	0.007 9
WMH →	0.009 8	0.008 8	0.007 6	0.007 9	0.008 2	0.010 1	0.009 0		0.007 8	0.009 7	0.009 2	0.008 6
MT →	0.007 7	0.008 4	0.035 2	0.012 6	0.008 1	0.008 1	0.009 2	0.017 4		0.008 1	0.008 0	0.007 7
GYSH →	0.010 7	0.007 9	0.007 2	0.008 0	0.007 9	0.014 4	0.009 3	0.015 1	0.009 3		0.009 7	0.007 9
GLH →	0.014 8	0.011 6	0.008 0	0.007 9	0.007 9	0.022 2	0.017 7	0.016 5	0.016 4	0.009 9		0.007 7
TMH →	0.019 8	0.016 6	0.011 1	0.011 3	0.010 9	0.011 7	0.015 6	0.108 2	0.011 1	0.011 2	0.013 2	

MIGRATE 软件计算出突变水平的历史基因迁移率（M）范围为 1.667（DLH 到 ZXH）至 311（CSZ 到 TMH）（表 3-165）。我们通过公式将 M 值转换为 m_h，西昌华吸鳅群体平均 m_h 为 0.014 7，与 m_c 结果相似。同样计算历史基因流与近期基因流的差异，即 $m_c - m_h$，结果显示 $m_c - m_h$ 为 -0.101 0 ~ 0.164 9（平均 $m_c - m_h$ 为 0.001 6），绝大多数两两群体间历史近期基因流变化稳定（121 对两两群体间基因流中，99 对 $m_c - m_h$ 在 ±0.01 之间）。其中，POP4 到 POP12 的历史近期基因流差最大，为 0.164 9；POP1 到 POP12 的历史近期基因流差次之，为 0.135 7。此外，POP12 表现出最小的净迁出率，即 POP12 迁入率显著高于迁出率。

表 3-165　西昌华吸鳅群体间历史基因流分析

群体	→ZXH	→DLH	→ST	→CSZ	→YJG	→SSH	→EDH	→WMH	→MT	→GYSH	→GLH	→TMH
ZXH →		7.667	15.667	8.333	12.333	12.333	10.333	10.333	21	16.333	9	229.667
DLH →	1.667		15	15	6.333	12.333	13.667	21	14.333	20.333	13.667	12.333
ST →	5	13.667		13.667	9.667	13	12.333	23.667	10.333	13	24.333	27.667
CSZ →	23.667	11	17		5.667	15	21.667	17	11	4.333	15	311
YJG →	21	23.667	17.667	15		16.333	17.667	15	22.333	13	25.667	11.667
SSH →	19.667	18.333	21	15.667	11		22.333	24.333	16.333	9	34.333	189.667
EDH →	17	16.333	1.667	9	11	7.667		17.667	16.333	8.333	15	46.333
WMH →	12.333	19.667	22.333	19.667	11	17.667	15.667		19	17.667	15	113.667
MT →	23.667	6.333	29.667	15.667	16.333	12.333	4.333	20.333		17	16.333	26.333
GYSH →	9.667	13.667	13	23	13	11.667	15.667	8.333	21.667		16.333	258.333
GLH →	13	14.333	9	17.667	14.333	13.667	14.333	22.333	14.333	5.667		138.333
TMH →	15.667	11.667	15	23.667	12.333	11.667	15.667	13	22.333	14.333	25.667	

同样对赤水河西昌华吸鳅的个体亲缘关系进行分析。343 尾西昌华吸鳅样本的 Colony 和 ML-relate 的个体亲缘关系分析结果一致，共识别出 83 对半同胞和 39 对全同胞关系，表明没有一个群体的西昌华吸鳅个体是与其他群体相隔离的。见表 3-166，SR% 代表群体内同胞关系，不同群体 SR% 范围为 6.7%～46.7%，其中 POP2 和 POP10 群体内有超过 40% 的个体互为同胞关系。LC% 代表不同群体间的同胞关系，表示不同群体间的扩散能力和基因交流能力，结果表明所有群体 LC% 全部超过 10%，其中 POP10 与其他 11 个群体中的 7 个有同胞关系；相反地，POP6、POP9、POP12 的 LC% 则很低。

表 3-166　西昌华吸鳅 12 个群体基于个体亲缘关系的种群空间连通性矩阵

群体	ZXH	DLH	ST	CSZ	YJG	SSH	EDH	WMH	MT	GYSH	GLH	TMH	SR %	LC %
ZXH	4												13.3	30.0
DLH	1（1）	8（6）											46.7	16.7
ST	—	—	（8）										26.7	30.0
CSZ	—	—	1（1）	2（2）									13.3	20.0
YJG			1	—	4								16.0	36.0
SSH	2	—	1	—	1（2）	2							6.7	23.3
EDH	1	—	—		1	1	4（4）						26.7	16.7
WMH	1	—		1	—	（1）	—	4（2）					20.0	16.7
MT	1		2				1		（4）				13.3	16.7
GYSH	2	2	1	1	1	2	—	4	—	（10）2			40.0	46.7
GLH		1	2		3		2		1	—	2（4）		20.0	33.3
TMH				1				1		—		2（2）	22.2	11.1
平均值													22.1	24.8

注：括号内外数字分别为各群体间全同胞和半同胞对数。SR% 和 LC% 分别代表群体内同胞关系百分比和群体间同胞关系个体百分比。全部结果均选取 95% 以上软件置信率。

3.8.5　小结

西昌华吸鳅一般栖息于水深较浅、水流湍急的山涧溪流，依靠其腹鳍愈合而成的吸盘吸附于砾石之上，主要分布于长江上游部分支流的源头河段。近年来，由于人为原因，河道发生变化，水体底质也随之改变，西昌华吸鳅等小型鱼类的栖息地进一步萎缩。

目前，赤水河仅在源头至上游干支流河段观测到西昌华吸鳅存在一定的种群规模。本研究中，西昌华吸鳅的年龄结构复杂；主要以藻类为食，并且食性存在空间差异以适应不同河段食物特征，其中中游群体多以藻类为食，而源头及上游群体出现无脊椎动物等动物性饵料；繁殖特征显示西昌华吸鳅的绝对繁殖力相对较低，特别是怀卵量之小表明需要保证种群的延续就要保证较高的繁殖群体数量。

基于微卫星和线粒体 Cyt b 基因标记，西昌华吸鳅各地理群体遗传多样性均处于较高水平，具有一定的种群稳定性，符合小型鱼类种群数量大、分布广，且遗传多样性丰富的特点。然而，大多数地理群体的有效群体大小较低，目前表现出缺乏足够的进化潜力来长期适应不同生境。此外，本研究基于微卫星标记对赤水河不同地理群体的遗传结构和空间连通性进行了研究，结果显示，西昌华吸鳅不同地理群体间无遗传分化，没有明确的群体结构，且不同地理群体间也检测到了双向的基因流和不同程度的同胞关系，群体空间连通性较高。赤水河是长江上游目前唯一在干流上没有修建大坝的支流，保持着良好的河流连通性，这也是保证西昌华吸鳅遗传多样性和群体空间连通性较高的重要原因。而习水河由于水电站的建设导致生境破碎化，各群体间基因交流受到阻碍，遗传多样性相对较低，且与赤水河其他地理群体形成了显著的遗传分化。

西昌华吸鳅是我国长江上游地区的特有类群，具有重要的遗传价值和生态价值。近年来野外调查也发现西昌华吸鳅的群体规模呈下降趋势。因此，在未来的渔业资源管理中，首先，应降低人为原因对河道及底质的干扰，保证西昌华吸鳅栖息地不再进一步遭到破坏和阻隔；其次，要特别针对西昌华吸鳅繁殖力较低的特点，加强资源量的评估，同时要保障较高的繁殖群体数量；再次，还应加强对西昌华吸鳅早期胚胎发育的研究，以保证其获得较高的繁殖成功率，以延续其遗传多样性和群体生存力；最后，西昌华吸鳅对水质要求极高，其栖息地一般都是清澈见底的潺潺溪流，在今后的管理中也应加大赤水河水质的保护力度，为长江上游特有水生生物资源提供良好的栖息环境。

（张智、秦强）

3.9　大鳍鳠

大鳍鳠［*Mystus macropterus*（Bleeker）］隶属于鲇形目（Siluriformes）鲿科（Bagridae）鳠属（*Mystus*），俗称"石胡子""石扁头"等，广泛分布于长江和珠江水系，在长江上游的部分干支流往往成为优势种类，是一种喜急流性的底栖鱼类。

体长形，头扁平，背鳍后身体逐渐侧扁。吻扁圆。口亚下位，口裂宽阔。上颌略长于下颌，上、下颌及腭骨均具绒毛状细齿。唇厚，上下唇联合于口角处，唇后沟不连续。须4对，均较长。上颌须末端超过胸鳍。外侧颏须可达胸鳍基。眼中等大，位于头背侧；眼间宽，较平坦。鼻孔分离，后鼻孔距眼前缘比前鼻孔远。鳃孔大，左右鳃膜联合但不与峡部相连。

背鳍i-7，胸鳍i-9，腹鳍i-5，臀鳍条13～15。第一鳃弓外侧鳃耙数15～19。脊椎骨5+51～52+1。鳔大，1室。腹腔膜为白色。

背鳍棘较弱，后缘光滑无锯齿。胸鳍棘发达，长于背鳍棘，前缘具小锯齿，后缘具粗锯齿。腹鳍扇形，末端远不及臀鳍起点。脂鳍甚长，约为臀鳍基的3倍，其起点接近背鳍，末端不游离，与尾鳍相连处为缺刻。尾鳍凹形，上叶稍长于下叶。肛门近腹鳍基部，而远离背鳍起点。

体裸露无鳞，侧线平直。体侧灰黑色，侧线以上体色较深。腹面白色。部分个体体侧具深褐色斑点（图3-177）。

图 3-177　大鳍鳠活体照（邱宁　拍摄）

目前，对于大鳍鳠的基础生物学特征已有一些研究，包括年龄与生长（周仰璟，1983；王德寿和罗泉笙，1993；周元建和关则良，1998）和繁殖生物学等（王德寿和罗泉笙，1992；金灿彪等，1994）。但是，这些研究均集中在嘉陵江流域，对于其他河流大鳍鳠的生物学特征尚缺乏报道。

调查表明，大鳍鳠是赤水河鱼类群落的主要优势种类，在维持鱼类群落结构稳定以及河流生态系统健康方面具有重要的作用。然而，目前有关赤水河大鳍鳠基础生物学特征方面的资料较为缺乏（吴金明等，2011）。因此，本研究根据 2007 年 6 月至 2008 年 5 月在赤水河中游赤水市江段采集的 511 尾样本，对大鳍鳠的年龄与生长、食性和繁殖等基础生物学特征进行了初步研究，同时与嘉陵江下游大鳍鳠的基础生物学特征进行比较，探讨其对赤水河独特水域生态环境的适应机制，同时也为赤水河鱼类资源保护提供科学依据。

3.9.1　年龄与生长

3.9.1.1　体长与体重

1. 体长与体重结构

2007 年 6 月至 2008 年 5 月在赤水河中游的赤水市等江段采集大鳍鳠 511 尾，样本体长范围为 83 ～ 357mm，平均体长（193.0±43.3）mm，优势体长范围为 100 ～ 250mm，占总样本量的 90.2%（图 3-178）；体重范围为 6.5 ～ 336.4g，平均体重（73.7±47.2）g，绝大部分个体体重在 100g 以下，占总样本量的 78.3%（图 3-179）。

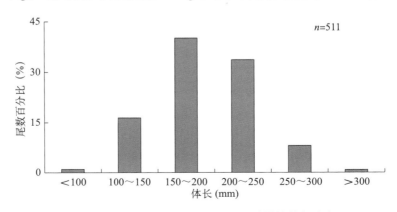

图 3-178　2007—2008 年赤水河大鳍鳠的体长分布

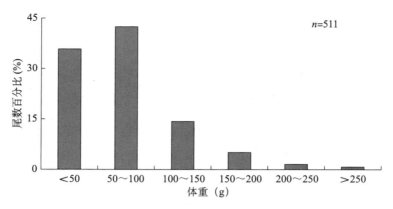

图 3-179　2007—2008 年赤水河大鳍鳠的体重分布

2. 体长与体重关系

采用不同的方程对赤水市江段采集的 511 尾大鳍鳠的体长与体重关系进行拟合，选择相关系数最高者作为最适方程（图 3-180）。结果显示，大鳍鳠的体长和体重关系符合幂函数公式如下。

$W = 6 \times 10^{-5} L^{2.638}$（$R^2 = 0.937$，$n=511$）。

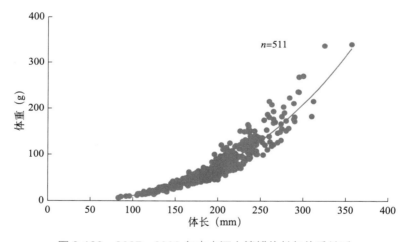

图 3-180　2007—2008 年赤水河大鳍鳠体长与体重关系

3.9.1.2　年龄

1. 年轮特征

选取大鳍鳠的左右胸鳍棘和星耳石作为年龄鉴定材料。胸鳍棘煮沸 3 ～ 5min，脱去黏附的肌肉和结缔组织，晾干后确定胸鳍棘横截面，截取 1 ～ 1.5mm 骨片，用硅胶黏合于载玻片上，依次用 250 ～ 1 200 号的砂纸打磨，并用抛光纸进行抛光，直至年轮清晰可见。

以胸鳍棘作为主要的鉴定材料。胸鳍棘上的年轮由一条宽带和一条窄带构成，窄带的透光性较宽带好，但在高龄鱼的后几轮，窄带的边缘通常会出现一条深色环纹。

星耳石为对照材料，年轮特征主要表现为深色环纹（图 3-181）。两种材料的吻合率为 83.3%（*n*=254），表明用胸鳍棘来鉴定大鳍鳠年龄是比较可靠的。胸鳍棘上新轮形成的高峰期在 6—7 月（表 3-167），与大鳍鳠在赤水河中的繁殖时间吻合。

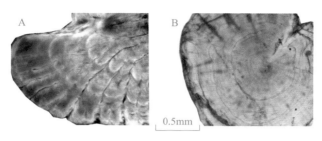

图 3-181　大鳍鳠的年轮特征
A—胸鳍棘，B—星耳石；箭头及数字表示年轮

表 3-167　2007—2008 年赤水河大鳍鳠新轮形成时间

年份	2007							2008				
月份	6	7	8	9	10	11	12	1	2	3	4	5
样本量（个）	80	50	50	50	50	54	23	7	21	34	28	64
新轮形成样本量（个）	46	37	40	43	45	51	23	0	2	4	4	20
新轮形成率（%）	57.5	74.0	80.0	86.0	90.0	94.4	100	0.0	9.5	11.8	14.3	31.3

2. 年龄结构

511 尾大鳍鳠样本包括 1～7 龄 7 个年龄组，其中以 2 龄比例最高，占总样本量的 38.9%；其后依次为 3 龄和 1 龄，分别占 31.2% 和 17.0%；4 龄及 4 龄以上个体占比较小（图 3-182）。

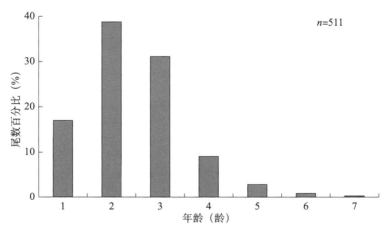

图 3-182　2007—2008 年赤水河大鳍鳠的年龄分布

对 2007 年 6 月 74 尾样本中 2～4 龄雌雄样本的体长与体重进行检验（表 3-168），结果显示大鳍鳠雌雄个体的生长无明显差异。因此，在随后的分析过程中，将雌雄汇

总之后一起进行分析。

表 3-168　2007 年 6 月赤水河大鳍鳎样本的实测体长和体重

年龄（龄）	样本量（尾）（雌雄性比）	体长（mm）			体重（g）		
		雌性	雄性	P	雌性	雄性	P
2	39（22：17）	162.9 ± 19.9	151.4 ± 24.2	0.109	42.4 ± 13.2	36.9 ± 17.5	0.275
3	24（11：13）	187.8 ± 33.0	199.4 ± 26.6	0.352	66.6 ± 32.2	75.8 ± 35.3	0.518
4	11（6：5）	229.5 ± 24.5	203.4 ± 32.5	0.162	115.6 ± 29.4	86.0 ± 34.4	0.158

3.9.1.3　生长特征

1. 体长与胸鳍棘的关系

2007—2008 年赤水河 511 尾大鳍鳎的体长和胸鳍棘半径关系拟合结果表明，两者呈显著直线相关（图 3-183），其回归方程如下。

$L=200.0R-49.2$（$R=0.971$，$n=511$）。

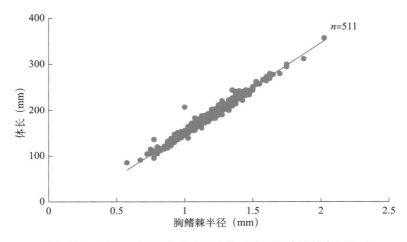

图 3-183　2007—2008 年赤水河大鳍鳎体长与胸鳍棘半径关系

2. 退算体长

确定体长与胸鳍棘半径的公式后，根据胸鳍棘上以往年轮的轮径，退算得到 2007—2008 年赤水河大鳍鳎不同年龄阶段的体长。配对 t 检验显示，退算体长与实测体长之间无显著差异（$P > 0.05$），说明退算体长比较可信（表 3-169）。

表 3-169　2007—2008 年赤水河大鳍鳎的实测体长与退算体长

年龄（龄）	样本量（尾）	实测体长（mm）	退算体长（mm）						
			L_1	L_2	L_3	L_4	L_5	L_6	L_7
1	54	112.4	123.41						
2	134	152.6	139.87	163.58					
3	110	186.0	132.48	167.46	191.04				

年龄（龄）	样本量（尾）	实测体长（mm）	退算体长（mm）						
			L_1	L_2	L_3	L_4	L_5	L_6	L_7
4	32	217.3	124.27	156.93	192.62	217.40			
5	10	239.9	118.06	159.97	197.67	219.52	256.21		
6	2	276.8	107.38	141.55	178.69	199.45	234.81	281.18	
7	1	321.8	85.26	127.56	169.87	212.17	279.85	279.85	311.01
平均退算体长（mm）			102.80	143.78	182.02	217.70	250.98	282.04	311.01

3. 生长方程

根据 2007—2008 年赤水河大鳍鳠各龄退算体长建立 Walford 方程，按照最小二乘法求出生长方程中的 L_∞= 714.5 mm，k=0.07/a，t_0=−1.240 龄，得 Bertalanffy 体长生长方程为：L_t= 714.5$[1-\mathrm{e}^{-0.07(t+1.240)}]$，再根据 $W=6\times10^{-5}L^{2.638}$，求出体重的生长方程为：$W_t$=2027.6$[1-\mathrm{e}^{-0.07(t+1.240)}]^{2.638}$。计算大鳍鳠各龄的理论体长和理论体重，绘制生长曲线。大鳍鳠的体长生长曲线是一条不具拐点的曲线，而体重生长曲线是一条不对称的 S 形曲线（图 3-184）。

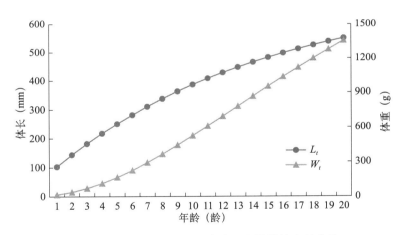

图 3-184　2007—2008 年赤水河大鳍鳠的生长曲线

分别对生长方程求一阶、二阶导数，得到大鳍鳠的生长速度和加速度方程如下。

$\mathrm{d}L/\mathrm{d}t = 49.55\,\mathrm{e}^{-0.07(t+1.240)}$，

$\mathrm{d}W/\mathrm{d}t = 370.94\mathrm{e}^{-0.07(t+1.240)}[1-\mathrm{e}^{-0.07(t+1.240)}]^{1.638}$；

$\mathrm{d}^2L/\mathrm{d}t^2 = 3.44\,\mathrm{e}^{-0.07(t+1.240)}$，

$\mathrm{d}^2W/\mathrm{d}t^2 = 25.72\mathrm{e}^{-0.07(t+1.240)}[1-\mathrm{e}^{-0.07(t+1.2399)}]^{0.638}[2.638\,\mathrm{e}^{-0.07(t+1.240)}-1]$。

根据上述 4 个方程，得到大鳍鳠的体长和体重生长速度和生长加速度曲线（图 3-185、图 3-186）。

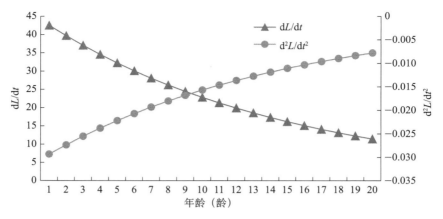

图 3-185 2007—2008 年赤水河大鳍鳠体长生长速度和生长加速度随年龄变化曲线

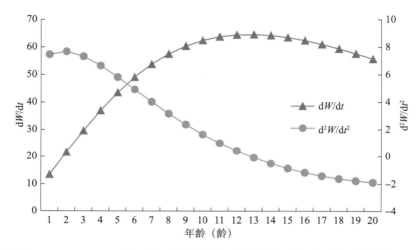

图 3-186 2007—2008 年赤水河大鳍鳠体重生长速度和生长加速度随年龄变化曲线

上述结果显示，大鳍鳠的体重生长速度具有明显的拐点，拐点年龄 $t_i = \ln b/k + t_0 =$ 12.7 龄，拐点年龄前体重增长速度为递增阶段，但递增速度逐渐下降；12.7 龄时，体重增长速度达最大值，生长加速度为 0；12.7 龄后，体重生长加速度为负增长。拐点年龄时的体长和体重分别为 443.7mm 和 576.8g。体长生长速度曲线不具拐点，随年龄的增加，dL/dt 不断递减，开始降低较快，逐渐减缓，最后趋于零。而 d^2L/dt^2 一直为负值，其值随着年龄的增加而增加，表明其体长生长速度减少的程度随着年龄的增加而减小。

4. 生长指标

根据大鳍鳠的退算体长和体重计算体长年增量、生长比速、生长常数和体重年增量等指标。结果显示，体长年增量、生长比速和生长常数在 1 ~ 2 龄时最高，随着年龄的增加而逐年减少；体重年增量逐渐增加，在 6 ~ 7 龄时达到最大值（表 3-170）。这一结果与生长速度与生长加速度曲线吻合。

表 3-170 2007—2008 年赤水河大鳍鳠的生长指标

年龄（龄）	退算体长（mm）	退算体重（g）	体长年增长量（mm）	生长比速	生长常数	体重年增长量（g）
1	102.80	15.01				
2	143.78	36.92	40.98	0.34	0.50	21.91
3	182.02	69.51	38.24	0.24	0.59	32.59
4	217.70	112.36	35.68	0.18	0.63	42.85
5	250.98	164.59	33.29	0.14	0.64	52.23
6	282.04	225.07	31.06	0.12	0.64	60.49
7	311.01	292.60	28.97	0.10	0.64	67.53

比较发现，赤水河大鳍鳠的退算体长、退算体重、体长年增长量和体重年增长量均高于嘉陵江（表 3-171）。

表 3-171 赤水河与嘉陵江大鳍鳠的生长指标比较（王德寿和罗泉笙，1993）

年龄（龄）	退算体长（mm）		退算体重（g）		体长年增长量（mm）		体重年增长量（g）	
	赤水河	嘉陵江	赤水河	嘉陵江	赤水河	嘉陵江	赤水河	嘉陵江
1	102.80	95	15.01	16.1				
2	143.78	145	36.92	34.6	40.98	38	21.91	18.5
3	182.02	188	69.51	60.9	38.24	35	32.59	26.3
4	217.70	232	112.36	94.7	35.68	34	42.85	33.8
5	250.98	267	164.59	135.0	33.29	31	52.23	40.3
6	282.04	299	225.07	180.9	31.06	29	60.49	45.9
7	311.01	323	292.60	231.1	28.97	27	67.53	50.2
8	—	346	—	284.2	—	24		53.1
9	—	372	—	338.6	—	23		54.4
10	—	—	—	393.0	—	20		54.4

3.9.2 食性

根据 2012 年采集的 13 尾样本对大鳍鳠的食物组成进行了分析。结果表明，赤水河大鳍鳠主要摄食各种底栖无脊椎动物，如蜻蜓目幼虫、石蝇、石蚕、蜉蝣、虾类和蟹类等（刘飞，2013）。

周仰璟（1983）研究表明，嘉陵江支流涪江和渠江大鳍鳠体长小于 20mm 的个体主要摄食水生昆虫，其次为虾、蟹和水蚯蚓等；体长大于 20mm 个体则主要摄食小鱼，但水生昆虫和蟹的出现率仍然比较高。

综上所述，大鳍鳠是一种食谱相对较广的底栖肉食性鱼类。

3.9.3 繁殖

3.9.3.1 副性征

大鳍鳠无泌尿生殖窦，难以从外形上区分雌雄。在繁殖季节，雌鱼腹部由于卵巢发育而逐渐膨大，黄色的卵巢透过体壁使得鱼类后腹部呈现淡黄色，这时可以从外观上较好地辨别雌雄（王德寿和罗泉笙，1992）。

3.9.3.2　性比

2007—2008 年赤水河解剖的 511 尾样本中，有 463 尾样本的性别可以辨认，其中雌性 236 尾，雄性 227 尾。卡方检验表明，雌雄性别符合 1∶1 的性别比例（X^2=0.175，$P > 0.05$）。

3.9.3.3　繁殖时间

对 2007—2008 年赤水河大鳍鳠性体指数（GSI）的季节变化趋势进行了分析。结果表明，雌性的 GSI 从 4 月开始上升，6 月达到最高值（5.95），之后开始下降，9 月以后一直保持在较低水平；雄性 GSI 值较低，但是季节变化趋势与雌性基本一致，最高值出现在 5 月（图 3-187）。

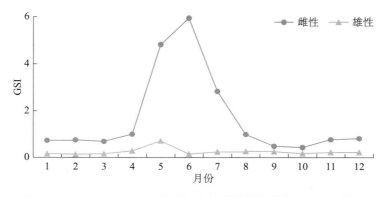

图 3-187　2007—2008 年赤水河大鳍鳠性体指数的周年变化情况

在赤水市江段进行的鱼类早期资源调查中，每年 5—7 月均可以采集到大鳍鳠的初孵仔鱼。结合性体指数的变化情况，可以推断赤水河中下游大鳍鳠的繁殖时间为 5—7 月。

3.9.3.4　初次性成熟大小

在性腺发育已达Ⅲ期及以上的个体中，雌性最小个体的体长和体重分别为 204mm 和 88.1 g，年龄为 3 龄；雄性最小体长的体长和体重分别为 192mm 和 58.0g，年龄为 2 龄。

与嘉陵江群体相比，赤水河大鳍鳠最小性成熟个体的体长和体重均大些，但是最小性成熟个体的年龄与嘉陵江群体基本一致（周仰璟，1983；王德寿和罗泉笙，1992）。

3.9.4　小结

大鳍鳠是赤水河中下游鱼类群落的主要优势种类，在赤水市和合江县等江段渔获物中的重量百分比和尾数百分比高达 10% 以上，在维持赤水河鱼类群落结构稳定以及河流生态系统健康方面具有重要的生态作用。本研究表明，大鳍鳠是一种生长较为缓慢、性成熟相对较晚的底栖肉食性鱼类。与嘉陵江群体相比，赤水河大鳍鳠的生长速度明显要快，体长年增长量和体重年增长量均高于嘉陵江群体，并且初次性成熟个体的体长和体重均高于嘉陵江群体。不同河流水域生态环境的差异可能是造成这一现象的主要原因。赤水河是目前长江上游为数不多的仍然维持着自然流态的大型一级支流，底栖动物等水体饵料生物非常丰富，并且人类活动强度相对较小，可以保证鱼类的快速生长。

（吴金明、刘飞）

第4章

赤水河鱼类资源保护对策

4.1 赤水河鱼类多样性现状与保护价值

长江上游是我国鱼类资源最为丰富的地区之一,共分布有鱼类 286 种,其中仅分布于长江上游地区的特有鱼类多达 124 种(何勇凤,2010)。这些特有鱼类极大地丰富了长江上游的水生生物多样性,为我国淡水渔业可持续发展提供了物种基础,同时也是长江上游水域生态系统的重要组成部分,具有重要的生态价值和科研价值。部分特有鱼类曾经还是产区的重要经济鱼类,如圆口铜鱼、圆筒吻鮈、岩原鲤和青石爬鳅等。

与此同时,长江上游也是我国水能资源最为丰富的地区,水能资源蕴藏量达 21 857 万 kW,可开发量为 17 075 万 kW,占全流域可开发量(19 700 万 kW)的 86.6%(孙洪烈,2008)。根据国务院 1990 年批准的《长江流域综合利用规划简要报告》,金沙江干流下游规划有 4 个梯级电站,总装机容量达 3 790 万 kW。另外,金沙江下游的主要支流也规划了大量的梯级电站,其中雅砻江分 21 级开发,总装机容量为 2 235 万 kW;大渡河干流双江口以下和岷江分布规划了 16 个和 17 个梯级电站。这些梯级电站建设运行后,长江上游河流生态系统的结构和功能将发生变化,生活在此区域的珍稀特有鱼类将受到不同程度的不利影响。

为了保护长江上游珍稀特有鱼类,2005 年 4 月国务院办公厅批准成立了"长江上游珍稀特有鱼类国家级自然保护区"。该保护区地跨云南、贵州、四川和重庆三省一市,是我国最长的河流型自然保护区,保护范围包括向家坝至重庆地维大桥之间的长江干流以及赤水河和岷江等支流河段,受保护河段长达 1 162.61 余千米,总面积 33 174.21 万 m^2,保护对象为白鲟、长江鲟和胭脂鱼这 3 种珍稀鱼类和其他 67 种长江上游特有鱼类及其赖以生存的栖息环境。

在长江上游珍稀特有鱼类国家级自然保护区范围内,赤水河是一个与保护区其他部分既紧密联系,而又相对独立的系统。它发源于乌蒙山北麓的云南省镇雄县赤水源镇,全长 437km,流域面积 21 010km^2。目前,赤水河干流扎西河河口以下干流江段尚未修建任何大坝,仍然保持着自然的河流特征,并且流程长、流量大、水质良好、河流栖息环境复杂多样、人类活动相对较少、着生藻类和底栖无脊椎动物等饵料生物丰富,是鱼类理想的栖息地和繁殖场所。

　　调查表明，赤水河鱼类多样性非常丰富，共分布有土著鱼类150种，其中长江上游特有鱼类40余种，约占长江上游珍稀特有鱼类国家级自然保护区特有鱼类总数的2/3。高体近红鲌、黑尾近红鲌、半𩾃、张氏𩾃、厚颌鲂、宽口光唇鱼、岩原鲤、昆明裂腹鱼、双斑副沙鳅、四川华吸鳅和西昌华吸鳅等特有鱼类虽然在保护区其他江段也有分布，但是以赤水河的种群规模最大，可以说赤水河是它们最重要的栖息地和繁殖场所；部分特有鱼类，如四川白甲鱼、鲈鲤、汪氏近红鲌、伦氏孟加拉鲮和青石爬𫠆等，虽然在保护区其他江段已经多年未见踪迹，但是仍然可以在赤水河采集到标本，显示赤水河可能是它们最后的栖息地和繁殖场所；宽唇华缨鱼则是唯一仅分布于赤水河的长江上游特有鱼类，其模式产地为赤水河最大支流桐梓河高桥镇附近，近年调查表明宽唇华缨鱼在赤水河的源头江段及部分上游支流也有分布。可见，赤水河在长江上游特有鱼类保护方面具有重要的地位和价值。

4.2　赤水河鱼类生物学特征与环境适应

　　赤水河作为目前长江上游唯一一条干流江段尚未修建任何大坝，仍然保持着自然水文和水温节律的大型一级支流，河流生境独特而自然。鱼类在长期的自然选择过程中形成了一系列与赤水河河流环境相适应的生物学特征。

　　生长方面，赤水河鱼类体长与体重关系的 b 值高于其他河流的同种鱼类，如黑尾近红鲌和张氏𩾃等。研究表明，b 值反映了鱼体生长过程中体重瞬时增长率与体长瞬时增长率之比，b 值越高，表明鱼体越丰满，营养状况和环境条件越佳（殷名称，1995）。赤水河鱼类拥有较高的体长与体重关系 b 值，反映赤水河的营养状况和环境条件可能优于其他河流。此外，赤水河黑尾近红鲌、张氏𩾃、厚颌鲂和大鳍鳠等鱼类的极限体长、极限体重和生长速度等生长参数均高于龙溪河和嘉陵江等其他河流种群。与龙溪河和嘉陵江等河流相比，赤水河河流自然环境条件保持良好，底栖动物等水体饵料生物非常丰富，并且人类活动强度相对较小，可以保证鱼类的快速生长；而龙溪河和嘉陵江等长江上游其他支流受人类活动影响较大，水电梯级开发、水污染和非法捕捞等使得水体理化环境以及饵料生物发生了明显的变化，严重干扰了鱼类的生长与繁殖活动，进而使得鱼类出现种群小型化的趋势。

　　食性方面，赤水河鱼类的食物组成较其他河流更为复杂多样，并且底栖无脊椎动物等动物性成分的比例相对较高。例如，龙溪河厚颌鲂主要摄食藻类和水生植物，而赤水河厚颌鲂主要摄食淡水壳菜等无脊椎动物；此外，赤水河支流习水河黑尾近红鲌的食物中出现了淡水壳菜和华溪蟹等底栖动物，这在龙溪河种群的食物中是没有的。不同河流的栖息地环境差异是造成出现这种现象的原因。受水电开发和水污染等人类活动影响，龙溪河目前已经变成一个个梯级水库群，流水生境基本丧失，水体富营养化程度日益严重，使得适应急流生活的敏感性底栖动物类群明显减少，而藻类和水生植物相对较为丰富，所以鱼类主要摄食藻类和水生植物；与之相反，赤水河目前仍然维持着自然的流水生境以及天然的石质底质，有利于淡水壳菜、蜉蝣和石蝇等底栖无脊椎动物的生存与发展，因此鱼类以水体中营养价值较高的底栖无脊椎动物为主要食物来源。

繁殖方面，赤水河黑尾近红鲌和大鳍鳠等鱼类的性成熟年龄与其他河流基本一致，但是对应的最小性成熟体长和最小性成熟体重相对较高，这进一步印证了赤水河鱼类具有较高的生长速度。此外，赤水河黑尾近红鲌的相对怀卵量低于龙溪河等支流，表明其繁殖投入相对较低，这可能与赤水河相对较为稳定的水域生态环境有关。

遗传多样性方面，赤水河黑尾近红鲌和厚颌鲂等鱼类的遗传多样性明显高于龙溪河和木洞等种群，并且赤水河不同江段及其与长江上游干流木洞等江段的同种种群不存在遗传分化，表明赤水河不同江段及其与长江上游干流的基因交流较为频繁。目前，赤水河干流尚未修建大坝，可以保证鱼类在赤水河不同江段以及长江上游江段之前的自由迁移，很多鱼类正是依靠这种迁移来完成其生活史过程，也正是由于这种迁移使得不同江段之间基因交流较为频繁，进而维持较高的遗传多样性。

总体而言，赤水河鱼类在生长、食性、繁殖和遗传等方面均表现出一系列的适应性特征，从而保证了物种的延续与种群的发展。

4.3　赤水河鱼类资源变化原因

与历史调查资料相比，赤水河鱼类资源表现出了一定的衰减趋势，如部分特有鱼类分布范围缩小、低龄化和小型化趋势加剧和遗传多样性下降等。造成这种现象的原因是多方面的，包括过度捕捞、水工程建设和水污染等，并且绝大部分情况下，是多种因素共同作用的结果。

4.3.1　过度捕捞

捕捞活动直接或间接影响着鱼类资源的变化，其直接影响包括选择性捕捞某些目标种类，导致其生长速度、死亡率、繁殖力和补充量发生变化；同时，捕捞活动通过捕获一些非目标对象或者改变鱼类的栖息地状况间接影响着鱼类群落结构，导致鱼类群落的生物量、物种组成、捕食者与猎物的关系以及体长结构等发生变化（Bianchi et al.，2000）。2021 年长江流域全面禁捕前登记在册的专业捕捞渔船多达 3 万多艘，专业捕捞渔民超过 14 万人，渔业捕捞强度之大，远远超过鱼类资源的承载力（长江渔业资源管理委员会办公室，2012；赵依民，2017）。

由于历史和社会原因，长江上游珍稀特有鱼类国家级自然保护区成立之初，保护区内的商业捕捞活动并没有立刻被取缔。高强度的捕捞给鱼类资源恢复造成了相当大的压力；此外，电鱼和毒鱼等非法捕捞活动的屡禁不止以及地笼和滚钩等非法渔具的广泛使用进一步加剧了珍稀特有鱼类资源衰退的趋势。部分珍稀特有鱼类经济价值大，使得其更是成为非法捕捞的重点对象。例如，由于肉质细嫩、味道鲜美等原因，岩原鲤一直是长江上游地区的高档食用对象，在四川、贵州和重庆等地的售价一般在300 元 / 斤以上，并且往往供不应求。巨额的经济利润驱使不法分子对其进行选择性的大肆捕捞，有时甚至不择手段。2019 年 1 月 18 日，赤水市葫市警方查获的一起非法电捕鱼案件中，犯罪嫌疑人采用电捕设备非法捕捞鱼类 50 余斤，其中包括岩原鲤

30余斤。岩原鲤等珍稀特有鱼类的种群数量本来就有限，酷捕滥渔无疑进一步加剧了其种群衰退的趋势。

4.3.2　水工程建设

水工程建设对鱼类最为直接的影响包括阻断洄游性鱼类的洄游通道和破坏喜急流性鱼类的栖息生境。长江上游特有鱼类在长期的自然选择过程中，形成了一系列与长江上游河流生态环境高度适应的形态特征和生活习性，对水域生态环境变化尤为敏感。例如，圆口铜鱼是一种典型的河道洄游性鱼类，其产卵场主要分布于金沙江中下游以及雅砻江干流的下游，亲鱼在具有卵石底质的急流浅滩处产卵，受精卵在漂流的过程中发育并孵化，当长成至幼鱼或亚成鱼后，开始向上游迁移（刘乐和等，1990）。

此外，梯级电站建设使得原本自然流淌的河流变成静水或缓流水库群，适应急流生活鱼类的适宜栖息地和繁殖场所大面积丧失（栾丽等，2016）；梯级电站调度还改变了河流的水温节律和径流过程，进而对鱼类的生长和繁殖造成不利影响（曹文宣，1983）。

虽然赤水河干流扎西河河口以下江段目前尚未修建任何水电工程，仍然维持着近乎自然的流态，但是源头江段和支流水电开发形势依然严峻。据不完全统计，目前赤水河流域范围已经建有各级水电站370余座，这些电站几乎遍布流域内的所有大小支流，其中赤水河第一大支流桐梓河目前已经修建梯级电站近40座，第二大支流习水河和第三大支流二道河目前已经分别修建梯级电站50余座和10余座。受梯级电站建设影响，目前铜车河、倒流河、习水河和大同河等支流脱水现象非常严重，使得珍稀特有鱼类的栖息地被严重压缩；铜车河和习水河部分江段甚至几近干涸，鱼类基本消失。

4.3.3　水污染

随着流域人口数量的快速增长和经济社会的迅猛发展，越来越多的生活污水和工农业废水被排放到自然河流中，使得长江上游污染程度日益加剧，鱼类的生存环境不断恶化。由于污水排放，沱江部分江段特有鱼类基本绝迹；作为黑尾近红鲌重要栖息地的龙溪河由于受工业污染影响，水质常年为Ⅳ类，使得黑尾近红鲌的种群维持受到严重影响。

赤水河水质整体较好，但是部分江段水质污染现象仍然较为严重。工业废水、农业面源污染和城镇生活污水是影响赤水河水质的主要因素。资料显示，赤水河流域有酿酒、煤矿等主要企业1 200多家，年排放生产废水983.2万t、化学需氧量1.2万t、氨氮255t；流域现有规模化畜禽养殖121家，年排放化学需氧量538t、氨氮108t、总氮215.5t。流域年排放二氧化硫7.87万t、氮氧化物1.08万t。

受城镇生活污水和工农业污染影响，赤水河源头的板桥江段以及扎西河、盐津河和古蔺河等支流水体污染非常严重，特有鱼类基本绝迹，或者仅能生活一些耐污能力较强的种类，如鲤、鲫和麦穗鱼等。

4.4　鱼类资源保护措施与建议

4.4.1　加强渔政管理，巩固禁渔成效

为进一步贯彻落实党中央国务院《关于加快推进生态文明建设的意见》，共抓大保护，不搞大开发，更好地修复水域生态环境，2016 年 12 月 27 日，农业部发布《关于赤水河流域全面禁渔的通告》，宣布从 2017 年 1 月起开始在赤水河实施全面禁渔。监测表明，作为国内首条全面禁渔的试点河流，目前赤水河的禁渔效果已经初步显现，鱼类资源得到了一定程度的恢复。但是，在部分地理位置偏僻、渔政执法能力薄弱的地方，非常捕捞活动仍然非常猖獗。因此，建议在长江上游其他江段尽快实施全面禁渔，推动渔民转产上岸；同时，建议渔政部门严格执行《中华人民共和国渔业法》，严厉打击电鱼、毒鱼、炸鱼和绝户网等非法捕捞方式以及制造和销售非法捕捞渔具的违法行为，保障鱼类资源自然增殖。

4.4.2　实施生态修复，恢复河流生境

受水工程建设影响，目前长江上游江段的水域生态环境发生了明显的变化，鱼类等水生生物因此受到了较为严重的不利影响。建议对金沙江下游已建电站实施统一调度，保证足够的下泄生态流量；科学评估支流水工程对鱼类资源的影响，对于一些效率低下、生态危害较大的小型水电站予以拆除，恢复河流自然生境。同时，对部分代表性支流实施生态修复，重新恢复江河联系。例如，在雅砻江的主要支流安宁河、岷江的主要支流青衣江、赤水河的主要支流桐梓河和习水河实施重大生态修复工程，拆除这些支流的电站大坝和引水式电站的壅水堰和引水管道等设施，恢复河流的自然流态和自然水文节律，为一些喜流水性的长江上游珍稀特有鱼类提供理想的栖息环境。

4.4.3　加强水污染防治，改善河流水质

清洁的水源不仅是鱼类等水生生物赖以生存的物质基础，同时也是人类生存和发展的根本条件。目前，长江上游部分水域水污染形势依然严峻。因此，亟须对这些河流进行环境综合整治与水生态修复。针对赤水河流域，应重点加强镇雄县、威信县、仁怀市和古蔺县生活污水、垃圾处理设施的建设和管理，完善收集管网和垃圾收运设施。强化工业污染源整治，推进再生水利用试点。加快推进农村环境综合治理，加强农业面源污染防治，大力实施农村人工湿地污水处理、垃圾收运处置及畜禽粪便处理和综合利用。

4.4.4　加强科学研究，建立适应性管理机制

长江上游鱼类资源丰富、特有程度高，但是目前绝大部分种类的基本生物学和生态学信息仍然非常缺乏，使得无法准确评估其种群状态，同时也不利于人工繁殖等相关保护工作的开展。因此，建议全面调查长江上游特有鱼类的物种数量、地理分布、

种群状况、受威胁程度和潜在威胁因素，系统开展鱼类基础生物学和生态学研究，重点研究珍稀特有鱼类的人工繁殖技术和苗种培育技术，通过大力发展水产养殖解决全面禁渔之后群众吃鱼问题；同时加强水域生态环境健康监测，建立覆盖全流域和所有环境要素的监测网络体系，重点关注长江上游水电梯级开发造成的水温和径流过程等环境要素的变化对鱼类等水生生物造成的影响，建立适应性管理机制。

赤水河作为长江上游为数不多的仍然保持着自然流态的大型一级支流，是长江上游珍稀特有鱼类的重要栖息地和繁殖场所。随着金沙江下游梯级工程的建设及运行，长江上游干流江段河流生态系统的结构和功能将发生巨大变化，而赤水河由于不会受到干流水电梯级开发的影响，在珍稀特有鱼类保护方面的价值将日益凸显。为准确掌握赤水河鱼类资源及其栖息地状况，充分发掘赤水河的保护潜力，有必要强化赤水河科研监测活动。主要建议如下。

（1）加强赤水河水域生态系统强化监测研究。在赤水河现有监测工作的基础上，通过扩大监测范围，增加监测内容，丰富监测手段，全面监测赤水河生境状况、生态系统结构功能、生态系统健康状况、赤水河与保护区长江干流之间的鱼类交流规律及其对长江上游珍稀特有鱼类资源的保护效果，构建完整的赤水河生态环境监测体系。

（2）开展圆口铜鱼等特有鱼类在赤水河的种群重建关键技术研究。调查表明，目前昆明裂腹鱼、四川裂腹鱼、青石爬鮡、四川白甲鱼、长薄鳅、鲈鲤和岩原鲤等可能受到金沙江下游水电开发不利影响的特有鱼类能够在赤水河完成其整个生活史，部分种类甚至维持有较大种群规模，表明赤水河能够对它们起到较好的保护作用；圆口铜鱼和长鳍吻鮈等少数特有鱼类虽然目前尚未发现在赤水河有繁殖活动，但是与它们在金沙江下游利用同一产卵场的长薄鳅和中华金沙鳅等产漂流性卵特有鱼类可以在赤水河完成整个生活史过程，并且繁殖规模较大，这暗示着赤水河可能也可以为圆口铜鱼和长鳍吻鮈等产漂流性卵特有鱼类提供理想的栖息地。在保护区干流圆口铜鱼和长鳍吻鮈等特有鱼类种群数量急剧减少，甚至面临灭种危险的情况下，建议尽快在赤水河中下游开展这些鱼类的种群重建实验研究，利用标志放流、标记跟踪和分子遗传标记等方法追踪监测放流个体在赤水河的生长和繁殖活动规律，探讨其在赤水河建立人工种群的可能性，为长江上游珍稀特有鱼类种群恢复提供科学依据。

（3）开展特有鱼类产卵场修复关键技术研究。受河道整治和沿岸工程建设影响，赤水河部分长江上游特有鱼类的产卵场受到了不同程度的破坏，亟须加强保护和修复。因此，建议尽快在赤水河开展特有鱼类产卵场修复试点工作，为长江大保护和鱼类栖息地修复等提供理论基础和技术支撑。例如，在赤水河源头的鱼洞江段开展昆明裂腹鱼、四川裂腹鱼和青石爬鮡等产沉性卵鱼类的产卵场底质修复；在赤水河中游的太平至土城江段开展长薄鳅、短身金沙鳅和小眼薄鳅等产漂流性卵鱼类的产卵场底质和流场修复；在赤水河下游的赤水至合江江段开展黑尾近红鲌、高体近红鲌和厚颌鲂等产黏性卵鱼类的产卵场植被修复。

参 考 文 献

蔡焰值，蔡烨强，何长仁，等，2003．岩原鲤的生物学初步研究 [J]．水利渔业 (4)：17-19.

曹文宣，1983．水利工程与鱼类资源的利用和保护 [J]．水库渔业 (1): 10-21.

曹文宣，2000．长江上游特有鱼类自然保护区的建设及相关问题的思考 [J]．长江流域资源与环境，9(2): 131-132.

长江渔业资源管理委员会办公室，2012．设立长江禁渔期专业捕捞渔民生活补偿制度的建议 [J]．中国水产 (2): 11-12.

陈建庚，1999．黔西北丹霞地貌发育的成因分析及旅游资源评价 [J]．经济地理，19 (1): 70-74.

陈蕾，邱凉，翟红娟，2011．赤水河流域水资源保护研究 [J]．人民长江，42(2): 67-69.

赤水河保护与发展调查专家组，2007．赤水河流域生态环境与社会经济发展报告 [R].

邓其祥，郝功邵，曹发君，等，1993.黑尾鳘生物学的研究 [J]．水生生物学报，17(3): 88–89.

刁晓明，李华，苏胜齐，1994．岩原鲤脑颅的研究 [J]．西南农业大学学报，(5): 500-502.

刁晓明，王贤刚，2000．岩原鲤人工繁殖初报及胚胎发育观察 [J]．重庆水产 (4): 29-31.

丁瑞华，1994．四川鱼类志 [M]．成都：四川科学技术出版社．

高欣，2007．长江珍稀及特有鱼类保护生物学研究 [D]．北京：中国科学院研究生院．

高欣，刘焕章，王剑伟，2008．Logistic 回归分析在厚颌鲂生活史类型研究中的应用 [J]．四川动物，27(4): 506-509.

高欣，谭德清，刘焕章，等，2009．长江上游龙溪河厚颌鲂种群资源的利用现状和保护 [J]．四川动物，28(3): 329-333.

贵州省地方志编纂委员会，1985．贵州省志·地理志 [M]．贵阳：贵州人民出版社．

贵州省环境保护局，1987．赤水桫椤自然保护区科学考察集［M]．北京：中国环境科学出版社．

贵州省环境保护科学研究所，1990．乌江–赤水河水系水环境背景值研究报告 [R].

何勇凤，2010．长江上游特有鱼类分布格局与稀有鮈鲫种群分化的研究 [D]．北京：中国科学院研究生院．

胡鸿兴，潘明清，卢卫民，等，2000．葛洲坝及长江上游江面水鸟考察报告 [J]．生态学杂志 (6): 12-15, 33.

黄真理，2003．论赤水河流域资源环境的开发与保护 [J]．长江流域资源与环境，12(4): 332-339.

黄真理，2008．自由流淌的赤水河——长江上游一条独具特色和保护价值的河流 [J]．中国三峡建设 (3): 10-19.

黄征学，2014．加快赤水河区域发展的战略思路 [J]．中国经贸导刊，(36): 30-33.

蒋小明，2009．赤水河流域大型无脊椎动物生态学研究 [D]．中国科学院研究生院．

金灿彪，何学福，王德寿，1994．大鳍鳠个体生殖力的研究 [J]．西南师范大学学报（自然科学版）(3): 311-315.

李萍，庹云，2008．岩原鲤早期行为习性的初步观察 [J]．安徽农业科学 (2): 565-566.

李思阳，孙玉华，杨帆，等，2004．以 RAPD 方法分析岩原鲤分类地位 [J]．武汉大学学报（理学版）(4): 477-481.

李文静，2006．厚颌鲂的个体生物学和种群生态研究 [D]．武汉：华中农业大学．

李文静，王剑伟，谢从新，等，2007．厚颌鲂（Megalobrama pellegrini）的繁殖生物学特征 [J]．生态学报，27(5): 1917-1925.

梁琴，2010．赤水河流域生态学研究与生态保护现状调查 [J]．科技信息 (24): 490.

刘飞，2013．赤水河鱼类群落生态学研究 [D]．北京：中国科学院大学．

刘飞，吴金明，王剑伟，2011．高体近红鲌的生长与繁殖 [J]．水生生物学报，35(4): 586-595.

刘国才，2007．流域经济要与环境保护协调发展 [J]．环境经济，4 (6): 8-12.

刘焕章，汪亚平，1997．厚颌鲂种群遗传结构及哑基因问题 [J]．水生生物学报 (2): 194-196.

刘乐和，吴国犀，王志玲，1990．葛洲坝水利枢纽兴建后长江干流铜鱼和圆口铜鱼的繁殖生态 [J]．水生生物学报，14(3): 205-215.

刘瑞成，张富铁，但胜国，等，2013．宽口光唇鱼微卫星的筛选与特征分析 [J]．四川动物，32(2): 161-166.

鲁雪报，刘勇，高宇鹏，2011．厚颌鲂的繁育新技术及开发应用前景 [J]．水产养殖 (6): 27-29.

栾丽，姜跃良，刘园，2016．瀑布沟水电站成库后鱼类组成变化与保护对策 [J]．水生态学杂志，37(3): 62-69.

罗芬，何学福，1999．氯化钠浓度对宽口光唇鱼精子活力的影响 [J]．四川动物 (2): 70-71.

罗毅平，陈谊谊，2009．不同大小黑尾鲹鱼体的化学组成及能量密度 [J]．重庆师范大学学报（自然科学版），26(3): 1-4.

吕光俊，2004．岩原鲤人工繁殖技术初探 [J]．淡水渔业，34(6): 39-40.

母红霞，孙宝柱，曹文宣，等，2011．张氏鳌的食性分析．水生生物学报，35(3): 373-378.

冉景丞，蒙文萍，2018．贵州赤水河流域生态保护策略探讨 [J]．贵州林业科技，46(1):
   54-60.

任晓冬，2010．赤水河流域综合保护与发展策略研究 [D]．兰州：兰州大学．

任晓冬，黄明杰，2009．赤水河流域产业状况与综合流域管理策略 [J]．长江流域资源
   与环境，18(2): 97-103.

施白南，1980．岩原鲤的生活习性及其资源保护 [J]．西南师范学院学报 (自然科学版)
   (2): 93-103.

宋君，宋昭彬，岳碧松，等，2005．长江合江江段岩原鲤种群遗传多样性的 AFLP 分析
   [J]．四川动物，24(4): 495-499.

孙宝柱，2010．张氏䲗生物学 [D]．北京：中国科学院研究生院．

孙鸿烈，曹文宣，2008．长江上游地区生态与环境问题〔 M 〕．北京：中国环境科学出
   版社．

谭德清，王剑伟，严太明，等，2004．黑尾近红鲌人工繁殖研究 [J]．长江流域资源与
   环境，13(2): 193-196.

庹云，2008．岩原鲤繁殖生物学研究综述 [J]．安徽农学通报，14(19): 141-142.

庹云，张耀光，李萍，等，2005．岩原鲤稚鱼期小瓜虫病急性感染与治疗 [J]．水产养殖，
   26(6): 34-37.

王德寿，罗泉笙，1992．大鳍鳠的繁殖生物学研究 [J]．水产学报，16(1): 50-59.

王德寿，罗泉笙，1993．嘉陵江大鳍鳠的年龄和生长的研究 [J]．水生生物学报，17(2):
   157-165.

王剑伟，谭德清，李文静，2005．厚颌鲂人工繁殖初报及胚胎发育观察 [J]．水生生物
   学报，29(2): 130-136.

王瑾瑾，童金苟，张耀光，等，2014．厚颌鲂两个野生群体遗传多样性分析 [J]．水生
   生物学报 (5): 975-979.

王俊，2015．赤水河流域鱼类群落空间结构及生态过程研究 [D]．北京：中国科学院
   大学．

王俊，王美荣，但胜国，等，2012．赤水河半䲗年龄与生长 [J]．四川动物，31(5): 713-
   719.

王芊芊，2008．赤水河鱼类早期资源调查及九种鱼类早期发育的研究 [D]．武汉：华中
   师范大学．

王忠锁，姜鲁光，黄明杰，等，2007．赤水河流域生物多样性保护现状和对策 [J]．长
   江流域资源与环境，16(2): 49-54.

吴金明，2011．赤水河鱼类资源现状与生物完整性评价 [D]．北京：中国科学院研究
   生院．

吴金明，张富铁，刘飞，等，2011．赤水河大鳍鳠的年龄与生长 [J].淡水渔业，41(4):
   21-25, 31.

吴正褆，2001．赤水河水系水环境背景值及其地球化学特征 [J]．贵州环保科技，7(2):
   25-30.

伍律，1989. 贵州鱼类志 [M]. 贵阳：贵州人民出版社.

伍献文，曹文宣，易伯鲁，等，1982. 中国鲤科鱼类志（上卷）[M]. 上海：上海科学技术出版社.

薛正楷，2001. 濑溪河黑尾近红鲌生物学的初步研究 [D]. 重庆：西南师范大学.

薛正楷，何学福，2001a. 黑尾近红鲌个体繁殖力的研究 [J]. 西南师范大学学报（自然科学版），26(1)：90-94.

薛正楷，何学福，2001b. 黑尾近红鲌的年龄和生长研究 [J]. 西南师范大学学报（自然科学版），26(6)：712-717.

严太明，2002. 黑尾近红鲌生物学和不同种群形态特征的比较研究 [D]. 北京：中国科学院研究生院.

严太明，何学福，贺吉胜，1999. 宽口光唇鱼胚胎发育的研究 [J]. 水生生物学报，23(6)：636-640.

杨明生，王剑伟，李文静，2004. 厚颌鲂年龄材料的比较 [J]. 动物学杂志，39(2)：58-61.

殷名称，1995. 鱼类生态学 [M]. 北京：中国农业出版社.

翟红娟，邱凉，2011. 赤水河流域水资源保护与开发利用 [J]. 环境科学与管理，36(8)：38-40.

张丛林，董磊华，陈飞，2014. 加强赤水河流域水环境保护的政策建议 [J]. 水利发展研究，14(12)：8-11.

张国华，但胜国，苗志国，等，1999. 六种鲤科鱼类耳石形态以及在种类和群体识别中的应用 [J]. 水生生物学报，23(6)：683-688.

赵海涛，2016. 野鲮亚科一新属一新种的建立及其群体遗传学研究 [D]. 重庆：西南大学.

赵静，唐剑波，黄尚书，等，2015. 赤水河流域水土流失类型区划分及防治对策 [J]. 湖北农业科学，54(14)：3369-3371.

赵依民，2017. 打好长江流域生态环境保护攻坚战的思考 [J]. 长江技术经济 (2)：35-37.

周仰璟，1983. 大鳍鳠的生物学资料 [J]. 动物学杂志 (2)：39-42.

周元建，关则良，1998. 大鳍鳠的生长、死亡及合理利用研究 [J]. 湛江海洋大学学报 (1)：24-28.

BIANCHI G，GISLASON H，GRAHAM K，et al，2000. Impact of fishing on size composition and diversity of demersal fish communities［J］. Journal of Marine Science，57(3)：558-571.

DEWOODY J A，AVISE J C，2000. Microsatellite variation in marine，freshwater and anadromous fishes compared with other animals［J］. Journal of fish biology，56(3)：461-473.

HE B，CHEN Y Y，LIU Y，et al，2016. The complete mitochondrial genome of *Hemiculterella sauvagei* (Teleostei，Cyprinidae，*Hemiculterella*)［J］. Mitochondrial

参 考 文 献

DNA，Part A，27(4/5)：3322-3324.

HEDGECOCK D，1994. Does variance in reproductive success limit effective population sizes of marine organisms? ［J］. Genetics and evolution of aquatic organisms.

LIU H，ZHU Y，Tan J W，et al，2005. Population genetic structure of an endemic cyprinid fish，*Ancherythroculter nigrocauda*，in the upper reaches of the Yangtze River and its implication for conservation［J］. Korean Journal of Genetics，27 (4)：361-367.

LUO W，ZHAO K，ZHANG Y，et al，2015. Isolation and characterization of 15 novel microsatellite loci from an endangered bream *Megalobrama pellegrini* (Tchang，1930) ［J］. Journal of Applied Ichthyology，31(5)：912-914.

MESSER P W，ELLNER S P，HAIRSTON JR N G，2016. Can population genetics adapt to rapid evolution?［J］. Trends in genetics，32：408-418.

SU R F，YANG J X，CUI G H，2003. Taxonomic review of the genus *Sinocrossocheilus* Wu (Teleostei Cyprinidae)，with a description of four new species ［J］. Zoological Studies，42(3)：420-430.

WANG G J，ZHENG Z L，YU E M，et al，2016. The complete mitochondrial genome of *Ancherythroculter kurematsui* (Cypriniformes：Cyprinidae)［J］. Mitochondrial DNA Part B，1 (1)：630-631.

WANG J，LIU F，ZHANG X，et al，2014. Reproductive biology of Chinese minnow *Hemiculterella sauvagei* Warpachowski，1888 in the Chishui River，China. Journal of Applied Ichthyology，30(2)：314-321.

WANG J，YU X，ZHAO K，et al，2012. Microsatellite development for an endangered bream *Megalobrama pellegrini* (Teleostei，Cyprinidae) using 454 sequencing［J］. International Journal of Molecular Sciences，13 (3)：3009-3021.

WANG T，GAO X，WANG J，et al，2015. Life history traits and implications for conservation of rock carp *Procypris rabaudi* Tchang，an endemic fish in the upper Yangtze River，China. Fisheries Science，81(3)：515-523.

ZOU Y，LIU T，LI Q，et al，2017. Complete mitochondrial genome of Hemiculter tchangi (Cypriniformes，Cyprinidae) [J]. Conservation Genetics Resources(11)：1-4.

255